U0158632

王小波　主编

中国海域海岛地名志

福建卷第一册

海洋出版社
2020 年 · 北京

图书在版编目（CIP）数据

中国海域海岛地名志．福建卷．第一册／王小波主编．—北京：海洋出版社，2020.1

ISBN 978-7-5210-0562-2

Ⅰ．①中… Ⅱ．①王… Ⅲ．①海域—地名—福建②岛—地名—福建 Ⅳ．①P717.2

中国版本图书馆 CIP 数据核字（2020）第 008924 号

主　　编：王小波（自然资源部第二海洋研究所）
责任编辑：杨传霞　林峰竹
责任印制：赵麟苏
海洋出版社 出版发行
http：//www.oceanpress.com
北京市海淀区大慧寺 8 号　邮编：100081
廊坊一二〇六印刷厂印刷
2020 年 1 月第 1 版　2020 年 11 月河北第 1 次印刷
开本：889mm×1194mm　1/16　印张：22.25
字数：321 千字　定价：260.00 元
发行部：010-62100090　邮购部：010-62100072
总编室：010-62100034

《中国海域海岛地名志》

总编纂委员会

《中国海域海岛地名志·福建卷》

编纂委员会

主　编：姬厚德

副主编：陈　鹏　罗美雪　颜尤明　朱毅斌　张志卫

编写组：

自然资源部第一海洋研究所：刘金城　黄　沛

福建海洋研究所：蓝尹余　杨顺良　任岳森　张加晋　赵东波　翁宇斌　胡灯进　涂振顺　孙芹芹

福建省水产设计院：张聪亮　阮建萍　刘春荣　陈衍顺　林　锋

福建省水产研究所：游远新　宫照庆　陈红梅　许春晓　许文彬　林建伟　吴晓琴　汤三钦　卢俊杰　梁彬荣　杨和作　余启义　邹天涯　蔡真玲

自然资源部第三海洋研究所：吴海燕　吴　剑　涂武林　潘　翔　宋志晓　蔡鹭春

前 言

我国海域辽阔，海域海岛地理实体众多，在历史的长河中产生了丰富多彩、类型各异的地名，是重要的基础地理信息。开展全国海域海岛地名普查工作，对于维护国家主权和领土完整，巩固国防建设，促进经济社会协调发展，方便社会交流交往、人民群众生产生活，提高政府管理水平和公共服务能力，都具有十分重要的意义。

20 世纪 80 年代，中国地名委员会组织开展了我国第一次地名普查，对海域地名也进行了普查（台湾、香港、澳门地区的地名除外），并进行了地名标准化处理。经过近 30 年的发展，在海域海岛地理实体中，有实体无名、一实体多名、多实体重名的现象仍然不同程度存在；有些地理实体因人为开发、自然侵蚀等原因已经消失，但其名称依然存在。在海洋经济已经成为拉动我国国民经济发展有力引擎的新形势下，特别是党的十九大报告提出“坚持陆海统筹，加快建设海洋强国”，开展海域海岛地名普查及标准化工作刻不容缓。

根据《国务院办公厅关于开展第二次全国地名普查试点的通知》（国办发〔2009〕58 号）精神和《第二次全国地名普查试点实施方案》的要求，原国家海洋局于 2009 年组织开展了全国海域海岛地名普查工作，对海域、海岛及其他地理实体展开了全面的调查，空间上涵盖了中国所有海岛，获取了我国海域海岛地名的基本情况。全国海域海岛地名普查工作得到了沿海省、直辖市、自治区各级政府的大力支持，11 个沿海省（市、区）的各级海洋主管部门、37 家海洋技术单位、数百名调查人员投入了这项工作，至 2012 年基本完成。对大陆沿海数以万计的海岛进行了现场调查，并辅以遥感影像对比；对港澳台地区的海岛地理实体进行了遥感调查，并现场调查了西沙、南沙的部分岛礁，获取了大量实地调查资料和数据。这次普查基本摸清了全国海域、海岛和其他地理实体的数量与分布，了解了地理实体名称含义及历史沿革，掌握了地理实体的开发利用情况，并对地理实体名称进行了标准化处理。《中国海域海岛地名志》即是全国海域海岛地名普查工作成果之一。

地名志是综合反映地名的专著，也是标准化地名的工具书。1989 年，中国地名委员会以第一次海域地名普查成果为基础，编纂完成《中国海域地名志》，收录中国海域和海岛等地名 7 600 多条。根据第二次全国海域海岛地名普查工作总体要求，为了详细记录全国海域海岛地名普查成果，进一步加强海域海岛名称管理，传承海域海岛地名历史文化，维护国家海洋权益，原国家海洋局组织成立了《中国海域海岛地名志》总编纂委员会，经过沿海省（市、区）地名普查和编纂人员三年的共同努力，于 2014 年编纂完成了《中国海域海岛地名志》初稿。2018 年 6 月 8 日，国家海洋局、民政部公布了《我国部分海域海岛标准名称》。编委会依据公布的海域海岛标准名称，对初稿进行了认真的调整、核实、修改和完善，最终编纂完成了卷帙浩繁的《中国海域海岛地名志》。

《中国海域海岛地名志》由辽宁卷，山东卷，浙江卷，福建卷，广东卷，广西卷，海南卷和河北、天津、江苏、上海卷共 8 卷组成。其中河北、天津、江苏、上海合为一卷，浙江卷分为 3 册，福建卷分为 2 册，广东卷分为 2 册，全国共 12 册。共收录海域地理实体地名 1 194 条、海岛地理实体地名 8 923 条，内容涵盖了地名含义及沿革、位置面积资源等自然属性、开发利用现状等社会经济属性以及其他概况。所引用的数据主要为现场调查所得。

《中国海域海岛地名志》是全面系统记载我国海域海岛地名的大型基础工具书，是我国海洋地名工作一项有意义的文化工程。本书的出版，将为沿海城乡建设、行政管理、经济活动、文化教育、外事旅游、交通运输、邮电、公安户籍、地图测绘等事业，提供历史和现实的地名资料；同时为各企事业单位和广大读者提供地名查询服务，并为海洋科技工作者开展海洋调查提供基础支撑。

本书是《中国海域海岛地名志·福建卷》，共收录海域地理实体地名 195 条，海岛地理实体地名 1 905 条。本卷在搜集材料和编纂过程中，得到了原福建省海洋与渔业厅、福建省各级海洋和地名有关部门，以及福建海洋研究所、自然资源部第三海洋研究所、福建省水产研究所、福建省水产设计院、自然资源部第一海洋研究所、自然资源部第二海洋研究所、国家卫星海洋应用中心、国家海洋信息中心、国家海洋技术中心等海洋技术单位的大力支持。在此我们谨向为编纂本书提供帮助和支持的所有领导、专家和技术人员致以最深切的谢意！

鉴于编者知识和水平所限，书中错漏和不足之处在所难免，尚祈读者不吝指正。

《中国海域海岛地名志》总编纂委员会

2019 年 12 月

凡 例

1. 本志主要依据国家海洋局《关于印发〈全国海域海岛地名普查实施方案〉的通知》（国海管字〔2010〕267号）、《国家海洋局海岛管理司关于做好中国海域海岛地名志编纂工作的通知》（海岛字〔2013〕3号）、《国家海洋局民政部关于公布我国部分海域海岛标准名称的公告》（2018年第1号）进行编纂。

2. 本志分前言、凡例、目录、地名分述和附录。

3. 地名分述分海域地理实体、海岛地理实体两部分。海域地理实体包括海、海湾、海峡、水道、滩、半岛、岬角、河口；海岛地理实体包括群岛列岛、海岛。

4. 按条目式编纂。

（1）海域地理实体的条目编排顺序，在同一省份内，按市级行政区划代码由小到大排列，在县级行政区域内按地理位置自北向南、自西向东排列。

（2）群岛列岛的条目编排顺序，原则上在省级行政区域内按地理位置自北向南、自西向东排列；有包含关系的群岛列岛，范围大的排前。

（3）海岛的条目编排顺序，在同一省份内，按市级行政区划代码由小到大排列，在县级行政区域内原则上按地理位置自北向南、自西向东排列。有主岛和附属岛的，主岛排前。

5. 入志范围。

（1）海域地理实体部分。

海：2018年国家海洋局、民政部公布的《我国部分海域海岛标准名称》（以下简称《标准名称》）中收录的海。

海湾：《标准名称》中面积大于5平方千米的海湾和小于5平方千米的典型海湾。

海峡：《标准名称》中收录的海峡。

水道：《标准名称》中最窄宽度大于1千米且最大水深大于5米的水道和已开发为航道的其他水道。

滩：《标准名称》中直接与陆地相连，且长度大于 1 千米的滩。

半岛：《标准名称》中面积大于 5 平方千米的半岛。

岬角：《标准名称》中已开发利用的岬角。

河口：《标准名称》中河口对应河流的流域面积大于 1 000 平方千米的河口和省级界河口。

（2）海岛地理实体部分。

群岛、列岛：《标准名称》中大陆沿海的所有群岛、列岛。

海岛：《标准名称》中收录的海岛。

6. 实事求是地记述我国海域地理实体、海岛地理实体的地名含义及历史沿革；全面真实地反映地理实体的自然属性和社会经济属性。对相关属性的描述侧重当前状态。上限力求追溯事物发端，下限至 2011 年年底，个别特殊事物和事件适当下延。

7. 录用的资料和数据来源。

地名的含义和历史沿革，取自正史、旧志、地名词典、档案、文件、实地调访以及其他地名资料。

群岛列岛地理位置为遥感调查。海岛地理位置为现场实测，并与遥感调查比对。

岸线长度、近岸距离、面积，为本次普查遥感测量数据。

最高点高程，取自正史、旧志、调查报告、现场实测等。

人口，取自现场调查、民政部门登记资料以及官方网站公布数据。

统计数据，取自统计公报、年鉴、期刊等公开资料。

8. 数据精确度按以下位数要求。如引用的数据精确度不足以下要求位数的，保留引用位数；如引用的数据精确度超过要求位数的，按四舍五入原则留舍。

地理位置经纬度精确到分位小数点后一位数。

湾口宽度、海峡和水道的最窄宽度、河口宽度，小于 1 千米的，单位用“米”，精确到整数位；大于或等于 1 千米的，单位用“千米”，精确到小数点后两位。

岸线长度、近陆距离大于 1 千米的，单位用“千米”，保留两位小数；小于 1 千米的，单位用“米”，保留整数。

面积大于 0.01 平方千米的，单位用“平方千米”，保留四位小数；小于 0.01 平方千米的，单位用“平方米”，保留整数。

高程和水深的单位用“米”，精确到小数点后一位数。

9. 地名的汉语拼音，按 1984 年 12 月 25 日中国地名委员会、中国文字改革委员会、国家测绘局颁布的《中国地名汉语拼音字母拼写规则（汉语地名部分）》拼写。

10. 采用规范的语体文、记述体。行文用字采用国家语言文字工作委员会最新公布的简化汉字。个别地名，如“礵”“砛”“沥”等方言字、土字因通行于一定区域，予以保留。

11. 标点符号按中华人民共和国国家标准《标点符号用法》（GB/T 15834－1995）执行。

12. 度量衡单位名称、符号使用，采用国务院 1984 年 3 月 4 日颁布的《中华人民共和国法定计量单位的有关规定》。

13. 地名索引以汉语拼音首字母排列。

14. 本志中各分卷收录的地理实体条目和各地理实体相对位置的表述，不作为确定行政归属的依据。

15. 本志中下列用语的含义：

海，是指海洋的边缘部分，是大洋的附属部分。

海湾，是指海或洋深入陆地形成的明显水曲，且水曲面积不小于以口门宽度为直径的半圆面积的海域。

海峡，是指陆地之间连接两个海或洋的狭窄水道或狭窄水面。

水道，是指陆地边缘、陆地与海岛、海岛与海岛之间的具有一定深度、可通航的狭窄水面。一般比海峡小或是海峡的次一级名称。

滩，是指高潮时被海水淹没、低潮时露出，并与陆地相连的滩地。根据物质组成和成因，可分为海滩、潮滩（粉砂淤泥质）和岩滩。

半岛，是指伸入海洋，一面同大陆相连，其余三面被水包围的陆地。

岬角，是指突入海中、具有较大高度和陡崖的尖形陆地。

河口，是指河流终端与海洋水体相结合的地段。

海岛，是指四面环海水并在高潮时高于水面的自然形成的陆地区域。

有居民海岛，是指属于居民户籍管理的住址登记地的海岛。

常住人口，是指户口在本地但外出不满半年或在境外工作学习的人口与户口不在本地但在本地居住半年以上的人口之和。

群岛，是指彼此相距较近的成群分布的岛群。

列岛，一般指线形或弧形排列分布的岛链。

目 录

上篇 海域地理实体

第一章 海

第二章 海 湾

第三章 海 峡

第四章 水 道

第五章 滩

第六章 半 岛

第七章 岬 角

第八章 河 口

下篇　海岛地理实体

第一章　群岛列岛

第二章　海　岛

上篇

海域地理实体

HAIYU DILI SHITI

第一章　海

东海（Dōng Hǎi）

北纬 21°54.0′—33°11.1′，东经 117°08.9′—131°00.0′。位于我国大陆、台湾岛、琉球群岛和九州岛之间。西北部以长江口北岸的长江口北角到韩国济州岛连线为界，与黄海相邻；东北以济州岛经五岛列岛到长崎半岛南端一线为界，并经对马海峡与日本海相通；东隔九州岛、琉球群岛和台湾岛，与太平洋相接；南以广东省南澳岛与台湾省南端鹅銮鼻一线为界，与南海相接。

在我国古代文献中，早已有东海之名的记载，如《山海经·海内经》中有“东海之内，北海之隅，有国名曰朝鲜”；《左传·襄公二十九年》中有“吴公子札来聘……曰：‘美哉！泱泱乎，大风也哉！表东海者，其大公乎’”；战国时成书、西汉时辑录的《礼记·王制》中有“自东河至于东海，千里而遥”；《战国策·卷十四·楚策一》中楚王说“楚国僻陋，托东海之上”；《越绝书·越绝外传·记地传第十》有“勾践徙治北山，引属东海，内、外越别封削焉。勾践伐吴，霸关东，徙琅琊，起观台，台周七里，以望东海”；《史记·秦始皇本纪》中有“六合之内，皇帝之土。西涉流沙，南尽北户。东有东海，北过大夏”；唐人徐坚等著的《初学记》中有“东海之别有渤澥”等。上述诸多记载均是将现今的黄海称为东海。

有关现今东海的记载，在我国古籍中也屡有所见。《山海经·大荒东经》中有关于东海的记载，如“东海中有流波山，入海七千里”，“东海之外大壑，少昊之国”，“东海之渚中，有神”等。庄子在《外物》中说“任公子为大钩巨缁，五十犗以为耳，蹲于会稽，投竿东海”。《国语·卷二十一·越语》中的越自建国即“滨于东海之陂”。晋张华在《博物志·卷一·山》中说“按北太行山而北去，不知山所限极处。亦如东海不知所穷尽也”。《博物志·卷一·水》又说“东海广漫，未闻有渡者”。

东海和黄海的明确划界是清代晚期之事，即英国人金约翰所辑《海道图说》给出的“自扬子江口至朝鲜南角成直线为黄海与东海之界”。

在某些古籍中又将东海简称为海，或称南海。如《山海经·海内南经》说“瓯在海中。闽在海中，其西北有山。一曰闽中山在海中”；晋代张华在《博物志·卷一·地理略》中说“东越通海，地处南北尾闾之间”。这里所说的海即今日的东海。

将东海称为南海的，最早见于《诗经·大雅·江汉》一诗中：“于疆于理，至于南海”。其后的《左传·僖公四年》中有“四年春，齐侯……伐楚，楚子使与师言曰：‘君处北海，寡人处南海，唯是风马牛不相及也’”。这里的南海即指现今的部分黄海和部分东海。《史记·秦始皇本纪》中有“三十七年十月癸丑，始皇出游……上会稽，祭大禹，望于南海，而立石刻颂秦德”。晋张华在《博物志·卷一·地理略》中有“东越通海，地处南北尾闾之间。三江流入南海，通东冶（今福州），山高水深，险绝之国也”。《博物志·卷二·外国》又说“夏德盛，二龙降庭。禹使范成光御之，行域外。既周而还至南海”。张华在这里所说的南海，即为今之东海。

东海总体呈东北—西南向展布，北宽南窄，东北—西南向长约 1 300 千米，东西向宽约 740 千米，总面积约 79.48 万平方千米，平均水深 370 米，最大水深 2 719 米。注入东海的主要河流有长江、钱塘江、瓯江、闽江和九龙江等。沿岸大的海湾有杭州湾、象山港、三门湾、温州湾、兴化湾、泉州湾和厦门港等。东海是我国分布海岛最多的海区，分布有马鞍列岛、崎岖列岛、嵊泗列岛、中街山列岛、韭山列岛、渔山列岛、台州列岛、东矶列岛、北麂列岛、南麂列岛、台州列岛、福瑶列岛、四礵列岛、菜屿列岛、澎湖列岛等列岛。

东海发现鱼类 700 多种，加上虾蟹和头足类，渔业资源可达 800 多种，其中经济价值较大、具有捕捞价值的鱼类有 40～50 种。舟山渔场是我国最大的近海渔场之一。东海陆架坳陷带内成油地层发育，至 2008 年我国在东海已经探明石油天然气储量 7 500 万桶油当量。石油与天然气在陆架南部的台湾海峡已开采多年，春晓油气田和平湖油气田也已投产。东海海底其他矿产资源也十分丰富。海滨砂矿主要有磁铁矿、钛铁矿、锆石、独居石、金红石、磷钇矿、砂金和石英砂，有大型矿床9处、中型矿床16处、小型矿床41处、矿点5个。煤炭资源分布在陆架的南部，在台湾已有大规模开采。东海沿岸有优良港址资源，主要港口包括上海港、宁波舟山港、温州港、福州港、厦门港等，其中，宁波舟山港、上海港2012年货物吞吐量分别位居世界第一、第二位。东海旅游资源类型多样，海上渔文化与佛教文化尤其令人称道，舟山普陀山风景区、厦门鼓浪屿风景区是全国著名的5A级旅游区。海上风能、海洋能资源优越，我国第一个大型海上风电项目——上海东海大桥10万千瓦海上风电场示范工程已于2010年7月并网发电。近年来，长三角经济区、舟山群岛新区、海峡西岸经济区、福建平潭综合实验区等发展战略相继获得国家批复实施，海洋经济快速发展。2012年，长江三角洲地区海洋生产总值15 440亿元，占全国海洋生产总值的比重为30.8%。

第二章 海 湾

沙埕港（Shāchéng Gǎng）

北纬 27°08.7′— 27°19.5′，东经 120°10.2′— 120°26.3′。位于福鼎市沙埕镇和店下镇南镇村连线以西海域。因古代沙埕堡而名之，沙埕堡又名沙城堡。沙埕港狭长曲折，湾口有南关岛屏障，海湾掩护条件非常好。

据《中国海湾志》第七分册载，“沙埕港口门宽 2 千米，岸线长 148.68 千米；总面积为 76.62 平方千米，其中滩涂面积 46.79 平方千米，水域面积 29.83 平方千米，海湾纵深达 35 千米，平均宽度不足 2 千米，海湾大部水深在 10 米以上，多处 20 米以上，最大水深 45 米。无大河注入”。

沙埕港为正规半日潮海域，平均潮差 4.16 米，最大潮差 0.9 米。湾内梅溪附近海域流速较大，实测最大涨潮流速 1.08 米 / 秒，实测最大落潮流速 1.12 米 / 秒。由于海湾狭长曲折，宽窄相间，动力变化不定，沉积物分布比较复杂。海湾放宽处沉积物较细，多为粉砂质淤泥（黏土），海湾收窄处，沉积物较粗，多为中粗砂，甚至有砾石和基岩裸露。

沙埕港内有水生生物 700 多种。湾内滩涂广阔，水产养殖业较发达，主要养殖品种有缢蛏、牡蛎、泥蚶和贻贝。沙埕港是福建省主要蛏苗产地之一。自清光绪三十二年（1906 年）即开埠，但规模不大。周边旅游资源丰富，太姥山风景区矗立湾边，山、海、川、岛和人文景观浑然一体，雄峙于东海之滨，素称“海上仙都”。

八尺门内港（Bāchǐmén Nèigǎng）

北纬 27°12.0′— 27°17.9′，东经 120°10.8′— 120°13.8′。为沙埕港内港。位于福鼎市南部，因八尺门得名。东起八尺门，西至点头，南起翁江，北到塘底。三面山丘环绕，海域面积 30 平方千米，水深 2.7～14.3 米，出口窄，水流湍急。

八尺门内港为正规半日潮海域，平均潮差 4.13 米。往复流。

海湾产蛏、蛎、蚶、蟹及小杂鱼等。自八尺门向西、南、北分三航道，船只需乘潮进出。东部有灯桩。为优良避风锚地，玉塘附近可避12级大风。

晴川湾（Qíngchuān Wān）

北纬27°03.1′—27°06.8′，东经120°15.2′—120°20.1′。位于福鼎市秦屿镇黄屿与下楼以西海域，海岸曲折，多半岛、港湾。取唐诗人崔颢“晴川历历汉阳树”中晴川二字而名之。

湾口朝东南，呈喇叭形。基岩海岸。为正规半日潮海域，平均潮差4米左右。往复流，涨潮流向西北，落潮流向东南，流速0.4～1.0米/秒。茶塘港有码头，是主要渔港，东北角设灯桩。西北部为干出滩涂。

近海产海带、紫菜、贻贝、龙头鱼、带鱼、马面鲀、虾、蟹等。沿岸有明筑抗倭城堡遗址十余处。

里山湾（Lǐshān Wān）

北纬26°58.3′—27°02.9′，东经120°17.5′—120°20.8′。位于霞浦县和福鼎市交界处南侧海域。因三面被大嵛山、小嵛山等岛及陆上群山包围，故名。属正规半日潮海域，平均潮差4米左右。往复流，涨潮流向西北，落潮流向东南。盛产带鱼、龙头鱼、马面�、目鱼、石斑鱼、鲳鱼、梭子蟹等。为福鼎市渔业生产基地和近海主要航道。

牙城湾（Yáchéng Wān）

北纬26°57.4′—26°59.1′，东经120°08.9′—120°14.9′。位于霞浦县牙城镇卢厝下和三沙镇清官司连线以西海域。因邻近牙城村得名。平均潮差4米，涨潮流向西，落潮流向东。可通中型船舶，虎屿附近可避风。柯头角有小码头。滩涂面积10.5平方千米，养殖海带、紫菜、蛤、蛏。近海产带鱼、梭子蟹等。

福宁湾（Fúníng Wān）

北纬26°49.0′—26°55.9′，东经120°01.4′—120°13.5′。位于霞浦县三沙镇三澳和沙江镇长表岛连线以西海域。古为福宁州海域，故名。为半日潮海域，年均潮差4.8米。往复流，涨潮流向西北，落潮流向东南，流速0.5米/秒。古镇、三沙、后港等地建有码头。竹排岛、纺车礁、小礁、三沙港建有灯桩。小古镇—

浦城公路横经北岸。为闽东渔场的一部分，湾内建有三沙渔港和古镇港。主产带鱼、目鱼、石斑鱼。大面积滩涂养殖蛏、蛎、对虾，特产剑蛏。

赛岐湾 (Sàiqí Wān)

北纬 26°52.0′—26°53.8′，东经 119°39.9′— 119°40.5′。为三沙湾一部分。位于福安市交溪下游河口区。北至上岐头，南连白马河口，以镇名之。

赛岐湾年均潮差 5.3 米，往复流，流速 1.0～1.5 米 / 秒。航道稳定，不受潮水限制，可通千吨海轮。

赛岐湾沿岸有面粉厂、木材水坞、造船厂、石油公司、铁合金厂、煤场以及物资仓库等，为福州—福鼎分水关公路与小古镇—浦城公路汇合点。

三沙湾 (Sānshā Wān)

北纬 26°30.0′—26°49.5′，东经 119°30.0′—119°35.5′。位于宁德市蕉城区、福安市、霞浦县和福州市罗源县辖区，东冲半岛、石西角和鉴江半岛牛奥东角连线以北的海域。因邻近三沙镇而得名。

海湾口门宽 3.15 千米；围垦区内岸线长 571.54 千米，围垦区外岸线长 542.8 千米；海湾总面积 726.75 平方千米，其中围垦面积 40.83 平方千米，滩涂面积 299.44 平方千米。

三沙湾四周为山丘环抱，海岸曲折，形成若干次级小湾和水道，主要有一澳：三都澳，三港：卢门港、白马港、盐田港，三洋：东吾洋、官井洋、覆鼎洋。海湾有三都岛、青山岛、东安岛等岛屿及礁石。有长溪、霍童溪、杯溪、钱塘溪等河流注入。海底地形崎岖不平，水道、岛礁、浅滩交错分布，湾口最大水深达 90 米以上。海底沉积物复杂。三沙湾属正规半日潮海域，平均潮差 5.35 米，最大潮差 8.38 米。湾内流速不大，但在岛屿或狭窄水道内，如白匏岛西北部，最大实测流速达 1.21 米 / 秒；湾口流速最大，最大可达 4 米 / 秒以上。湾内波浪很小，最大波高 0.8 米。

三沙湾水深域阔，掩护条件好，具有丰富的港口资源，目前港口资源开发并不充分，现有三都澳港、赛岐港和漳湾几处小港。

三沙湾内的官井洋是全国著名的大黄鱼产卵场和海湾周边市县的渔场。东吾洋为对虾产卵场。海水养殖业发展迅速，主要养殖对象为缢蛏、牡蛎、对虾、海带和紫菜。

三沙湾周边旅游资源丰富，天然旅游景观主要有："仙人画""礁溪龙潭""驼螺壳岩""金龟驼珠""十八学士""鲤鱼顶""嵩崖飞瀑""韩董真踪"等。东冲口海滩是海滨浴场之良址。人文景观有古刹瑞峰寺、香林寺、宝花寺、白莲寺、白马寺和西班牙教堂；历史遗址有平倭遗址——"恩泽坛"和戚继光平倭胜利遗址——横屿；白马门夹岸石马与石栏及"鉴江八景"亦颇具盛名。此外，还有唐代黄岳墓、明代林庄敏墓、林陈氏墓及飞鸾的北宋古窑址，均为省级重点保护文物单位和遗址。

三沙湾开发历史悠久。唐代之前就已开发，史称"五邑咽喉""福宁门户"，素有"东方明珠"之誉。清康熙二十三年（1684 年）三都、上海、广州同设海关，同年设税务总口。清光绪二十三年（1898 年）正式开放为对外通商口，设福海关，当时美、英、德、日、俄、荷、瑞典和葡萄牙等国家先后在此设子公司或洋行。1911 年要求"租借三都澳"，因日本反对而未果，直至 1915 年"二十一条"签订为止，三都一直是中、美、日外交热点之一。1921 年孙中山在《建国方略》中将三都列入建设南大港计划，但因种种原因而未果。1930 年日本租借三都澳，为其建海军基地做准备，同时美国、英国也先后派四五十艘舰船盘踞三都澳，直到中华人民共和国建立，三都澳才真正回到中国人民怀抱。

东吾洋（Dōngwú Yáng）

北纬 26°37.3′— 26°48.3′，东经 119°53.1′— 120°05.0′。为三沙湾一部分。位于霞浦县东部东冲半岛溪南镇东部海域。以竹江岛形似卧虎，名东虎洋，衍为今名。

东吾洋略呈四边形，南北长 16 千米，东西宽 11 千米，岸线长约 110 千米，面积约 170 平方千米，滩涂面积约 73 平方千米。湾口朝西南，口小腹大。湾内有竹江岛、锥屿、木屿、东安岛、洋屿等 28 个岛礁。水深多超过 10 米，最深处达 43 米。底质为泥。有大门水道（七星水道）、关门江水道（小门水道）通官井洋。东北侧有大面积深水锚地。黄碴头、龟头鼻有灯桩。盛产对虾、贻贝、海蛎、花蛤、海带、紫菜，为著名天然海产养殖基地。沿岸有公路通县城。

覆鼎洋（Fùdǐng Yáng）

北纬 26°41.5′— 26°41.8′，东经 119°47.2′— 119°51.6′。为三沙湾的一部分。位于宁德市青山岛北侧，三都岛、白匏岛东侧海域。因在覆鼎屿东，故名。

覆鼎洋海湾为半日潮，平均潮差 4 米以上，涨潮流向西北，落潮流向东南。为霞浦、福安、宁德三县航行要道。白匏岛东北、西南侧有灯桩。属官井洋大黄鱼繁殖保护区主区，主产大黄鱼，并产白鳓鱼、马鲛鱼、鲳鱼、鲻鱼等。

官井洋（Guānjǐng Yáng）

北纬 26°39.1′— 26°39.7′，东经 119°53.9′— 119°54.8′。为三沙湾的一部分，位于宁德市东冲半岛西侧、青山岛东南侧海域，直接与三沙湾湾口相通。《福宁府志》载："洋中有淡泉涌出"。官井洋独特的形状，像口水井，洋在其中如井，故名。官井洋东西长约 11 千米，南北宽约 9 千米，面积约 100 平方千米。水深多超过 20 米，最深处达 77 米。东侧有锚地，在青山北礁、金屿、白岛屿设灯桩。圆屿有罗经自差校正场。为全国仅存的大黄鱼繁殖、生长优良场所，属闽东渔场主产地之一。1985 年从龟鼻、佛头角、虎屿头、瓦窑前、东安、大屿、虎头鼻（舟子角）、东洛岛、可门角、陶澳等地顺次连线所围水域，划为"官井洋大黄鱼繁殖保护区"，属省级保护区，设有机构管理。

三都澳（Sāndōu Ào）

北纬 26°36.3′— 26°38.7′，东经 119°39.5′— 119°44.0′。位于宁德市蕉城区三都、青山、斗帽、白匏、鸡公山岛以西海域。为三沙湾的一部分，以邻三都岛得名。南有青山岛为屏障，东出钱墩门水道直通东海，为著名深水避风良港。松岐白礁、橄榄屿、铁头礁、虎尾山角附近设有灯桩。万吨海轮可自由进出，港内三都锚地可停泊大型船舶 10 余艘。三都岛松岐与南岸礁头通轮渡；礁头有公路接福州 — 福鼎分水关公路。

鉴江湾（Jiànjiāng Wān）

北纬 26°32.5′— 26°33.0′，东经 119°46.8′— 119°47.5′。位于罗源县鉴江镇东部，为虎尾角与墩埼村东南之无名山角北南夹峙而成，西至鉴江盐场海堤，东临三都澳口，与霞浦县东冲半岛相望，以镇得名。海口朝向东南，宽约 2 千米，纵深约 3 千米，面积 4.65 平方千米。潮汐属正规半日潮，涨潮流向西，落潮流则相反。西半部干出滩，干出高度 0.4～3.2 米，已辟建为鉴口盐场。东半部浅海区养殖海带、紫菜。涨潮期间，船只沿港道可抵鉴江镇区。湾口为渔民挂网捕鱼作业区。

罗源湾（Luóyuán Wān）

北纬 26°18.5′— 26°31.0′，东经 119°34.4′— 119°51.5′。位于罗源县碧里乡陶澳东角与连江县下宫镇山碴东北角连线以西，鉴江半岛和黄岐半岛包围的海域，因近罗源县而得名。该湾是一个口小腹大的海湾，通过狭窄的可门石与东海相通。

据《中国海湾志》第七分册载：罗源湾口门宽 2 千米，岸线长 155.66 千米，海湾面积 179.56 平方千米，其中水域面积 74.85 平方千米。

罗源湾属正规半日潮海域，平均潮差 4.98 米，最大潮差 7.64 米。长基西南侧海域实测最大涨潮流流速 1.29 米 / 秒，实测最大落潮流流速 1.26 米 / 秒；南岐尾东侧海域实测最大涨潮流流速 0.91 米 / 秒，实测最大落潮流流速 1.03 米 / 秒。湾内波浪甚小，门边站实测最大波高为 1.1 米，平均波高在 0.5 米以下。海湾除水道之外，海底沉积物以粉砂质黏土为主。

罗源湾滩涂资源丰富，占海湾面积的 36.12%，其中大部分为光滩湿地，部分为稀疏红树林湿地，是福州主要的海水养殖基地。2010 年，罗源湾海水养殖面积 8 203 公顷，实现海水养殖产量 205 617 吨，总产值近 20 亿元。

罗源湾水深域阔，泥沙来源少，掩护条件好，具有丰富的优良港口资源。主要旅游资源有水上运动娱乐中心和磐岩风景区。主要景点有匹岩寺，为罗源八景之一，其与“留米石”“鸡笼石”和“仙果”等景物构成匹岩旅游胜地；元代石雕玉香炉、明代的巽峰塔均为该湾周边重要旅游景点。

定海湾（Dìnghǎi Wān）

北纬 26°16.8′— 26°18.1′，东经 119°44.8′— 119°47.3′。位于连江县筱埕镇定海和合沙连线以北海域，海域面积 135 平方千米。因邻近定海村而得名。定海湾为正规半日潮，筱埕镇海域大潮升 6.65 米，小潮升 5.36 米，平均海面 3.83 米，涨潮流向西，落潮流向东南，流速 0.5～1 米 / 秒。海区导航设备良好，在龟屿、软卷岛、定海村沿岸等建有灯桩。筱埕港为福建省著名的天然避风良港，风小浪静，流速缓，底质抓力好，可泊各种船只近 150 艘。台胞船只常在此停泊修造。海湾为闽东渔场重要组成部分，以四母屿为中心的海域是连江县著名的天然渔场。沿岸有明朝戚继光所建防倭城堡，有抗倭记功碑、海潮寺等名胜古迹。

马尾港 (Mǎwěi Gǎng)

北纬 25°32.5′— 26°16.5′，东经 119°08.6′— 119°51.5′。位于福州东南、闽江两分流——台江、乌龙江汇合处，西至福州 16.4 千米，东距闽江口 26.6 千米。因旧区址位于马尾江东，故称马尾区，港以区名。港内水域狭长，两江汇合处宽约 4 000 米，航道宽 600～1 000 米，面积 34 平方千米。水深一般在 3 米以上。马尾港区有山体掩护，避风条件好，是我国著名的良港。正规半日潮，最大潮差 5.28 米，平均潮差 3.78 米。马尾港是福州港的重要港区，已建成万吨级泊位 16 个，建有现代化集装箱设备的堆场和仓库，福州港（含马尾港区）2011 年吞吐量达 8 128.28 万吨。港区配套设施有海关大楼、外贸仓库、海员俱乐部、邮电大楼等。

漳港湾 (Zhānggǎng Wān)

北纬 25°50.6′— 25°54.6′，东经 119°36.5′— 119°40.7′。位于长乐区漳港东岬角和文武沙镇下楼南角连线西北海域。以邻近漳港村得名。漳港湾为正规半日潮，平均潮差约 3 米。呈回转流，涨潮向西流，流速 0.75 米 / 秒，落潮向东流，流速大于 1.0 米 / 秒。适宜海蚌、文蛤、竹蛏、香螺、蛏、花蛤、对虾等养殖。沿岸多农田，岸边筑有防洪堤坝，西北岸建有海蚌增殖站、盐场等。所产海蚌为著名水产珍品。

福清湾 (Fúqīng Wān)

北纬 25°31.0′— 25°43.0′，东经 119°27.5′— 119°33.5′。位于长乐区松下镇松下村和福清市三山镇霞湖洞东北角连线以西海域。海湾因傍福清市而得名。海湾海岸由基岩海岸、台地海岸和海积平原海岸构成，龙江注入湾内。海湾南侧为龙高半岛，湾口有屿头岛、吉兆岛、东壁岛等岛屿屏蔽。湾口外侧为海坛海峡，其东有海坛岛作海湾外屏障。湾内水深很小，但渡口水深达30米以上。

据《中国海湾志》第七分册载：福清湾湾口宽度7.5千米，岸线长度55.5千米，面积131.69平方千米，其中水域面积29.89平方千米。

福清湾为正规半日潮海域，平均潮差4.25米，最大潮差6.7米。湾内实测最大涨潮流流速0.83米/秒，实测最大落潮流流速0.78米/秒；海底沉积物以中细砂为主，其次为砂–粉砂–黏土和黏土质粉砂。

福清湾内滩涂广阔，从20世纪60年代起就进行围涂造地，其中一部分用于农业，另一部分用于养殖。海湾养殖业主要为贝类养殖，主要品种为缢蛏、花蛤、牡蛎。福清湾是福建省的重要贝类养殖基地。湾内有海口和桥下两个小港，担负着海湾周边和其他地区物资和人员的交流运输任务。

海坛湾 (Hǎitán Wān)

北纬25°28.6′— 25°33.2′，东经119°48.2′— 119°51.4′。位于平潭县海坛岛东侧仙人井与东岳美村连线以西海域，东临台湾海峡。因海湾伸入海坛岛而得名。海坛湾南北长7.5千米，东西宽约6千米，面积40多平方千米，呈半圆形。北部、西部多为砂质海岸，南部为基岩海岸。岸线曲折，长25千米。海坛湾为正规半日潮海域，平均潮差4.24米。产石斑鱼、对虾、鲍鱼、花蛤、缢蛏、毛蚶等。东部海域有定置网。

坛南湾 (Tánnán Wān)

北纬25°24.7′— 25°28.4′，东经119°45.0′— 119°50.7′。位于海坛岛东南将军山东北角与姜山岛南角连线以西海域。位于平潭县海坛岛之南，故名。

坛南湾为正规半日潮海域，平均潮差4.24米。岸线长22千米。近岸滩涂产花蛤，浅海有定置网。产对虾、鲍鱼、石斑鱼等。湾内观音澳为主要渔港，港域宽阔，每年冬春两汛，渔船多泊于此。东北岸上的澳前镇，驻有闽中渔场指挥部、东澳水产冷冻厂、水产技术推广站和渔轮修造厂；有班车通县城，是渔产品集散地。

港头港 (Gǎngtóu Gǎng)

北纬 25°33.3′— 25°37.3′，东经 119°28.6′— 119°32.0′。位于福州市仓山区。邻港头村，以村得名。港头港养殖缢蛏、花蛤、牡蛎等。港头港贝类养殖场设西岸旁。有下圆石、三步潭、大柳石等 10 多个礁石。东南侧有一小港，称嘉儒港。在沁前村西北约 350 米的湾中有温泉，水温 70℃，水质半咸淡，经开发日流量可达 5 000 吨，适合尼罗罗非鱼越冬繁殖。

兴化湾 (Xìnghuà Wān)

北纬 25°14.0′— 25°37.0′，东经 119°00.0′— 119°37.0′。位于福州市莲峰西南和莆田市秀屿区寨里东角连线以西海域。兴化湾为龙高半岛和秀屿半岛环抱。因傍古兴化府而得名。北宋太平兴国四年（979 年）改太平军为兴化军，治所兴化县（今福建仙游县东北古邑），八年移治莆田县（今莆田市）。元至元十四年（1277 年）升为兴化路，明洪武元年（1368 年）改兴化路为兴化府，治所在莆田县，即今莆田市。

据《中国海湾志》第七分册载，兴化湾口门宽 13.2 千米，岸线长 223.4 千米，面积 619.38 平方千米，其中水域面积 369.2 平方千米。兴化湾海岸为基岩海岸，岸线曲折，湾内有日屿、大麦屿、小麦屿、阴岛、大埕等岛屿，湾口有南日群岛作屏障，注入海湾的河流有木兰溪、荻芦溪等河流。

兴化湾为正规半日潮海域，平均潮差 4.61 米，最大潮差 6.71 米。湾口实测最大涨潮流流速 1.16 米 / 秒，最大落潮流流速 1.16 米 / 秒；湾内实测最大涨潮流流速 0.78 米 / 秒，最大落潮流流速 0.72 米 / 秒。湾口以外波浪较大，湾内波浪不大。海湾沉积物比较复杂，湾口沉积物较粗，以砂砾为主，湾内则以泥砂质为主。

兴化湾水域滩涂宽阔，适宜渔业生产，沿湾各地捕捞业发达，水产养殖业兴旺，主要养殖品种有蛏、牡蛎、对虾、海带和紫菜等。其中牡蛎、对虾等产品远销海外。兴化湾内有小型港口三处，即三江口港、东港和桥尾港，三港吞吐量之和不足 50 万吨。兴化湾周边旅游资源丰富，有唐代镇海堤、元代宁海桥、唐代唐玄宗梅妃故里。另有宋朝理学家林光朝讲学故址 —— 莆弄书堂和烟囱山上的烟墩台旧址，埭头演屿的文天祥手书“演屿圣迹”崖刻，涵江宋代的状元黄公度读书处——登瀛阁，江口的万福寺、迎仙寨，莆板山的新石器时代遗址，黄石的古红泉宫、北辰宫、毂城宫、莫公井、登瀛井等。其中溪镇西北黄檗山上的万福寺建于唐德宗贞元五年（789年），是全国对外开放的名寺之一，也是日本黄蘗文化的发源地。其他如“白塘秋月”“江桥放月”“宁海初日”“天马晴岚”“蚶山春树”“冲沁晚烟”“关澜外照”等景点均值得游人观赏。

西港（Xī Gǎng）

北纬25°28.0′—25°29.0′，东经119°15.6′—119°16.1′。位于福清市江阴镇壁头与新厝镇峰头山连线以北海域。因处江阴半岛西侧，故名。

东港（Dōng Gǎng）

北纬25°25.9′—25°35.4′，东经119°19.6′—119°27.8′。位于福清市江阴镇下楼角、小麦屿至岐尾山连线以北海域。因处江阴半岛东侧，故名。东港为正规半日潮海域，平均潮差4.9米。年均水温19.1℃，平均表层盐度27.81。海水透明度0.4～0.8米。千吨级船舶需乘潮进港至下垄。

高山港（Gāoshān Gǎng）

北纬25°25.9′—25°27.7′，东经119°32.9′—119°35.3′。位于福清市东瀚镇莲峰与沙铺镇锦城南角连线以北海域。以镇名港。海水透明度0.4～0.8米。中部有一水道从北向南经加址门注入高山港。

涵江港（Hánjiāng Gǎng）

北纬25°23.1′—25°25.8′，东经119°05.8′—119°08.2′。位于莆田市涵江区。为兴化湾湾顶的一部分，地处木兰溪出海口南侧，北距涵江口5千米，以涵江区得名。潮汐属半日潮，往复流，涨潮流向西北，流速0.75米/秒，落潮流向东南，流速1.25米/秒，平均潮差5.5米。

湄洲湾（Méizhōu Wān）

北纬25°00.0′—25°17.0′，东经118°51.0′—119°06.0′。位于莆田市秀屿区、城厢区、仙游县和泉州市泉港区、惠安县辖区，为忠门半岛和东周半岛所环抱，湄洲岛南端和东周半岛北端连线以北海域。因湾口有湄洲岛为屏障而得名。

据《中国海湾志》第八分册载，湄洲湾口门有四个，宽度9.5千米，岸线长186.57千米，面积423.77平方千米，其中水域面积216.73平方千米。湄洲湾主要为基岩海岸，局部为砂质、淤泥质海岸。湾口除湄洲岛外，还有大竹屿、小竹屿、盘屿等，湾内有横屿、虾屿、鲤鱼岛、大屿等岛屿。湾口最大水深达42米。湄洲湾为正规半日潮海域，湾内潮差各处不一，平均潮差：秀屿5.12米，东吴4.72米，斗尾4.65米；最大潮差：秀屿7.59米，东吴6.61米，斗尾6.44米。潮差由湾口向湾内逐渐变大，湾内（东吴附近）实测涨潮最大流速为0.98米/秒，实测落潮最大流速为0.92米/秒；大竹屿与斗尾口门实测涨潮最大流速为2.44米/秒，实测落潮最大流速为1.8米/秒。海底沉积物比较复杂，但口门及深槽以砂砾沉积为主，各次级海湾则以黏土质粉砂为主。

湄洲湾水深域阔，港口资源、水产资源、滩涂资源、旅游资源都十分丰富。湾内有泉州港肖厝港区、秀屿港、莆头港、文甲港、宫下港、枫亭港、山腰港、辋川港大小港口八处，其中以肖厝港区最为重要，该港区是泉州港的重要组成部分，可停靠万吨级船舶，其次是秀屿港与莆头港，其他各港规模不大，是本区海上人员、货物的重要交通站。湄洲湾2011年吞吐量为2 073.84万吨。

湾内滩涂资源丰富，已围垦数万亩用于晒盐、农田和水产养殖。

旅游资源在湄洲湾具有特殊地位，其中尤以湄洲岛最为闻名。湄洲湾湾口的湄洲岛，面积12.8平方千米，是妈祖神的故乡，岛上的“天后宫”是世界妈祖海神的祖庙。妈祖，原名林默，宋代莆田湄洲岛人，相传她经常救护来往于湄洲岛一带的海上落难船只和人员，她死后，宋朝就有人在岛上为她建庙——天后宫（俗称妈祖庙）来纪念她，之后便称妈祖为“女海神”。相传她以救护往来这条海道上的商官船只，使其安全脱险而“著称灵异”，明三保太监郑和七下西洋、清施琅兵进台湾等活动都“奏称获神助”。清康熙三十三年（1694年）湄洲人重新扩建妈祖庙，从此香火更旺，全世界华侨、华商，特别是海峡两岸的信男信女，每年来此朝拜者络绎不绝。除妈祖庙外，还有“湄屿潮音”及数千米的海水浴场都非常诱人。

枫亭港（Fēngtíng Gǎng）

北纬 25°14.0′— 25°16.0′，东经 118°51.6′— 118°55.0′。为湄洲湾内小海湾。位于仙游县枫亭镇，西距枫亭镇1千米。港以镇名。沧溪和枫慈溪由此入海。有沧溪、霞桥、牛头湾、陡门4处机帆船码头。牛头湾建有300吨级泊位码头1座。潮差 5 米，航道顺直。围埝筑封闭式港池。

平海湾（Pínghǎi Wān）

北纬 25°10.3′— 25°11.1′，东经 119°14.8′— 119°16.2′。位于莆田市秀屿区，在兴化湾之南、埭头与忠门两半岛之间，平海镇与山亭镇连线以西海域。以古平海城得名。处于兴化湾与湄洲湾之间，是莆田三湾之一。滩涂面积 3.86 平方千米，属砂岸泥沙堆积型，底质多砂泥，坡降较大，宽 150～450 米，可利用面积 2.96 平方千米。

大港（Dà Gǎng）

北纬 24°53.0′— 24°58.1′，东经 118°53.4′— 118°59.4′。位于惠安县小岞镇南寨和崇武镇大岞东山东北角连线以西海域。沿岸有小岞、净峰、东岭、山霞、崇武 5 个乡镇。为全县面积最大的港，湾因港而得名。

大港口宽 5.1 千米，海岸线长约 50 千米，面积约 67 平方千米。一般水深 3～9 米，最深 20.5 米。年均表层水温 17.51℃。为正规半日潮，涨潮流向西，落潮流向东。涌浪大，港中部底为泥质，顶部为泥石质，沿岸分布沙滩。港内有牛屿、青屿、雨伞礁及南北两片群礁，共 100 多个岛礁。南北两侧有青屿和大港锚地，分别可避偏南、东北大风。南岸有一小港——子良港，是避东南大风的良港。南口岸大岞山至东山间是畚箕废澳，南北两侧为石岸，泥沙底，水深 5～10 米，顶都有沙滩，可供渔船避南、西南大风。有 6 条小溪流注入港内，含沙量少。产鳓鱼、单刺鲢、虾、梭子蟹、乌贼等，养殖海带、紫菜、牡蛎、花蛤等。沿岸各乡均有公路与福厦公路干线相连，北岸小岞、南岸崇武均有公路直达港岸。

泉州湾（Quánzhōu Wān）

北纬 24°46.3′— 24°57.3′，东经 118°37.2′— 118°49.1′。位于惠安县张板镇东峰和石狮市祥芝镇祥芝角边线以西海域。因傍泉州而名。泉州，唐久视元年（700 年）分泉州置荣武州，唐景云二年（211 年）改名泉州，沿所今泉州市，因泉山“在州北五里，泉州因此为名”（《太平寰宇记》卷 10 泉州）。

据《中国海湾志》第八分册载，泉州湾湾口宽（下洋到祥芝角，下同）8.92 千米，岸线长 80.18 千米，海湾面积 128.18 平方千米，其中水域面积 47.76 平方千米。潮汐性质属正规半日潮，平均潮差 4.27 米，最大潮差 6.68 米。石湖和秀涂中间海域实测涨潮最大流速 121 厘米 / 秒，实测落潮最大流速 148 厘米 / 秒。湾内波浪不大，湾口外波浪较大，崇武的最大波高为 6.5 米。海底沉积物基本以石湖至秀涂一线为界向西、向北以细粒物质——黏土粉砂和粉砂质黏土为主；而东部则以砂类物质为主。

泉州湾水域广阔，掩护条件好，自古以来就是开辟港口的优良地域，泉州湾的后渚港，古称“刺桐港”，曾是世界上的著名港口，宋元时期达全盛，是中国海上交通海外的中心。北宋元祐三年（1088 年）设立市舶司，南宋时期与广州并列为“全国两个最大的商港”。元朝时后渚港同西非 107 个国家和地区有贸易往来，成为东方大港和中外交流中心。明清时泥沙淤塞，规模越来越小。直至 20 世纪 70 年代成为地方性小港。泉州湾是福建省重要海产品养殖基地，分为浅海养殖、滩涂养殖和垦区海水养殖。2004 年全区海水养殖面积达 1 139 公顷，其中浅海养殖 53 公顷，垦区海水养殖 145 公顷，滩涂养殖 841 公顷。主要养殖品种为牡蛎、缢蛏、青蟹、对虾。滩涂资源丰富，除海滨湿地保护区外，滩涂围垦也是开发利用的一个重要方面，1949 — 1990 年的 40 年间，泉州湾围垦 39 处，共围垦滩涂 5 400 公顷，主要用于农业、海水养殖和盐业。

深沪湾 (Shēnhù Wān)

北纬 24°37.1′— 24°41.4′，东经 118°38.6′— 118°41.9′。位于石狮市永宁镇永宁嘴和晋江市深沪镇东坡连线以西海域。深沪镇原名“沪江”，港湾幽深，后取唐末诗人罗隐于壁山石崖题名“深沪”改名。湾以镇名。长 20 多千米，宽 1～4 千米，面积约 45 平方千米。深沪湾为正规半日潮海域，南北流向偏多，最大浪高 7 米。沿岸有东安、港阜、后山、梅林等著名渔村，以捕捞为主，产黄花鱼、马鲛，兼殖花蛤、紫菜、海带；有质优量大的天然型砂、石英砂以及海底红树林。南岸深沪壁山有历代摩崖石刻，北岸有永宁卫城遗址，西岸衙口为清靖海侯施琅故园。陆岸通汽车，海运通上海、厦门、汕头等地。

围头湾（Wéitóu Wān）

北纬 24°30.7′— 24°42.4′，东经 118°22.0′— 118°35.6′。位于晋江市金井镇围头角和厦门市翔安区大嶝街道东北角连线以北海域。因围头半岛得名。围头湾为正规半日潮海域，平均潮差 3.99 米，最大浪高 7 米。产对虾、石斑鱼，养殖牡蛎、紫菜等。湾内的东石港、安海港是古代对外贸易港口。围头港航道宽，流速快，泊位深。现东石港海运可通香港、广州、汕头、上海等地。

安海湾（Ānhǎi Wān）

北纬 24°37.5′— 24°42.8′，东经 118°25.3′— 118°27.8′。为围头湾的一部分。位于晋江市东石镇白沙头和南安市石井镇连线以北海域。因傍古安海城而得名。安海城本名湾海，唐安金藏之后连济徙居于此，因易湾为安海。据《清一统志·泉州府》记载，安海城“在晋江县西南六十里。故名湾海。宋初改名安海市，南宋建制名石井镇，明嘉靖年经建石城，名平安镇，清复名为安海”。

据《中国海湾志》第八分册载，安海湾湾口宽 0.8 千米，岸线长 33.53 千米，海湾面积 13.13 平方千米，其中水域面积 3.34 平方千米。滩涂面积 9.79 平方千米，水深在 5 米以浅，最大水深 12.5 米。

安海湾为正规半日潮海域。湾口实测最大涨潮流流速 1.2 米 / 秒，实测最大落潮流流速 0.98 米 / 秒；湾中部实测最大涨潮流流速 0.84 米 / 秒，实测最大落潮流流速 0.83 米 / 秒。湾内海底沉积物为粉砂质黏土，湾口为粗砂和细砂。

湾内水产资源丰富，主要经济品种有带鱼、鲳鱼、鳗鱼、马鲛、黄鱼、虾蟹等，水产养殖业较发达，养殖品种主要有太平洋牡蛎、花蛤、缢蛏、罗非鱼及紫菜。海湾内有安海、东石、石井和水头 4 处小型渔、商两用港，有直通香港、广州定期货轮，吞吐量近百万吨，湾内各港有数千条渔船驻泊。海湾周边名胜众多，有历史遗迹 30 多处，其中安海的安平桥、龙山寺和水头的郑成功墓为国家重点保护单位。

同安湾（Tóng'ān Wān）

北纬 24°31.0′— 24°43.0′，东经 118°05.0′— 118°14.0′。以同安区得名，又名东嘴港，位于厦门市翔安区澳头和湖里区五通道连线以北海域，由厦门岛和高集海堤与厦门湾相隔。

据《中国海湾志》第八分册载，同安湾湾口宽度 13.91 千米，海湾岸线长度 53.66 千米，海湾面积 90.05 平方千米，其中水域面积 41.64 平方千米，湾口最大水深 22 米。

同安湾属正规半日潮海域，平均潮差 3.98 米，最大潮差 6.42 米。在鳄鱼屿东侧海域，实测最大涨潮流流速为 0.7 米 / 秒，实测最大落潮流流速为 0.96 米 / 秒；海底沉积物为泥砂质。

同安湾有较宽阔的水域与滩涂，水产养殖业较发达，养殖面积达 51 000 多亩，主要养殖品种有牡蛎、对虾、缢蛏等；同时开辟有盐场，发展晒盐业。海湾内有刘五店和高崎两个小港，刘五店港年吞吐量在 15 万吨左右，高崎港年吞吐量可达 180 万吨。

厦门港（Xiàmén Gǎng）

北纬 24°23.5′— 24°34.3′，东经 117°53.5′— 118°06.2′。位于厦门市白石炮台和漳州市龙海市港尾镇塔角连线西北侧海域。因湾傍厦门市而得名。厦门岛原名“嘉禾屿”，又称“鹭岛”“鹭屿”。港以岛为名。厦门港历史悠久。北宋设“嘉禾里”。在东渡“官渡”，元代设“嘉禾千户所”，为海防军事机构。明洪武二十七年所筑城堡，命名“厚山城”。

根据《中国海域地名志》第八分册载，厦门湾湾口宽 13.75 千米，岸线长 109.55 千米，海湾面积 230.14 平方千米。

厦门港湾外有大金门、小金门、大担、二担、青屿、浯屿诸岛屿环绕，形成天然屏障，湾内波浪很小。港内又有鼓浪屿、鸡屿、火烧屿等岛屿屹立，具有位置隐蔽、港阔湾深的特点，水域平静，无拦门沙。港湾西侧有福建省第二大河流——九龙江汇入。

厦门湾为正规半日潮海湾，平均潮差 3.99 米，最大潮差 6.92 米；湾口实测最大涨潮流流速为 1.1 米 / 秒，实测最大落潮流流速为 1.82 米 / 秒，底质以泥沙为主。

厦门湾资源丰富，其中港湾资源尤为突出。厦门港是我国重要港口，东渡港区、海沧港区和漳州港区是厦门港的 3 个重要港区，2011 年吞吐量达 15 653.55 万吨。

厦门港沿岸各城镇旅游资源非常丰富。厦门市素有“海上花园”之称，景点有 24 个。目前形成 4 个游览区：①鼓浪屿区：有郑成功纪念馆、郑成功水操台、龙头山寨遗址、鼓浪洞天；②南普陀区：有五老凌霄、南普陀寺、郑成功演武场、演武池遗址、鲁迅纪念馆、陈嘉庚纪念馆、人类博物馆、华侨博物院，鸿山寺后有嘉兴寨、紫云岩、湖里山炮台；③万石岩区：有万石湖、岩玉笏、太平石笑；④集美区：有鳌园。此外，海沧镇、角美镇有纪念神医吴本的慈济宫。明代白礁龙池岩是朱熹讲学地点。港尾乡古有“太武二十四景”等名胜。

隆教湾（Lóngjiāo Wān）

北纬 24°14.3′— 24°15.3′，东经 118°03.5′— 118°05.9′。位于龙海市，东起镇海旗尾山，西至白塘牛头山角，长约 6 千米，呈月牙状。地处隆教片村附近，因村得名。滩宽约 120 米，湾内无礁石障碍，为中小型船舶的天然避风锚地。

前湖湾（Qiánhú Wān）

北纬 24°02.3′— 24°07.4′，东经 117°53.8′— 117°55.4′。位于漳浦县赤湖镇前湖村东面安角至将军澳一带水域。因村得名。浅海水域 3 平方千米。前湖湾为不正规半日潮海湾，平均潮差 1.34 米。往复流，涨潮最大流速 0.85 米 / 秒，落潮最大流速 0.8 米 / 秒。海湾淤积严重，百吨以下船只可停泊。属开敞型海湾，避风条件差。有定置网 30 多槽，产鲳鱼、马鲛鱼、带鱼、虾等。沿岸蕴藏优质石英砂，储量 3 000 多万吨。湾旁建有玻璃马赛克厂。

将军湾（Jiāngjūn Wān）

北纬 24°00.0′— 24°03.6′，东经 117°49.4′— 117°53.5′。位于漳浦县六鳌镇将军澳至新厝林场以东海域。《漳浦县志・方域志》中有记载：“古闽越王号力等为吞汉将军，使之南据险要以扼汉。故山澳礁皆以将军名。”

将军湾为不正规半日潮海域，平均潮差 1.37 米。涨潮最大流速 0.9 米 / 秒，落潮最大流速 0.85 米 / 秒。湾东面的将军屿，面对台湾海峡，周围暗礁犬牙交错，风大浪高，威胁行船。1977 年厦门航运局一盐船在此触礁沉没。屿北脚桶角（将军头）设有灯塔。在赤湖溪旧溪道与将军湾汇流处的“南境港”有对虾、鲻鱼养殖场 1 000 多亩，近海养殖主要以海带、紫菜为主。海产有马鲛鱼、赤翅鱼、黄花鱼、鲳鱼、比目鱼和龙虾等，盛产天然紫菜。

大澳湾 (Dà'ào Wān)

北纬 23°57.7′— 24°00.2′，东经 117°47.8′— 117°49.4′。位于漳浦县六鳌镇新厝林场至后江以东海域，邻近大澳村，因村得名。大澳湾草屿群礁与蜡石屿中间的水域水流缓慢，是万吨客货轮进出海湾的主要航道。海湾为不正规半日潮，平均潮差 1.36 米。往复流，涨潮最大流速 0.85 米 / 秒，落潮最大流速 0.8 米 / 秒。已开发养殖对虾、紫菜、泥蚶和牡蛎 2 500 多亩。水域产鲻鱼、鲈鱼、鲳鱼、沙毛鱼、马鲛鱼等。每当鱼汛，各地渔船到此竞相捕捞，夜晚万盏鱼灯穿梭荡漾，故有“六鳌海上夜夜元宵”之名句。名胜有石龟。

旧镇港 (Jiùzhèn Gǎng)

北纬 23°56.1′— 24°03.0′，东经 117°40.8′— 117°48.9′。位于漳浦县。为六鳌镇下寮西角和霞英镇北江江南角连线以北海域。因傍旧镇而名之。旧镇原名古镇，宋代因当地方言谐音以旧代古，名沿至今。

据《中国海湾志》第八分册载，旧镇港湾口宽 2.04 千米，岸线长 45.97 千米；面积 69.79 平方千米，其中水域面积仅 11.11 平方千米，滩涂面积 52.68 平方千米。

旧镇港为正规半日潮海域，平均潮差 3.09 米，最大潮差 4.85 米；湾内实测最大涨潮流流速 1.09 米 / 秒，实测最大落潮流流速 1.13 米 / 秒。湾内海底沉积物由湾口向湾内逐渐变细，由口门的中粗砂渐变到粉砂质黏土。

海湾内水质肥沃，水生生物资源丰富，是漳浦县主要水产养殖基地之一，也是多种鱼类索饵、产卵和稚幼鱼生长场所，鱼类资源种类繁多，主要有大黄鱼、鲨鱼、鲳鱼、马鲛、海鳗、石斑鱼、鲻鱼、棱鲻、鲈鱼等。养殖品种主要有对虾、牡蛎、缢蛏、紫菜等。旧镇港是湾内主要港口，可直通香港、广州、厦门和台湾。

旧镇港海岸带有独具特色的资源：漳浦六鳌镇崂岈山的“抽象岩画”，即由含铁锰质水渗透至岩石裂缝面停滞而染成的各种图案画面。附近海域以碧海为背景，由防护林环抱的浮头湾、大澳湾等新月形海滩形成的滨海风光带，为旅游提供了丰富资源。

浮头湾（Fútóu Wān）

北纬 23°47.7′— 24°02.7′，东经 117°37.4′— 117°48.5′。位于漳浦县，为六鳌镇六鳌半岛南端至古雷半岛古雷镇杏仔角连线西北侧海域，其北与旧镇港相接。因海湾形如浮在海面上的人头，故名。又一说，明嘉靖戚继光与倭寇大战于旧镇港，杀倭数千，倭头顺流而下，浮于湾内得名。

浮头湾为不正规半日潮海域，平均潮差 1.35 米。往复流，涨潮最大流速 0.85 米/秒，落潮最大流速 0.8 米/秒。为开敞型海湾，避风条件差。有滩涂约 3 000 亩，近海水域面积 20 000 亩，是优良的近海捕鱼场。产马鲛鱼、鲻鱼、鲈鱼、鳗鱼、鲳鱼、黄花鱼和龙虾。岛礁岩体四周，产天然紫菜、红菜供出口。

东山湾（Dōngshān Wān）

北纬 23°43.2′— 23°58.5′，东经 117°22.3′— 117°36.9′。海湾为东山县康美镇铜鼓角和漳浦县古雷半岛南端起雷镇古雷头连线以北海域。因傍东山县，故名。东山湾又名铜山湾、东山内澳、铜陵湾。

据《中国海湾志》第八分册载，东山湾湾口宽 5 千米（含塔屿，其净宽为 3.04 千米），岸线长 110.5 千米，面积 247.9 平方千米，其中水域面积 155.54 平方千米，滩涂面积 92.36 平方千米。

东山湾为非正规半日潮海域，平均潮差 2.3 米，最大潮差 4.14 米；海湾口门流速最大，其中塔屿与铜鼓岗间水道实测最大涨潮流流速 0.94 米/秒，实测最大落潮流流速 1.1 米/秒；海湾中部流速较小。海底沉积物类型比较复杂，但以粉砂黏土等偏细物质为主。

东山湾生态环境优越，是多种水产动植物栖息、繁殖场所，是福建省海水养殖的重要水域，亦是海洋农牧化示范区和海洋生态环境保护区。主要养殖品种有虾、贝、鲍、蛤、鱼等。湾内有渔、商、油码头 10 多处。

东山湾周边旅游资源丰富，南部湾口的东山岛是福建省著名的旅游宝地和国家级旅游风景区，自然景观幽雅，被影界称为“天然影棚”；七个著名的月牙形海湾中的马銮湾风景区被誉为“东方夏威夷”。

诏安湾 (Zhào'ān Wān)

北纬 23°34.4′— 23°48.2′，东经 117°14.9′— 117°25.6′。海湾为东山县陈成镇下垵和诏安县梅岭镇南门角连线以北的海域，为东山岛和宫口半岛所环抱，湾口有城洲岛、西屿等岛屿。诏安湾原经八尺门海峡水道与东山湾相通，1961 年 12 月八尺门海堤竣工后，诏安湾成独立海湾。海湾因诏安县得名。

据《中国海湾志》第八分册载，诏安湾湾口宽 7.75 千米，岸线长 61.49 千米；面积 152.66 平方千米，其中水域面积 122.26 平方千米，滩涂面积 30.4 平方千米。

诏安湾为不正规半日潮海域，平均潮差 1.34 米，最大潮差 2.94 米。实测最大涨潮流流速 0.32 米 / 秒，实测最大落潮流流速 0.54 米 / 秒。海湾中部海底沉积物以粉砂质黏土为主，海湾北部砂和粉砂增多，湾口则以中细砂为主。

水产资源丰富，渔业品种近 300 种，其中鱼类约 200 种，甲壳类约 30 种，头足类 6 种，贝类 17 种，经济藻类 7 种。海湾养殖业较发达，主要养殖品种有紫菜、扇贝、海蚌、太平洋牡蛎，多数礁石是紫菜、石花菜等藻类和海胆、海参、海螺的天然产区，是海蚌、江瑶贝资源重点保护区，是人工放流鱼、虾、贝苗种，增殖水产资源的重要场所。梅岭港是本湾最早开发的港口，宋代时为漳州府唯一的外贸港，明嘉靖年间，梅岭港曾一度沦为倭寇巢穴。隆庆初年（1567 年）平定倭寇之后，梅岭港仍为通往汕头、厦门、福州的主要港口。后来海上贸易集团武装骚乱，漳州府的外贸港移至月港，自此之后梅岭港衰落不振。

诏安湾风景秀丽、景色宜人。陈城镇海滩开阔、平坦，水清、沙洁、林密，是旅游度假避暑胜地。长山脚下庵仔渡山边的松柏门庵，又名靖海寺，建于明代。祥麟塔、望净台、西桥海月都是诏安 24 景之一。

后港 (Hòu Gǎng)

北纬 23°39.7′— 23°42.4′，东经 117°28.3′— 117°29.4′。位于东山县东侧，因处前港后面，故名。后港由于地壳运动海岸断裂下沉形成，有东赤港淡水注入。

砂泥底质。湾口开阔，水深 3～12 米。年均水温 20.8℃。年均盐度 32.15。平均潮差 2.3 米。

苏尖湾（Sūjiān Wān）

北纬 23°35.5′— 23°39.9′，东经 117°24.9′— 117°27.7′。为东山县西埔镇和陈城镇苏尖角连线以西海域。以苏峰山（俗称苏尖山）得名。因湾西部有一乌礁，故别名乌礁湾。苏尖湾为不正规半日潮海域，平均潮差 2.3 米，最大潮差 4.1 米。涨潮流向西南，落潮流向东，流速 1.0 米 / 秒。苏尖湾自然条件优越，水产资源丰富，有丁香鱼、兰圆等。有水产加工厂和水产收购站。荟冬澳是天然优良港，建 100 吨级硅砂码头。亲营澳已新建一座拆船厂，可拆 5 万吨级旧轮。

大埕湾（Dàchéng Wān）

北纬 23°33′— 23°37′，东经 117°07′— 117°13′。位于闽粤交界处，东起福建省诏安县宫口头，西至广东省饶平县鸡笼角连线以北海域。因北邻饶平县大埕乡（今大埕镇）而得名。溺谷湾，呈半月形，湾口朝东南，口宽 11.88 千米，纵深 3.5 千米，面积 58 平方千米，水深 2.5～9.4 米，底质为砂、粉砂质泥。东溪、西溪经沙湾注入。湾内有龙屿、诏安内屿、诏安外屿、开礁、头礁、饶平大礁母等岛散布。

大埕湾风景秀丽，是当地旅游景点。明代黄诏的《题凤埕八景》中“碧海连天”曰：“观水东南到海滨，波澜万顷渺无边，祝融一怒山翻雪，飓母初呈浪拍天。日落鱼龙腾雾涌，夜沉星斗弄波妍。五湖纵阔难为水，笑却精衔与血鞭。”

宫前湾（Gōngqián Wān）

北纬 23°34.0′— 23°34.9′，东经 117°19.1′— 117°22.2′。位于东山县南部。东连鲎角，西濒山南村山头，南接南部海域，北连宫前村。以村得名。

第三章　海　峡

北茭海峡 (Běijiāo Hǎixiá)

北纬 26°22.3′，东经 119°57.6′。位于连江县黄岐半岛东北部，北接三都澳口。取沿岸北茭村得名。正规半日潮，大潮升 6.3 米，小潮升 4.9 米，平均海面 3.4 米。往复流。西北峡门，涨潮流向西南，落潮流向东，大潮时常出现涡流，流速 2.0～2.5 米 / 秒。东南峡门，涨潮流向西南，落潮流向东北，流速 0.5～1.0 米 / 秒。

洋礵海峡 (Yángdiàn Hǎixiá)

北纬 26°21.5′，东经 119°53.4′。位于连江县黄岐半岛北侧和洋礵岛之间。因处洋礵岛附近，故名。正规半日潮，大潮升 6 米，小朝升 4.9 米。往复流，涨潮流向西北，落潮流向东北。

双髻门海峡 (Shuāngjìmén Hǎixiá)

北纬 26°21.1′，东经 119°56.5′。位于连江县黄岐半岛东端苔菉镇东南大陆与双髻岛之间。因东临双髻屿，得名。

正规半日潮，大潮升 6.2 米，小潮升 4.9 米，平均海面 3.4 米。往复流，涨潮流向西北，落潮流向东，流速 0.5 米 / 秒。

台湾海峡 (Táiwān Hǎixiá)

北纬 25°14.3′，东经 120°28.1′。位于台湾岛与大陆之间，北连东海，南接南海。北界一般以福建省平潭到台湾地区北端富贵角一线为界，南界由广东南澳岛到台湾地区鹅銮鼻，是我国最大的海峡。海峡因傍台湾岛而名之。早期台湾海峡被称为“黑水沟”，许多来自福建的移民渡过台湾海峡时，不慎发生船难，有民谣称为“六死三留一回头”，意即十人当中，有六人会死在台湾海峡，有三人会留在台湾，而一人会受不了早期台湾的荒蛮而重回福建。

海峡是在第三纪末第四纪初断裂陷落而成。呈东北—西南走向，长约 440

千米，北窄（平潭岛至台湾岛之间约 130 千米），南宽（约 420 千米）。海峡沿岸岬角、海湾交替排列，两侧分布众多岛礁。北部有白犬列岛、东洛列岛、海坛岛和南日群岛；南部有金门岛、澎湖列岛等。海峡两岸都有河川注入，西岸有闽江、晋江、九龙江、韩江等，东岸有淡水溪、大安溪、楠梓仙溪等江河注入。

海峡位于东海、南海航运要冲，是我国海上南北交通的重要通道。历史上郑和下西洋从这里启程，郑成功横渡海峡收复台湾，戚继光在此歼灭倭寇。

海坛海峡 (Hǎitán Hǎixiá)

北纬 25°28.2′，东经 119°39.4′。位于福清市龙高半岛与海坛岛之间。因东临平潭县海坛岛而得名。宽约 5 千米，海峡两侧岸线曲折，多港湾；东侧岛礁密布，海坛岛的娘宫、竹屿口、苏澳等港口均在海峡东侧。水深 5～30 米，中部有 5 米以下浅水区。正规半日潮，涨潮水流分别从海峡北部和南部向中部流入，在竹屿口南侧汇合，落潮则相反，并有局部沿岸流，流速以海峡南口王井礁附近为最，流速达 1.5～3.5 米 / 秒。

第四章　水　道

出壁门水道（Chūbìmén Shuǐdào）

北纬 26°55.7′，东经 120°16.3′。位于福鼎市小嵛山岛与霞浦县烽火岛之间，北接里山湾，南通福宁湾。出入口狭窄如门，故名。

水道处福鼎、霞浦县海域交界处，为两县海运往来必经之地。南北长 3 千米，东西宽 1～2 千米。水深 7～18 米。年均水温 20℃，年均盐度 30。半日潮，年平均潮差 4 米。往复流，涨潮流向北，落潮流向南，流速 0.5～1.0 米 / 秒。主航道中分布竹排岛、圆礁屿、扫帚礁等岛礁。竹排岛设有灯桩。

七星水道（Qīxīng Shuǐdào）

北纬 26°41.3′，东经 119°57.6′。位于福鼎市福瑶列岛与七星列岛之间，因傍七星列岛而得名。

大门水道（Dàmén Shuǐdào）

北纬 26°41.0′，东经 119°57.8′。位于福鼎市金屿东侧。水道较大，故名。是东吾洋通往外海的主要通道。

加仔门水道（Jiāzǎimén Shuǐdào）

北纬 26°39.7′，东经 119°46.4′。位于蕉城区三都镇加仔澳村西海域。因其位于加仔澳村西，故名。

青山水道（Qīngshān Shuǐdào）

北纬 26°38.1′，东经 119°45.4′。位于宁德市东南部，三沙湾中部。因靠近青山岛而得名。东接覆鼎洋，西连三都澳，长 5 千米，宽 2 千米，底质为泥、砂及砾石。

水深 4～7 米，最大水深 51 米。年均水温 20℃，年均盐度约 26。透明度 1.2 米。半日潮，年均潮差 4.25 米。往复流，涨潮流向西，落潮流向东。是宁德市出官井洋交通要道，可通千吨轮船。西北部水域及铁头礁附近设有灯浮，东端大粒礁有灯桩。

小安水道（Xiǎo'ān Shuǐdào）

北纬 26°36.1′，东经 120°07.3′。位于霞浦县南部，浮鹰岛与大陆之间，东北—西南走向，南北长约 8 千米，东西宽约 5 千米。泥底质。水深 11～29 米。年均盐度 34。平均潮差 5 米，回转流，涨潮流速小于落潮流速。东北季风期风浪很大，东北口外最大，尤以落潮流和风浪方向相反时为甚。

东冲水道（Dōngchōng Shuǐdào）

北纬 26°34.1′，东经 119°49.3′。位于霞浦县南部东冲半岛与福州市罗源县鉴江半岛之间。因东冲半岛得名。

北接官井洋，南至东冲口。长 7 千米，宽 1.1 ～2.5 千米。底质多石，东侧小澳内为泥质。水深 60 米左右。年均水温 20℃，年均盐度约 28。半日潮，年均潮差 4.8 米。往复流，涨潮流向北，落潮流向南，流速 2 ～3 米 / 秒。夏秋之交受台风影响，3— 4 月有雾，为进出三沙湾必经之道，通万吨级巨轮。北口有急流。

三都澳口（Sāndū'ào Kǒu）

北纬 26°31.8′，东经 119°48.8′。位于霞浦县东冲半岛和罗源县鉴江半岛之间，为三沙湾出海口。因系三都澳出海口而名之。水道宽 3 ～4.6 千米，最大水深 90 米。平均潮差 4.8 米。最大流速 4.0 米 / 秒。半脚趾、荷叶礁和白岛屿设灯标。

可门水道（Kěmén Shuǐdào）

北纬 26°25.9′，东经 119°49.0′。位于罗源县罗源湾湾口，鉴江半岛和黄岐半岛之间，以可门角为名。东起湾口，西至岗屿，呈东北—西南走向，长 8 千米，宽 1.5 千米，水深 20～91 米，潮差 7 米，涨潮流向西南，流速 1.5～4 米 / 秒，落潮则相反，流速 1.5 米 / 秒，湾口中央水流湍急，上、下担屿在水道中央，北侧宽 350 米，南侧宽 600 米，皆可通航，东段可门一带，水深 40～60 米，是福建省六大深水港之一。西段北岸将军帽附近，水深 20～52 米。

紫岩水道（Zǐyán Shuǐdào）

北纬 26°18.7′，东经 119°53.9′。位于连江县黄岐镇东南，东鼓礁群岛北侧。

东北—西南走向。呈一字形，长 3 千米，宽 0.5～1.3 千米。东邻马祖澳。西南可通闽江口，直抵福州马尾港。泥底质，水深 20～32 米。为正规半日潮。往复流，涨潮流向西，落潮流向东南，流速 0.5 米 / 秒。南侧地形复杂，岛礁众多，以东鼓礁群岛为主的大小岛礁 10 多个，对行船有威胁。坪牛尾岛上有灯桩，为闽浙线主航道，南侧是渔业生产作业区，北侧黄岐澳为连江县著名渔港。

长门口水道 (Chángménkǒu Shuǐdào)

北纬 26°07.6′，东经 119°34.1′。位于连江县琯头镇和琅岐岛之间。地处长门村前，故名。

鼓屿门水道 (Gǔyǔmén Shuǐdào)

北纬 25°40.5′，东经 119°37.9′。位于平潭县鼓屿和长屿之间。因鼓屿得名。是闽中海上交通要道。呈南北走向，长约 5 千米，宽 1～4 千米。北口水深 6.6 米以上，中心水道水深 10～27 米。有两处浅水区，乌猪岛西北附近，水深 3.3 米，鼓屿东北附近，水深 2.8～5 米。在鼓屿与七姐妹礁附近，涨潮流始于娘宫，流向偏南，大潮时平均流速 1.5 米 / 秒以上。鼓屿北段，落潮流逢 6 级以上东北风，易形成大浪。西侧分布人屿、鼓屿、昌良礁等; 东侧有鸟猪岛、长屿、七姐妹礁等。七姐妹礁、鼓屿、鸟猪岛上均设灯桩。

海坛海峡北东口水道 (Hǎitánhǎixiá Běidōngkǒu Shuǐdào)

北纬 25°38.2′，东经 119°43.2′。位于平潭县海坛岛与大练岛之间，北连台湾海峡，呈东北—西南走向，长 9 千米，宽 1.1～6 千米，水深 5～44 米。因在海坛海峡北段东部，故名。

为半日潮。往复流，涨潮流向东北，落潮流向西南，流速 0.9 米 / 秒，大潮流速可达 2 米 / 秒。西南部岸线，港湾众多，近岸有定置网，养殖紫菜、海带。岛礁周围产石斑鱼。大练岛西部海域有锚地。

南尾前水道 (Nánwěi Qiánshuǐdào)

北纬 25°35.5′，东经 119°31.9′。位于福清市龙田镇。因位于南尾村前向南入海，故名。

四屿水道 (Sìyǔ Shuǐdào)

北纬 25°29.9′，东经 119°38.5′。位于福清市高山镇东部海域，海坛海峡中段。因处四屿群岛东侧，故名。

加址门水道 (Jiāzhǐmén Shuǐdào)

北纬 25°24.8′，东经 119°34.6′。位于福清市东瀚乡和沙埔乡之间，水道南为兴化湾，北为高山港。水道狭窄，涨落潮流速湍急，是海上运输进出高山港唯一通道。

海坛海峡南东口水道 (Hǎitánhǎixiá Nándōngkǒu Shuǐdào)

北纬 25°23.3′，东经 119°43.9′。位于平潭县海坛岛与草屿之间，东濒台湾海峡。呈东南—西北走向，长 6 千米，宽约 4 千米，主航道宽 2 千米。位于海坛海峡南部东面，故名。水道北部砂质底，南部石底质，中部泥底质。水深在 5 米以上。为半日潮。往复流，涨潮流向西北，落潮流向东南。年均水温 20.1℃，年均盐度 31。北侧多砂质岸，岸线曲折，港湾众多。近岸多岛礁分布，有定置网。

牛头门水道 (Niútóumén Shuǐdào)

北纬 25°21.6′，东经 119°29.1′。位于福清市沙埔镇牛头尾村南，因傍牛头尾村得名。水道是牛峰等村船只出海的通道。

海坛海峡南口水道 (Hǎitánhǎixiá Nánkǒu Shuǐdào)

北纬 25°21.6′，东经 119°40.3′。位于福清市龙高半岛东端与平潭县草屿和平潭毛屿之间。南通兴化水道，东连塘屿北水道。呈东北—西南走向，长约 10 千米，宽 3 ～ 6 千米。泥沙底质，主航道水深 10 ～ 42 米。

因受兴化湾径流影响，涨潮“三分”时为东北流，“七八分”时为西北流，落潮时西南流，落“五分”时转南流，流速 0.9 ～ 1.5 米 / 秒。两侧岸线曲折，港湾众多，有草屿、塘屿、北官屿、南官屿、北鹭鸶礁、南鹭鸶礁分布。西侧中部、东侧北部均有急流区，沿岸有定置网，水道南段的南鹭鸶礁上设灯桩。

兴化水道 (Xìnghuà Shuǐdào)

北纬 25°17.7′，东经 119°35.5′。位于莆田市秀屿区南岛与福清市龙高半岛之间海域，台湾海峡西侧。北起海坛海峡南口，穿过南日群岛南接南日水道。为进入兴化湾主航道，故名。西北—东南走向，长约24千米。沿线有野马屿、路岛、鸡蛋岛（钟屿）、大蛇岛、小蛇岛、鸡屿等岛屿，形成几个航门。水道两侧的路岛、鸡蛋岛、南鹭鸶、南礁、东月屿等皆设有灯桩。半日潮，潮差5.5米。往复流，涨潮流向西，落潮流向东，平均流速1.25米/秒，最大流速1.5米/秒。小日岛、北日岩间有急流。年均水温19.1℃，盐度32.12，透明度0.7米。

南日水道（Nánrì Shuǐdào）

北纬25°14.5′，东经119°24.1′。位于莆田市秀屿区与南日岛西北侧之间海域，介于南日岛与牛屿、石城大屿和平海角间，东北—西南走向，北通兴化湾，南连平海湾。以南日岛得名。

长约20千米，宽5～12千米，水深12～29米。南口中央有鸬鹚岛，附近多礁石。西7千米处有沉船。为半日潮，潮差5.6米。往复流，涨潮流向北，落潮流向南，平均流速2～3节。年均水温19.6℃，盐度31.23。透明度1.7米。

秀屿港水道（Xiùyǔgǎng Shuǐdào）

北纬25°12.9′，东经118°58.4′。位于莆田市秀屿区与泉州市峭厝之间的湄洲湾中。因邻秀屿区，故名。潮汐性质属半日潮往复流，涨潮流向西北，流速1.75节，落潮流向东南，流速2节，最大潮差7.59米，最大波高1.4米，年雾日9天，年六级以上大风144天，风速6.1米/秒。

厦门东侧水道（Xiàméndōngcè Shuǐdào）

北纬24°26.8′，东经118°11.4′。位于厦门市厦门岛和小金门岛之间，因其位于厦门岛之东，故名。

菜屿航门（Càiyǔ Hángmén）

北纬23°47.6′，东经117°39.1′。位于漳浦县古雷镇杏仔村与沙洲岛之间海域，因菜屿列岛而得名。为进出浮头湾的主航道。南北长约3千米，东西宽约1.5千米。中心航道宽约1千米。水深18～30米，流速1.3米/秒。水质净洁，污染小，盐度25，年均水温27℃，1月水温16℃，7月水温35℃。东侧有沙洲岛、妈祖印礁等；西侧有古雷半岛杏仔角、大礁、圣杯屿、剑礁、蚌礁等10多个礁屿，有碍航行，曾多次发生海难。在圣杯屿设有灯桩。

第五章　滩

八尺门滩 (Bāchǐmén Tān)

北纬 27°14.9′，东经 120°10.2′。潮滩。位于福鼎市中部八尺门内港。因东侧的八尺门得名。东起八尺门口，西至点头，南起翁江，北到塘底。近似布袋状。南北长 10 千米，东西宽约 3 千米，面积约 31 平方千米。干出高度 1～5 米。由淤泥及泥沙组成。产蛏、蚶、蛎、对虾。东部临水道，常年可行船。

牛绳沙 (Niúshéng Shā)

北纬 27°14.1′，东经 120°16.8′。海滩。位于福鼎市东北部沙埕港北段。别名下屿尾沙。狭长似牛绳，故名。为干出沙洲。南北长 1 千米，东西宽 0.2 千米，面积约 0.25 平方千米。干出高度 1.4 米。海水运动堆积形成。由北向南倾斜伸入水下。为中、细砂组成。扼沙埕港口与姚家屿港航道交汇处，有碍航行。

秦屿滩 (Qínyǔ Tān)

北纬 27°06.2′，东经 120°15.7′。潮滩。位于福鼎市东南部秦屿镇，晴川湾西侧，西距秦屿 0.6 千米。滩以岛名。南北宽 0.8～2.6 千米，面积约 4 平方千米。干出高度 0.1～3.8 米，滩面平缓。由淤泥及泥沙组成。产蛏、蛎、蚶、虾等。

白沙澳滩 (Báishā'ào Tān)

北纬 27°02.9′，东经 120°15.7′。潮滩。位于福鼎市硖门畲族乡斗门头村白沙澳内，因地处白沙澳内而得名。

硖门湾滩 (Xiáménwān Tān)

北纬 27°02.1′，东经 120°15.2′。潮滩。位于福鼎市东南硖门湾，西距硖门 0.5 千米。滩以湾名。滩北、西、南为陆地包围，东临晴川湾。呈方形，东西长 1.8 千米，南北宽 0.8～1.5 千米，面积 1.5 平方千米。干出高度 2.4 米。自西向东平缓伸入水下，由淤泥组成。产蛏、蛎、虾、蟹等。

长箱滩（Chángxiāng Tān）

北纬 26°58.6′，东经 120°11.7′。潮滩。位于霞浦县东北部牙城湾西侧，北距牙城约 1.2 千米。呈长方形，故名。东西长 4 千米，南北宽 3 千米，面积约 10.5 平方千米。干出高度1米。自西南向东北平缓伸入水下，由泥沙组成。产蛤、蛏、蜉等。

溪尾滩（Xīwěi Tān）

北纬 26°50.8′，东经 119°47.9′。潮滩。位于福安县东南部盐田港西北侧溪尾镇溪尾村边。滩以村名。北起溪尾村，南到盐田港航道。南北长 2.5 千米，东西宽 0.50～2 千米，面积约 3.51 平方千米。干出高度 4.5 米。滩面平坦，从北向南逐步扩大，由淤泥组成。产蛤、蛏、蚶等。

福宁海埕（Fúníng Hǎichéng）

北纬 26°50.8′，东经 120°02.2′。潮滩。位于霞浦县东部福宁湾西侧，西北距县城 3.5 千米。滩因湾名。北连后港洋滩，南至沙尾滩，东起火烟山岛，西至岐尾鼻。略呈方形，东西宽 2～6 千米，南北长 7.5 千米，面积约 37.5 平方千米。干出高度 0.2～4.3 米，由西向东平缓伸入水下。滩质为泥。养殖蛏、蛎、对虾，特产剑蛏。

盐田港海埕（Yántiángǎng Hǎichéng）

北纬 26°50.1′，东经 119°49.8′。潮滩。位于霞浦县西南部盐田港北侧，东北距盐田 0.5 千米。滩以港名。

持刀沙（Chídāo Shā）

北纬 26°49.2′，东经 119°41.5′。海滩。位于福安市南部白马港东侧，马铃礁与狗碴礁之间。形似偃月刀，方言称“持刀”，故名。沙滩长 2.25 千米，宽 100 米，面积 0.23 平方千米。从东向西倾斜，平缓伸入白马港主航道中。

后井滩（Hòujǐng Tān）

北纬 26°47.7′，东经 119°46.9′。潮滩。位于霞浦县盐田畲族乡浒屿村，因处村后井的西边，故名。

濑土港滩（Làitǔgǎng Tān）

北纬 26°47.5′，东经 119°36.9′。潮滩。位于福安市西南部，三沙湾西北侧，东北临下白石镇。滩面西高东低，经潮汐冲刷作用形成“濑”，故名。略呈三角形，东西宽 2 千米，南北长 3.5 千米，面积约 7 平方千米。干出高度 0.4 ～ 4.8 米，由泥、泥沙组成。从东向西平缓倾斜。产蛏、蛤、鲟、杂鱼和虾等。南部乘潮可通航小船。

蛤湖里滩（Háhúlǐ Tān）

北纬 26°47.2′，东经 119°57.1′。潮滩。位于霞浦县沙江镇蛤湖里湾。因其盛产沙蛤而得名。

大条土（Dàtiáo Tǔ）

北纬 26°46.8′，东经 119°36.0′。潮滩。位于宁德市蕉城区七都镇，云淡门岛北侧。因面积较大而得名。东起濑土港，西至栏土冈沙。东西长 1.3 千米，南北宽 1.1 千米，面积约 1.58 平方千米。地势从西向东平缓倾斜。干出高度 3～4 米。底质为泥、砂。产蛏、蚝、蛎、蛤等。

云淡沙埕（Yúndàn Shāchéng）

北纬 26°46.0′，东经 119°36.2′。海滩。在宁德市蕉城区七都镇云淡门岛东侧，西北距八都 7 千米。因云淡门得名。东临濑土港，西接盐埕土。为干出沙滩。形似舌，呈东北—西南走向，长 2 千米，宽 0.5 千米，面积约 1.07 平方千米。干出高度 4.3 米。因海水运动堆积，由砾石、砂、砂泥组成。从西南向东北伸向濑土港内。养殖蛤、牡蛎等。

浮溪埕（Fúxī Chéng）

北纬 26°45.9′，东经 119°46.0′。潮滩。位于福安县南部盐田港西侧溪尾镇浮溪村旁，西北距湾坞 10.5 千米，以村名滩。

湖塘海埕（Hútáng Hǎichéng）

北纬 26°45.4′，东经 119°41.5′。潮滩。位于福安市南部，白马港西侧，北临下白石镇。北与钓岐村相接，南至外门楼、坪冈。因湖塘村得名。呈月牙形，南北长 6 千米，东西宽 0.8 ～1.6 千米，面积约 6.8 平方千米。干出高度 4.5 米。

东北—西南走向，自西向东平缓伸向白马港中，由淤泥组成。北部长红树。

长冈头滩（Chánggāngtóu Tān）

北纬 26°45.2′，东经 119°33.8′。潮滩。位于宁德市蕉城区漳湾镇。滩长，滩面凸出似冈顶，故名。

洗脚土（Xǐjiǎo Tǔ）

北纬 26°45.0′，东经 119°33.6′。潮滩。位于宁德市蕉城区七都镇。滩岸有洗脚石，故名。

雷东头沙（Léidōngtóu Shā）

北纬 26°44.8′，东经 119°36.3′。海滩。位于宁德市漳湾镇东北部雷东村。在雷东滩前面，故名。呈舌形沙滩。长 1.5 千米，宽 0.2 千米，面积约 0.3 平方千米。干出高度 2.3 米。西北—东南走向，自东南向西北倾斜伸向水下。由细砂组成。周围海域为咸、淡水交汇处，产鳗苗。

鲤鱼洋中滩（Lǐyú Yángzhōng Tān）

北纬 26°44.0′，东经 119°45.5′。潮滩。位于福安市南部鲤鱼湾村，浮溪埕与白马港、盐田港的交汇处。滩以村名。西北距湾坞 11.5 千米。呈三角形，南北长 3 千米，东西宽 1～2.2 千米，面积 4 平方千米。滩面较平坦，自西北向东南伸向水下。由泥沙组成。养殖蚶、蛏。

师恩土（Shī'ēnTǔ）

北纬 26°43.7′，东经 119°38.5′。潮滩。位于宁德市蕉城区漳湾镇师恩宫前，因师恩宫得名。

三都浅滩（Sāndū Qiǎntān）

北纬 26°41.3′，东经 119°41.8′。潮滩。位于宁德市蕉城区三都岛北侧，滩因岛名。东北连鸡冠水道，西南至王介溪滩。呈三角形，东西长 5 千米，南北宽 1.6～3.5 千米，面积约 10 平方千米。低潮时东部干出，西部淹没浅水下。由泥、泥沙、砂组成。为养殖海带、紫菜作业区。涨潮时通小船。

后岐道滩（Hòuqídào Tān）

北纬 26°40.9′，东经 119°36.6′。潮滩。位于宁德市蕉城区漳湾镇东安岛山兜。

砚石滩 (Yànshí Tān)

北纬 26°40.9′，东经 119°51.2′。潮滩。位于霞浦县溪南镇，官井洋北侧，北距溪南约 5 千米。因滩涂中白人礁又称砚石，故名。东起下砚、加椅，西连溪南港口，南濒官井洋，北靠天岐，上砚沿岸。呈梯形，东西长 3.8 千米，南北宽 1.8 千米，面积约 7 平方千米，干出高度 2 米。由泥、泥沙组成。从北向南倾斜，平缓伸入水下。养殖蛏、蛤等。

圆屿涂 (Yuányǔ Tú)

北纬 26°40.8′，东经 119°56.7′。潮滩。位于霞浦县溪南镇。

玠溪滩 (Jièxī Tān)

北纬 26°40.8′，东经 119°39.9′。潮滩。位于宁德市蕉城区玠溪村口。以玠溪村得名。呈舌形，东西宽 0.4～2 千米，南北长 1.2 千米，面积约 1.8 平方千米。从南向北伸入水下，由砂泥组成。产螺、蛤、鲟等。近岸有稀疏红柳。

跳板沙 (Tiàobǎn Shā)

北纬 26°40.3′，东经 119°39.4′。海滩。位于宁德市蕉城区三都镇三都岛西北侧，东南距松岐 3 千米。狭长形如跳板，故名。长 2 千米，宽 0.5 千米，面积约 1 平方千米。干出高度 4.5 米。海水运动堆积形成，多为细沙。东北—西南走向，从西南向东北平缓伸向水中。产蚪蛤等。

后宫土 (Hòugōng Tǔ)

北纬 26°39.3′，东经 119°36.5′。潮滩。位于宁德市蕉城区漳湾镇后湾村。因村有一小宫庙而得名。

南澳土 (Nán'ào Tǔ)

北纬 26°39.2′，东经 119°44.8′。潮滩。位于宁德市蕉城区三都镇坪岗村，西距松岐 7 千米。东西宽 4.5 千米，南北宽 2.2 千米，面积约 10.13 平方千米。干出高度 3.5 米。为淤泥组成。地势由西向东南倾斜，平缓伸入水下。养殖蛏、蛤、蚶、紫菜等。

黄湾土 (Huángwān Tǔ)

北纬 26°39.1′，东经 119°39.2′。潮滩。位于宁德市蕉城区三都镇黄湾村前。滩以村名。

竹屿网滩 (Zhúyǔwǎng Tān)

北纬 26°38.9′，东经 119°36.8′。潮滩。位于宁德市蕉城区漳湾镇。

加湖埕 (Jiāhú Chéng)

北纬 26°38.9′，东经 119°35.6′。潮滩。位于宁德市蕉城区漳湾镇加湖山下。滩以山名。

大土冈滩 (Dàtǔgāng Tān)

北纬 26°38.0′，东经 119°35.6′。潮滩。位于宁德市三都澳，宁德水道与宝塔水道之间。因面积大，地势如土冈，故名。呈舌形，东西长 5.50 千米，南北宽 0.50～2.00 千米，面积约 5.90 千米。由西向东倾斜平缓伸入水下。产大蛏、大蛎、蚶苗、紫菜等。

仙人笠冈滩 (Xiānrénlìgāng Tān)

北纬 26°37.9′，东经 119°32.9′。潮滩。位于宁德市蕉城区城南镇仙人笠礁附近。滩因礁名。

长土冈滩 (Chángtǔgāng Tān)

北纬 26°36.2′，东经 119°37.1′。潮滩。位于宁德市三都澳南侧。长形，凸出如冈，故名。该滩东西长 5.50 千米，南北宽 0.50～2.00 千米，面积约 5.90 千米。由西向东倾斜平缓伸入水下，产大蛏、大蛎、蚶苗、紫菜等。

门口埕 (Ménkǒu Chéng)

北纬 26°26.3′，东经 119°48.2′。潮滩。位于罗源县可门水道北侧，以可门口得名。略呈梯形，东西长 1 千米，南北宽 500 米，面积约 0.50 平方千米。北半部为泥质滩涂，干出高度 0.9 米，南半部为浅海区，水深 0.3 米，为养殖海带、紫菜作业区。

下廪滩 (Xiàlǐn Tān)

北纬 26°26.2′，东经 119°45.1′。潮滩。位于连江县下廪村前，滩以村名。

呈长方形，长 4.10 千米，宽 2.30 千米，面积约 9.40 平方千米。为干出滩，泥沙底质。有少量红树林，有水产养殖价值。

马行 (Mǎ Háng)

北纬 26°10.7′，东经 119°40.7′。海滩。位于连江县晓澳镇东南，闽江口入海处。因形状似马蹄，故名。马行从闽江口起由西向东延伸，东西长 5.10 千米，南北宽 500 米，面积约 3 平方千米。受闽江上游水土流失等环境条件影响，形成淤积，为闽江口附近海域行船障碍。沙滩游动性不大。周围水深 2～6 米，养殖藻贝类。

红沙行 (Hóngshā Háng)

北纬 26°10.0′，东经 119°38.7′。海滩。位于连江县晓澳镇。因沙呈红色，故名。

后湖行 (Hòuhú Háng)

北纬 26°07.4′，东经 119°40.9′。海滩。位于连江县琯头镇。处川石山后，沙露如湖，故名。

铁板沙 (Tiěbǎn Shā)

北纬 26°06.6′，东经 119°42.2′。海滩。位于连江县琯头镇东，闽江口入海处。因沙质硬似铁板，故名。从川石岛东起向东南方向延伸，直抵南部闽江口主航道，呈不正规状，东西长 6.80 千米，南北宽 2.00 千米，面积约 10 平方千米。由上游闽江泥沙堆积而成。为闽江口航道障碍。周围水深 0.5～4 米。北侧有部分水域设定置网，养殖紫菜、花蛤、蛏。

内拦江沙 (Nèilánjiāng Shā)

北纬 26°06.5′，东经 119°39.3′。海滩。位于连江县琅岐镇建光村。处于闽江口内，故名。

外拦江沙 (Wàilánjiāng Shā)

北纬 26°05.7′，东经 119°46.5′。海滩。位于连江县琯头镇东、闽江口外。因处闽江口外，故名。由西向东延伸，略呈三角形。东西长，南北窄，西高东低，面积约 4 平方千米。由闽江泥沙堆积而成。沙体坚硬，为闽江口主航道障碍，水深 1 米，养殖藻、贝类。东侧设有灯标。

后垄埕沙（Hòulǒngchéng Shā）

北纬 26°05.4′，东经 119°39.4′。海滩。位于连江县琅岐镇云龙村白云山以东。

新行沙（Xīnháng Shā）

北纬 26°03.3′，东经 119°37.3′。潮滩。位于福州市郊区马尾区琅岐镇。为新淤积的小沙洲，故名。

鳝鱼沙（Shànyú Shā）

北纬 26°01.9′，东经 119°38.1′。潮滩。位于长乐区北部闽江口入海处。因形状长且弯，如鳝鱼得名。呈东南—西北走向。长 10 千米，宽 0.50 千米，面积约 5 平方千米。由细砂和软泥构成，涨潮淹没，落潮大部露出，干出高度 0.5～3.8 米。由于上游沙泥的冲积，滩涂有继续扩大的趋势。咸、淡水在此混合交汇，水质良好，土壤肥沃，适宜缢蛏、牡蛎养殖。

梅花浅滩（Méihuā QiǎnTān）

北纬 26°01.3′，东经 119°43.5′。潮滩。位于长乐区梅花镇。滩以镇名。

大洲滩（Dàzhōu Tān）

北纬 23°55.3′，东经 117°26.0′。潮滩。位于云霄县东厦镇南沿岸，北距船场村 3 千米。面积约 3 平方千米。因是漳江下游最大的滩涂，故名。周围环沟，满潮时出露水面只有几十平方米。东部为砂质，中西部为泥质。主要养殖蛏、泥蚶。东部低潮区砂质地带有自然繁殖的蚶苗、文蛤、海蛔等贝类。

大厝滩（Dàcuò Tān）

北纬 25°41.3′，东经 119°31.4′。潮滩。位于福清市城头乡大厝村东岸，福清湾北部。因在大厝村东面，故名。东西长 4.50 千米，南北宽 2.50 千米，面积约 12 平方千米。原有一条水道，从西北向东南接海口水道通外海，千吨级船舶可乘潮出入。昔日附近出国谋生人员，多在滩中部的“三宝礁”上船出境。因不断围垦，潮水冲刷力减弱，加之水土流失严重，泥沙淤积较快，水道淤塞，逐渐形成滩涂。现船只能候潮靠岸，西部为泥质，余为泥沙质。东北部有鸡公山、旗山，东南面有吉钓岛、屿头岛为屏障，风浪小。利于开垦养殖。已部分开发利用养殖蛏、蛤和紫菜。

永宾滩 (Yǒngbīn Tān)

北纬 25°40.3′，东经 119°34.0′。潮滩。位于福清市城头镇。宋时属永宾里，亦称永宾坪，以村得名。泥沙质干出滩。养殖缢蛏、花蛤。

围东滩 (Wéidōng Tān)

北纬 25°38.6′，东经 119°41.9′。潮滩。位于平潭县大练乡围东村。滩以村名。多砂质，面积约 0.95 平方千米。

旺宾滩 (Wàngbīn Tān)

北纬 25°38.3′，东经 119°35.2′。潮滩。位于平潭县屿头岛屿头乡旺滨村沿岸，滩以村名。泥沙质，面积约 0.88 平方千米。

长江湾滩 (Chángjiāngwān Tān)

北纬 25°37.9′，东经 119°46.4′。潮滩。位于平潭县白青乡长江澳西岸。滩随港名。砂质，面积约 2 平方千米。

墓石滩 (Mùshí Tān)

北纬 25°37.7′，东经 119°28.0′。潮滩。位于福清市龙田镇。滩上有墓石礁，故名。淤积泥滩。养殖缢蛏。

南埕北滩 (Nánchéng Běitān)

北纬 25°37.6′，东经 119°33.0′。潮滩。位于平潭县屿头乡屿头岛南，与南埕南滩相对而名。砂质，面积约 2.5 平方千米。

南埕南滩 (Nánchéng Nántān)

北纬 25°36.9′，东经 119°33.1′。潮滩。位于平潭县屿头乡。因位于南埕北滩南，相对得名。多沙，面积约 2.50 平方千米。

门前江沙滩 (Ménqiánjiāng Shātān)

北纬 25°36.0′，东经 119°30.0′。海滩。位于福清市龙田镇东壁岛村前沿岸。因位于东壁岛村前，故名。南北走向，长 3.50 千米，宽 1.50 千米，面积约 5.25 平方千米。除中有浅水道南北纵贯外，余均干出。沙质细白。北部有一水道，水深 4.6～5.2 米，通海坛海峡。退潮后，沙滩为东营至东辟岛徒步必经之地。

其上布定置网魪鱼。养殖蛤蜊、花蛤。

马腿滩（Mǎtuǐ Tān）

北纬 25°31.5′，东经 119°42.3′。潮滩。位于平潭县中楼乡。多砂泥。面积约 5.00 平方千米。产花蛤、鲎等。

鲎母砂（Hòumǔ Shā）

北纬 25°31.3′，东经 119°42.2′。海滩。位于平潭县海坛岛西，竹屿口水道北，南部隆起的小沙丘。形似鲎，故名。呈带状砂区。南北长 4.00 千米，东西宽 2.70 千米，面积约 11.66 平方千米。海拔 3.7 米。经长期风选水淘，表层均匀覆盖 2.5 ～ 22 米厚石英砂。蕴藏量近 1 000 万吨，是全国统一检验水泥强度标准砂的专用原料基地，可生产标准砂近 300 万吨，因原砂含硅量高，耐高温、高压，粒度均匀，化学性能稳定。可制成化纤过滤砂、压裂砂、防砂、过滤砂、选型砂、玻璃砂等产品。东面建有中国标准砂厂。

前江滩（Qiánjiāng Tān）

北纬 25°28.0′，东经 119°37.6′。潮滩。位于福清市东瀚镇。中有前江水道向东入海，故名。沙泥滩。养殖花蛤、牡蛎。

坛南湾滩（Tánnánwān Tān）

北纬 25°27.2′，东经 119°47.1′。海滩。位于平潭县敖东乡，坛南湾沿岸，以湾得名。多砂质，面积约 3.19 平方千米。

海坛浅滩（Hǎitán Qiǎntān）

北纬 25°26.0′，东经 119°53.5′。潮滩。位于平潭县澳前镇与牛山岛之间。因邻近海坛岛，故名。西北距澳前镇约 6 千米。略呈月牙状，长约 1.30 千米，宽 60 ～ 360 米，面积约 0.20 平方千米。砾石质，周围水深 32 米以上，潮流湍急。为牛山渔场作业区之一，产龙虾、大黄鱼、马鲛鱼等。

绗尾滩（Hángwěi Tān）

北纬 25°25.8′，东经 119°42.0′。海滩。位于平潭县敖东乡沿岸，因位于沙绗沙（曾名绗尾）周围，故名。多砂质，面积约 1.88 平方千米。

大屿沙（Dàyǔ Shā）

北纬 25°06.7′，东经 119°09.5′。海滩。位于秀屿区南部湄洲湾北航口文甲大屿西侧，北距大陆岸最近点 250 米。因在文甲大屿西侧，故名。

峰尾沙（Fēngwěi Shā）

北纬 25°06.2′，东经 118°58.0′。潮滩。位于泉州市泉港区后龙镇海域，西北距峰尾镇 3.8 千米，以镇得名。呈长条状，北偏西—南偏东走向，长 2.90 千米，宽 0.50 千米，面积约 1.50 平方千米，水深 0.3～4.8 米。中部浅，两端深。由海水搬运沙、泥出夹口后在开阔地带沉积形成。是峥嵘村与盘屿间湄洲湾主航道中的沙带，有往南端发展的趋势。周围水深 5.2～19.2 米。南端有三块暗礁，中西部有航标。附近水域产马鲛鱼、鳓鱼、虾、梭子蟹等。

下山沙（Xiàshān Shā）

北纬 25°02.2′，东经 119°06.5′。位于秀屿区南部湄洲岛南端下山村沿岸。以下山村得名。为干出沙滩。北起蛟头尾山麓海岸，南至鹅尾山西麓，宛如两个新月相连呈“3”字形。南北长 4 千米，东西宽 100 ～ 250 米，面积约 7 平方千米。因海水运动，由细砂堆积而成。干出高度 0.3～4 米，从东向西平缓伸向水下，沙前方水深 0.1～2 米。背靠岸线有大片木麻黄防护林带。为湄洲岛旅游区天然海滨浴场。

南蛎床滩（Nánlìchuáng Tān）

北纬 24°50.8′，东经 118°40.3′。潮滩。位于泉州市丰泽区鸡笼山东南面。原为大海，只一礁石突出水面，当地渔民称之为南仔石，后因航道变迁，经泥沙冲积形成沙床。盛产牡蛎，故名南蛎床。因范围较大，亦称大沙坪。呈梯形，长 2.50 千米，宽 1 千米，面积约 1.60 平方千米。适宜海产养殖，盛产牡蛎、螃蟹、海蛎等。

鞋沙（Xié Shā）

北纬 24°50.1′，东经 118°45.6′。海滩。位于惠安县泉州湾内大坠岛至北乌礁之浅滩。形似鞋子，故名。东西走向，长 8.30 千米，宽 1.80 千米，面积约 9 平方千米。由洛阳江沙在入海口沉积形成。被浅水带分为三段，无植被。由于沙基在水下延伸，使周围水域变浅，影响航行。1958 年以来常有船擦底。西侧、南侧为泉州湾航道，宽 0.5～1.8 千米，水深 3.9～19.6 米。附近水域产虾、梭子蟹、大黄鱼、牡蛎、蛏等。

陈埭滩（Chéndài Tān）

北纬 24°48.9′，东经 118°39.2′。潮滩。位于晋江市陈埭镇东部沿岸。因所处陈埭镇得名。由中鲎壳坛、大青石坪、溪内、东坛、西滨坪等组成。长 7 千米，宽 4 千米，面积约 22.47 平方千米。地势平缓，内段为泥滩，外段为泥沙和部分沙泥。年均气温 20.2℃。潮汐性质属半日潮往复流。

西碇沙线（Xīdìng Shāxiàn）

北纬 23°42.6′，东经 117°19.8′。海滩。位于东山县西碇岛西部，如伸向海中的缆绳，故名。长 4 千米，宽 2.50 千米，干出高度 0.1～0.9 米。呈阶梯状，面积渐趋扩大。产毛蚶、螃蟹、鳗鱼、弹涂鱼等。已部分开发养殖泥蚶。

苏尖浅滩（Sūjiān Qiǎntān）

北纬 23°38.6′，东经 117°21.4′。海滩。位于东山县西埔镇东南苏尖湾外海域。因处苏尖湾外，故名。东北— 西南走向，呈弯曲的长带形。长约 13 千米，宽约 0.10 千米，面积约 0.13 平方千米。底质为砂，由海水冲积而成。面积有逐渐扩大趋势。附近产多种鱼类，为近海渔业捕捞区。

第六章　半　岛

黄岐半岛（Huángqí Bàndǎo）

北纬 26°20.5′— 26°21.2′，东经 119°51.3′— 119°55.6′。位于福建省东部海岸连江县。因半岛上黄岐镇得名。长 19 千米，宽 3～11 千米，面积约 135 平方千米。由燕山期花岗岩和流纹质凝灰熔岩组成，地形以丘陵为主，海拔多在 400 米以下，最高峰大帽山海拔 599 米。半岛周边海域养殖对虾、石斑鱼等。有黄岐、可门、筱埕等码头。

龙高半岛（Lónggāo Bàndǎo）

北纬 25°36.5′— 25°23.1′，东经 119°25.1′— 119°38.8′。位于福清市上达镇和海口镇连线以南，伸向福清湾和兴化湾之间的陆域地区。以半岛上龙田、高山镇得名。东对海坛岛，北有东壁岛，南望南日岛，西北以东阁、谢塘一线与牛头山接壤。面积约 370 平方千米，由燕山期花岗岩、凝灰岩组成，以低丘、台地、平原为主，海拔多在 100 米以下，最高峰东京山海拔 385 米。海岸线极其破碎，大小半岛 10 余个，较大有东瀚、沙浦等。近海岛礁棋布，有草屿、塘屿等。有前庄盐场和江镜等围垦区，主要养殖蛏、蛎、蛤、紫菜等，以龙田蛏苗、东营花蛤著名。真大公路横穿半岛。东南端有轮渡直通平潭县。

江阴半岛（Jiāngyīn Bàndǎo）

北纬 25°30.2′— 25°34.5′，东经 119°18.8′— 119°20.3′。位于福清市江阴镇屿礁以南兴化湾北岸，东与龙高半岛对峙，西南与笏石半岛相望，南北向条状。旧以半岛在虞阳江之南（1971 年筑岭下海堤，西与渔溪镇连），故名。半岛原四面临海（北为上迳港，东为东港，西为西港，南为兴化湾），为福清市第一大岛，福建省第五大岛。1970 年在岛西北端筑长 600 米、宽 20 米海堤，与渔溪镇后朋连接。1978 年又在岛东北端下垄村筑堤，与江镜柯屿连接，柯屿又筑堤与墨山连接。因而只三面临海，成为半岛，设江阴镇。山丘南北纵贯，最高山峰双髻山海拔 429 米。西南部有江阴和新港两个盐场，下垄、下渚、新港、小麦、芝山等处设轮渡码头。半岛岸线总长 233 千米，航道通畅，锚地充足，掩护尚好，泥沙冲淤基本平衡，终年不淤不冻，具备天然深水良港条件。

秀屿半岛 (Xiùyǔ Bàndǎo)

北纬 25°10.3′— 25°21.9′，东经 119°08.0′— 119°22.3′。位于莆田市秀屿区灵川镇与黄石镇连线东南，伸入兴化湾和湄洲湾之间的陆域。以所处秀屿区而得名。

埭头半岛 (Dàitóu Bàndǎo)

北纬 25°15.5′— 25°15.7′，东经 119°13.1′— 119°21.4′。为秀屿半岛东南侧次一级半岛，位于莆田市秀屿区东桥镇和前亭村连线东南侧向海域的陆地。埭头镇位于半岛中部，故以埭头镇而名之。

忠门半岛 (Zhōngmén Bàndǎo)

北纬 25°06.7′— 25°15.9′，东经 119°01.4′— 119°09.6′。位于莆田市秀屿区月塘镇坂尾村以南伸入海域的陆地。为秀屿半岛南向一侧分支。林蕴系唐贞元四年（788 年）西川节度推官，官终邵州刺史。因其忠烈，故自唐起，有“一门忠节”之称，其居留地为今忠门半岛。

崇武半岛 (Chóngwǔ Bàndǎo)

北纬 24°53.1′— 24°54.0′，东经 118°55.1′— 118°59.1′。位于惠安县赤湖林场向西伸入海域的陆地，介于大港与泉州湾间，北有青屿，南有羊屿，东临台湾海峡，西以后洋、东坑一线与山霞相连。以半岛上的重镇崇武得名。面积约 25 平方千米，由燕山期花岗岩组成。地势自东、西两侧向中部倾斜，东、西以低丘和台地为主，地面高程 50 米以下。仔岬角和基岩岸段，有海蚀洞、海蚀阶地、海蚀崖等；滨岸有沙丘、沙垄等风沙地貌。

围头半岛 (Wéitóu Bàndǎo)

北纬 24°30.7′— 24°42.4′，东经 118°26.4′— 118°40.9′。位于漳浦县。因围头湾而得名。

六鳌半岛（Liù'áo Bàndǎo）

北纬 23°56.1′— 24°00.3′，东经 117°45.4′— 117°47.9′。位于漳浦县南六鳌镇南境村和棣头村连线以南，伸入海域的陆地，西与古雷半岛对峙，东有外膀列岛，东北以大店、塔底一线与深土镇毗连。以半岛上集镇六鳌得名。宽 1～5 千米，长约 14 千米，面积约 30 平方千米。原为近岸孤岛，由泥沙淤积而成陆连岛。由燕山期花岗岩、玄武岩组成。地势由南向北倾斜，最高峰虎头山海拔 82 米，一般海拔 5～30 米。东岸长 15 千米，地表覆盖松散风积物，以沙丘、沙垄为主。西岸有狭长海积平原和滩涂，以农业和养殖业为主，产稻米、紫菜、虾等。有公路接漳云公路。

古雷半岛（Gǔléi Bàndǎo）

北纬 23°48.1′— 23°53.7′，东经 117°35.5′— 117°37.1′。位于漳浦县沙西镇屿头和霆美镇北江连线以北。向南伸入东山湾与浮头湾间，东望菜屿列岛，西与东山半岛对峙，北以林仓、新厝一线与杜浔相连，南面是台湾海峡。以海浪击石似鼓、响声如雷得名。呈长条形，东北—西南走向，最狭处仅几百米宽，位于半岛中部的古雷山海拔 270 米。原为近岸孤岛，由燕山期花岗岩组成，因泥沙淤积而成陆连岛。地势由南向北倾斜。南部以台地、丘陵为主，海拔 50 米左右。东岸有风沙地貌，多为沙丘、沙垄。西岸为海积平原和滩涂，以农业、养殖、盐田为主。东近菜屿列岛渔场，产鲳鱼、鲨鱼、带鱼等。有下篓等渔港。有公路接漳云公路。半岛东侧距海岸 2～8 千米的海域，沙洲岛、红屿岛、菜屿岛、横屿、安井、外认鹰等十几个岛屿星罗棋布，为菜屿列岛。

梅岭半岛（Méilǐng Bàndǎo）

北纬 23°36.2′— 23°44.3′，东经 117°13.7′— 117°16.9′。位于诏安县南诏镇外凤楼和金星镇院前连线以南，向海伸入的陆地。因梅岭镇而得名。又称宫口半岛。

濒临南海，与广东山水相连，志书称之为“闽之尽处”。在半岛南端有多处令人流连忘返的佳景，如腊洲祥麟塔、悬钟古城、果老山摩崖石刻、望洋台、东城门外天然海滩浴场等。

东山半岛（Dōngshān Bàndǎo）

北纬23°34.8′—23°41.2′，东经117°22.3′—117°24.3′。位于东山县。半岛内平均海拔在50米以下，东濒台湾海峡，介于诏安湾与东山湾之间。以东山县、东山岛或谐音得名。半岛古称“铜山”，现仍存有建于明代的铜山古城，位于铜陵镇海滨，系为防御倭寇而建，至今雄风依存。古城内有一座回廊曲径、玲珑雅致的关帝庙，亦称武庙，建于明代，至今香火旺盛。

半岛是福建省著名风景名胜区之一，这里海湾辽阔，沙滩平缓，绿树成荫，胜景众多，极具南国滨海风光特色。新月般的海湾环绕着东山半岛。乌礁湾、东沈湾、马銮湾三湾相连，各具特色。乌礁湾沙滩很宽，沙子细软如绵白糖，是当地特别保护渔湾，以自然美著称。位于东山岛东部的马銮湾，天蓝海阔，沙白水净，岸边绿林葱茏，沙滩长2.50多千米，宽60米，沙滩东北有“三支峰”为屏，东南有赤屿等四个小岛拱卫，因而自成格局。在关帝庙附近海滨石崖上，有一块高4.37米，宽4.47米，长4.46米，重约200吨的临海巨石，上尖底圆，状似玉桃，巍然“搁”在一块卧地凸起且向海倾斜的磐石上，底部触地仅数寸，风吹石动，故名“风动石”，诗曰：“风吹一石万钧动”。此石历经台风、地震而不倒，有“天下第一奇石”之称。据说，狂风吹来时，巨石轻轻摇晃不定，人若仰卧磐石上，跷起双足蹬推，巨石也摇晃起来，但又不会倒下，叹为天下奇观。“风动石”上有明永历戊子（1648年）秋巡抚路振飞题刻的“铜山三忠臣：黄道周、陈瑸、陈士奇”。磐石右侧有明代霞山居士题写的“东壁星晖”四个大字，左边竖起石碑由明水师提督程朝京题诗。

第七章　岬　角

显角 (Xiǎn Jiǎo)

北纬 26°43.9′，东经 119°39.8′。位于宁德市福安市。是长鼻头山脊向盐田港延伸形成，故名。呈东西走向，长 100 米，最高点海拔 20 米，由火山岩组成。

下洋坪鼻 (Xiàyángpíng Bí)

北纬 26°44.6′，东经 119°43.7′。位于福安市湾坞镇下洋坪村，因下洋坪村得名。东西走向，向白马门港道延伸，长 200 米，最高点海拔 6.3 米，由火山岩组成。周围水深 9.6 米。为白马门出海口。为助航目标，设有灯桩。

白马角 (Báimǎ Jiǎo)

北纬 26°44.1′，东经 119°44.7′。位于福安市南部白马门航道东北侧，西北距湾坞 12.50 千米。因白马村得名。从西北向东南延伸，长 100 米。由火山岩组成。西北高，东南低，最高点海拔 15 米。岸坡较缓。为天然码头和助航目标。

台角 (Tái Jiǎo)

北纬 26°43.6′，东经 119°44.2′。位于福安市南部白马门水道东南侧，西北距下白石 11.50 千米。清时在此筑炮台，名炮台角，后简为今名。呈东西走向，长 350 米，最高点海拔 80 米，由火山岩组成。东为白马门水道主航道。

龟头鼻 (Guītóu Bí)

北纬 26°40.0′，东经 119°56.5′。位于霞浦县溪南镇东安村。突出部似龟头，故名。呈东北—西南走向，长 450 米，最高点海拔 40 米。由火山岩组成。表土为黄壤。西侧临鲈门港主航道，为助航目标。

濂澳角 (Lián'ào Jiǎo)

北纬 26°26.0′，东经 119°48.1′。位于罗源县可门水北侧。因处濂澳口外，故名。为连山东向突入濂澳口部分，东北—西南走向，长 500 米，海拔 100 米。

隔海与大黄礁相望。由花岗岩组成，西高东低。为门口埕船只出海必经之地。

可门角（Kěmén Jiǎo）

北纬 26°25.8′，东经 119°50.2′。位于连江县下官乡东北部可门村，罗源湾湾口南岸突出部。以可门村得名。西高东低，呈剑形直伸海区，东西长 0.70 千米，面积 0.40 千米，海拔 80 米，植被有松木。沿岸较陡，周围流急，水深 30～40 米。山头上磁力异常，对磁罗盘干扰强烈，顶部有灯桩。

马岐角（Mǎqí Jiǎo）

北纬 26°25.7′，东经 119°37.8′。位于连江县马鼻镇西北马岐山下，与浮曦角相对峙。以马岐山得名。系王丙山突出部，南高北低，直向罗源湾延伸，东西长 0.30 千米，南北宽 0.25 千米，海拔约 30 米，由花岗岩构成，少植被。沿岸多泥滩，养殖贝类。西侧建有小码头，可供民用船停泊。

将军角（Jiāngjūn Jiǎo）

北纬 26°24.6′，东经 119°46.0′。位于罗源县新澳村可门水道北侧，系将军帽山延伸突出于海。以将军帽山得名。东北为牛礁滩，南为岗屿水道。东西走向，长 150 米，海拔 60 米，由花岗岩组成，岩岸，东南部水深 7.8～29 米。处可门水道和岗屿水道汇合口，港阔水深，可兴建巨轮码头。附近海面养殖海带、紫菜。

蛇头山角（Shétóushān Jiǎo）

北纬 26°22.6′，东经 119°46.0′。位于连江县罗源湾内。形如蛇头，故名。略呈三角形，西南高东北低，长 0.50 千米，面积 0.30 平方千米，海拔 100 米。多松树，岩岸。周围多泥沙沉积，水深 2～4 米。东西两侧可泊船。

北茭鼻（Běijiāo Bí）

北纬 26°22.6′，东经 119°57.4′。位于连江县苔菉镇北茭村黄岐半岛突出部，濒北茭海峡。因北茭村得名。地势西北高东南低。呈剑形直伸海区，长达 100 米，海拔 40 米。由花岗岩组成，多险崖绝壁。周围水流湍急，有涡流，多岛礁，风力大，为福建省八大风浪区之一。

凤下尾角（Fèngxiàwěi Jiǎo）

北纬 26°21.3′，东经 119°52.5′。位于连江县黄岐镇洋里港湾东侧。处凤山突出部，故名。地势南高北低，略呈蛇头形伸入海区，南北长0.35千米，面积约0.25平方千米。海拔60米。多岩少土，植被差，东岸陡峭，多泥滩，周围水深6～8米。东西两侧为港湾。

贵鼻 (Guì Bí)

北纬26°19.5′，东经119°49.8′。位于连江县筱埕镇东北部。位于凤贵村突出部，取凤贵村“贵”字得名。北高南低，呈喇叭形伸入海区，南北长0.50千米，面积约0.20平方千米，海拔56米。长有少量剑麻。沿岸多陡壁，周围水域较浅，多泥沙，东北侧有干出礁横列。西侧可供小船季节性停泊。

下鼻头 (Xiàbí Tóu)

北纬26°17.2′，东经119°44.9′。位于连江县筱埕镇西部。呈三角尖形，故名。地势东北高，向西南海区延伸，长0.70千米，面积约0.40平方千米，海拔113.6米。有少量松木。沿岸多泥沙。水深1～3米，北部布袋澳、东北部罗回澳为良好渔港。

鸟嘴 (Niǎo Zuǐ)

北纬26°08.0′，东经119°39.4′。位于连江县琯头镇东，川石岛西。形似鸟嘴，故名。呈东西走向，长0.30千米，海拔45米。由花岗岩构成，岩岸较陡。有松木。周围泥沙淤积，水流湍急，船只不易停靠，对行船有威胁，顶部建有灯桩。

芭蕉尾 (Bājiāo Wěi)

北纬26°07.0′，东经119°40.2′。位于连江县琯头镇东芭蕉山突出部，故以山尾名之。长方形，由北向南伸入闽江口，长1千米，面积0.50平方千米，海拔64米。由花岗岩构成。沿岸多泥沙，急流。水深0.5～3米。设有灯浮标、电话浮筒等。

沙峰角 (Shāfēng Jiǎo)

北纬26°01.5′，东经119°41.6′。位于长乐区梅花镇东北1.50千米，闽江口突出部。系梅花浅滩中隆起的小沙丘，故名。南北走向，长300米，宽100米，面积0.06平方千米，海拔2.7米。是沿海近岸南下和进出梅花港的重要助航标志。沙峰角附近有一对灯桩叠标，前标在山獭屿上，后标在梅花镇北端。其西南方3.50

千米处的旗山海拔 201 米，呈显著的尖形山顶，东坡坡上有白沙，是很好的导航目标。

南澳山角（Nán'àoshān Jiǎo）

北纬 25°54.4′，东经 119°40.8′。位于长乐区东部漳港镇仙岐村东南 4 千米。位于滋澳之南，故名。原系岛屿，今为陆地突出角。长 0.30 千米，海拔 32.4 米。山上灌木杂草丛生，植有木麻黄等。为近岸船只进出闽江口和漳港湾的明显标志。鱼汛季节，渔民多聚居附近，为季节性渔业点。

赤表尾岬角（Chìbiǎowěi Jiǎjiǎo）

北纬 25°28.7′，东经 119°38.3′。位于福清市东瀚镇赤表村北，原名赤表尾，以村得名，1985 年定今名。

后营岬角（Hòuyíng Jiǎjiǎo）

北纬 25°26.1′，东经 119°38.6′。位于福清市东瀚镇后营村，村东北山丘伸入海中，以村得名。

壁头岬角（Bìtóu Jiǎjiǎo）

北纬 25°25.1′，东经 119°17.9′。位于福清市江阴镇壁头村南江阴半岛西南端突出部。形似犁壁，故名。宽约 15 米，海拔 29 米。由火山岩构成，基岩海岸。附近水域宽阔，航道水深均在 15 米以上。正南约 0.60 千米处纵列头门、二门、三门 3 个干出礁，在 1.35 千米处有 6 个暗礁。角上有灯标，是船只进西港主要航行标志。东北侧为壁头澳。水域平静，是江阴紫菜养殖场和船只避风锚地，西北是江阴、新港两盐场。1986 年在南端建成，面积 3 800 平方米，建有可泊靠 500～1 000 吨级船舶的突堤式盐运码头。

镇海角（Zhènhǎi Jiǎo）

北纬 24°14.5′，东经 118°05.9′。位于龙海市镇海村东南 2.30 千米。曾以定台头（海头宫）为名，另称旗尾尖，俗称镇海旗尾，现因村得名。南北走向，由北向南延伸入海，海拔 37 米，长 600 米，宽 400 米，连接旗尾山，形似旗杆尾枪头。该岬角为古火山口，现为漳州滨海火山地质公园隆教火山口。岩石陡岸。设有灯桩。

刺仔尾角（Cìzǎiwěi Jiǎo）

北纬 23°49.6′，东经 117°29.6′。位于云霄县山列屿东 3.20 千米。因形似鱼刺，故名。呈南北走向，向南延伸入海，长 1.80 千米，海拔 40 米。北高南低，岩岸。表土为黄壤，树木丛生。近海是渔船出入要道。产牡蛎、海带。

龟头角（Guītóu Jiǎo）

北纬 23°48.0′，东经 117°28.5′。位于云霄县岘屿东南 3.20 千米。因形似龟头，故名。呈东西走向，向东延伸入海，长 200 米。西高东低，海拔 44 米。树木丛生，建有水产养殖和码头基堤。

苏尖角（Sūjiān Jiǎo）

北纬 23°35.6′，东经 117°26.6′。位于东山县陈城镇东 6 千米。系大帽山向海突出部，并和苏峰山相对，故名。长 0.35 千米，宽 0.20 千米，面积 0.07 平方千米，海拔 30 米。由混合岩构成，表面覆盖红壤。岩礁产紫菜、石花菜和赤菜。顶部有相思树、木麻黄、松柏等，是海上航行重要目标。

诏安头（Zhào'ān Tóu）

北纬 23°34.6′，东经 117°19.0′。位于东山县陈城镇西南 7 千米下垵村西角。靠近诏安县，故名。别名下垵鼻头。长 575 米，宽 375 米，海拔 60 米。由花岗岩和红壤构成。略呈马蹄形。顶部有松柏、相思树。是诏安湾和外海分界点，航海重要定位目标。

第八章 河 口

大溪河口（Dàxī Hékǒu）

北纬 27°18.2′，东经 120°14.7′。位于福鼎市山前街道灰窑村。长约 2.5 千米，宽 150～300 米。水深 0.5～3 米。半日潮，往复流。底质为砂砾、卵石。沿岸建有 100～200 吨级驳岸码头多处。

七都港河口（Qīdōugǎng Hékǒu）

北纬 26°58.5′，东经 120°10.3′。位于霞浦县牙城镇洪山村。因七都溪得名。西起渡头，东至牙城湾，长 8 千米，宽 0.08 千米，东西走向，为淡、海水交汇处。水深约 2 米，底质为泥沙。半日潮，往复流，涨潮流向西，落潮流向东。退潮时，南北侧多滩涂。牙城蛏、七都蚌为名产。

白马河口（Báimǎhé Kǒu）

北纬 26°49.4′，东经 119°41.3′。位于福安市南部长溪入海段。原名白马河，南接白马港，故名。白马河上游为赛江，赛江由交溪、穆阳溪、茜洋溪汇流形成。甘棠镇利洋溪和赛江溪汇合后称为白马河，又称花溪。白马河总长 165 千米，流域面积 5 638 平方千米。年平均径流量 40.6 亿立方米，年均输沙量 107 万吨。底质为泥沙。多沙泥岸间或岩岸。半日潮，年均潮差 5 米。往复流，涨潮流向北，落潮流向南。乌山岛南侧设有灯桩。扼赛岐港出海咽喉，千吨货轮乘潮可至赛岐港，海轮经此通福州、宁波、上海等地。

鳌江口（Áojiāng Kǒu）

北纬 26°15.8′，东经 119°38.5′。位于连江县浦口镇和东岱镇辖区。因位于鳌江出海口，故名。

闽江口（Mǐnjiāng Kǒu）

北纬 26°06.7，东经 119°39.1′。位于闽侯县上街镇侯官以下的闽江段及口外海滨区。政区上分别为闽侯县、台江区、仓山区、马尾区、长乐区和连江县所辖。因位于闽江入海口，故名。

闽江源出武夷山之建溪、富屯溪和沙溪三大主干支流，在南平汇合后方称闽江。闽江干流长577千米，流域面积60 992平方千米。多年平均径流量620亿立方米，多年平均悬移质输沙量745.28万吨。枯水期大潮潮区界在侯官附近（距长门59.00千米，潮流界达洪山桥中，距长门50.00千米）。洪水期小潮期区界在解放大桥附近，潮流界在马尾以下。根据径潮相互作用和河槽演变特征，将闽江河口分为河流近口段、河流河口段和口外海滨段。河流近口段位于侯官至马江之间，河流河口段位于马江至内沙浅滩，口外海滨段位于内沙浅滩之东近海海域。闽江为山溪性河流，当其流至闽侯县竹岐镇之后进入福州盆地，接近河流近口段，河道中央和两侧便形成了许多沙洲和边滩，侯官以下河流近口段由于受南台岛影响，形成以南台岛西北端淮安为顶点的南北两个分支，北支穿过福州市区至马尾，称北港；南支称南港，又称乌龙江。南、北港在马尾汇合后东北行，进入河流河口段，行至马尾区亭江镇附近受阻于琅屿岛，又分为两汊，分别称为北汊和南汊；南汊出梅花入东海，称梅花水道；北汊沿琅屿岛西北侧和北侧経琯头镇长门入海，又受粗芦岛、川石岛、壶江岛的分隔，分为乌猪水道、熨斗水道和川石水道。闽江出梅花至长门一线河口口门之后便进入口外海滨区，其外界水深约15米，呈扇形向东南展布，长约32千米，宽约20千米，由内、外沙浅滩组成。

属正规半日潮河口，潮差由河口口门向上游逐渐减小，梅花平均潮差4.53米，最大潮差6.98米；琯头平均潮差4.06米，最大潮差6.48米；白岩潭平均潮差3.76米，最大潮差5.28米；北港江南桥平均潮差1.85米，最大潮差3.21米；北港观音亭平均潮差0.3米。闽江口因河道的分合，不同汊道流速也有所不同，一般而言北汊流速大于南汊。洪水期北汊实测最大涨潮流流速1.45米/秒，实测最大落潮流流速1.68米/秒；同期南汊实测最大涨潮流流速1.02米/秒，实测最大落潮流流速1.33米/秒。亭江洪水期实测最大涨潮流流速1.51米/秒，实测最大落潮流流速1.64米/秒。口门附近如川石岛东南侧，洪水期实测最大涨潮流流速1.36米/秒，实测最大落潮流流速3.08米/秒。河口区沉积物比较复杂，以不同粗细的砂质物质为主，而黏土质粉砂和粉砂质黏土分布在动力较弱的局部地区。

闽江口是福州港的主体港区之一，是我国主要外贸口岸和沿海 19 个主枢纽港之一，主要有马尾、青州、筹东、松门、琯头等主要作业区。河口水域咸淡水交汇，天然饵料丰富，鱼、虾、蟹和经济贝类种类繁多，尤其长乐一带西施舌为我国沿海质量最优的品种，誉为“闽江蚌”，为国宴之上等珍品。

梅花港（Méihuā Gǎng）

北纬 26°03.3′，东经 119°36.5′。位于长乐区梅花镇闽江口南岸，隔海与白犬、马祖列岛遥遥相对，北面与川石岛隔江相望，背负将军山，面临东海，寮岭翼其左，马筹拱其右。是闽江口的一部分，又名“闽江下游支港、南港”。以梅花镇得名。史称“海滨重镇”。形如喇叭，东西长 12 千米，南北宽 3 千米。河宽、水浅，多沙洲、浅滩。河床大部分为沙底，江水含沙量大，致使浅滩逐渐扩大，向外海推移。

五马江河口（Wǔmǎjiāng Hékǒu）

北纬 24°37.7′，东经 118°26.2′。位于晋江市和南安市交界处，又名“石井江”。福建省地图册中名为“石井港”。江中有 5 座礁石，潮水退落，状似骏马扬鬃渡江，四匹头向外海，一匹回头向内，人称“五马朝江一马回”，故名。河口宽 7 千米。涨潮水深 20 米，水温 18.6℃。河口西侧已兴建千吨级码头。

下篇

海岛地理实体

HAIDAO DILI SHITI

第一章　群岛列岛

七星岛（Qīxīng Dǎo）

北纬 27°02.7′— 27°05.6′，东经 120°48.7′— 120°51.4′。位于福建省台山列岛东北海域，浙江省苍南县北关岛东南 33.2 千米处。列岛原由 5 个大岛和天枢、天璇、天玑、天权、玉衡、开阳、瑶光 7 个礁组成，因七处礁石的排列形似北斗七星，故名七星岛。明清时称“七星山”。福建称为七星岛、星仔列岛，浙江称为七星岛、七星列岛。由星仔岛、东星仔岛、立鹤岛、小立鹤岛、裂岩、横屿、鸡心岩等 17 个大小海岛组成，呈东北—西南走向，长 4.2 千米，宽 2.2 千米，分布范围 8.8 平方千米。海岛总面积 0.077 2 平方千米。最大海岛为星仔岛，面积 31 435 平方米，最高点高程 64 米。岛上岩石为上侏罗统高坞组熔结凝灰岩。地貌为低丘陵，四周无海滩，多峻崖陡壁。因远离陆岸，常年受风浪袭击，岛上植物稀少，无树木，仅假还阳参草丛 1 个群系，有少量海鸥等野生动物栖息。岛上有淡水。东星仔岛亦为基岩岛。面积 27 590 平方米，岛上植被覆盖率 50%，有较多海鸟。诸岛周围海域水深超过 25 米，水质肥沃，是多种经济鱼、虾、蟹的索饵场所。岛北为南麂渔场，岛南有闽东渔场，主产鱼类有带鱼、墨鱼、大黄鱼、鲳鱼、鳓鱼、鳗鱼和梭子蟹等，贝藻类物种丰富。七星岛无人长期定居，仅星仔岛上有一简易码头，为季节性渔用码头。鱼汛期少数渔民登岛搭草寮居住。

金沙群岛（Jīnshā Qúndǎo）

北纬 26°18.1′— 26°18.5′，东经 119°51.3′— 119°51.5′。位于连江县西南海域，黄岐湾内，北距大陆最近点 800 米。因海岛附近沙含石英，在阳光下金光耀眼而得名。《中国海域地名志》（1989）记为金沙群岛。由坪块屿、指礁屿、竖块屿、西金沙岛、金沙牛屿、小竖块岛等 6 个无居民海岛组成，总面积 19 121 平方米。坪块屿最大且海拔最高，面积 10 628 平方米，最高点海拔 17.4 米。群岛由花岗岩构成，表土为黄壤，基岩岸线。周围水深 8～15 米。南为闽浙线航道，附近多岛礁，涌浪大，对行船有威胁。

东鼓礁群岛 (Dōnggǔjiāo Qúndǎo)

北纬 26°17.7′— 26°18.0′，东经 119°53.4′— 119°54.2′。位于连江县黄岐镇东南海域。因地处黄岐湾东部，形似鼓而得名。《中国海域地名志》（1989）记为东鼓礁群岛。由横塍礁岛、牛尾东屿、圆山仔屿、东圆山仔岛、牛尾西屿岛、东横塍岛、三牙屿、磨心礁、小圆山仔岛等 9 个无居民海岛组成，总面积 48 155 平方米。最大海岛为横塍礁岛，面积 18 793 平方米。最高点在圆山仔屿，海拔 33.5 米。由火山岩构成，地势平缓。属中亚热带季风气候，年均气温 18.2℃，7—10 月多台风。北部海域为闽浙主航线名紫岩水道。东部海域是连江县渔民与马祖渔民生产接触区。

四母屿 (Sìmǔyǔ)

北纬 26°13.7′— 26°14.0′，东经 119°48.2′— 119°48.6′。位于连江县海域。因群岛主体由东碴下屿、南屏屿、平碴头屿、浦澳屿四个主要海岛组成，故名四母屿。传说四母屿是由章鱼、龙虾、梭子蟹、大鲎精化成的，按岛屿形状分别称之为“鱼”“虾”“蟹”“鲎”。《中国海域地名志》（1989）又称四目屿。由东碴下屿、南屏屿、浦澳屿、平碴头屿、屏碴头礁等 5 个无居民海岛组成，总面积 26 014 平方米。东碴下屿最大且海拔最高，面积 11 544 平方米，最高点海拔 29.7 米。由花岗岩和火山岩构成。年均气温 18.2—19.2℃，通常风力 3～4 级。四周水深浪大，为连江县沿海风浪区之一。植被稀少，主要为长剑麻及芦针草。多海鸟聚集，贝类甚多，是闽东渔场主要渔区，产鳀鱼、丁香鱼、鳗鱼、大黄鱼、带鱼等。鱼汛期各地渔民集聚附近海区作业。东碴下屿岛上有部队兴建的助航标志。浦澳屿和屏碴头礁上有灯塔。平碴头屿岛上有风力测试塔。

三洲 (Sānzhōu)

北纬 25°40.0′— 25°40.5′，东经 119°49.1′— 119°49.7′。位于海坛岛东北海域。因群岛中坪洲岛、山洲岛、东洲岛 3 个主岛呈三角形鼎立，故得名三洲。又名三列岩。当地也称“山洲列岛”由坪洲岛、山洲岛、东洲岛、西老唐礁 4

个无居民海岛组成，总面积 123 919 平方米。坪洲岛最大，面积 50 177 平方米。西北的山洲岛最高，海拔 52.2 米。由花岗岩构成，地表有土层，杂草丛生。山洲岛、坪洲岛有淡水水源。多基岩海岸，岸线曲折，岩滩广布，周围水深 0.7～32 米，产石斑鱼、龙虾、鱿鱼、鹅掌菜、厚壳贻贝，是著名的“白青蝴蝶干”产地之一。位于福州市平潭县山洲列岛海洋特别保护区（县级）内。山洲岛上建有“平潭县山洲列岛海洋特别保护区”石碑和 1 栋保护区管理房，有简易码头及灯塔各 1 座。

姜山 (Jiāngshān)

北纬 25°25.3′— 25°27.1′，东经 119°47.7′— 119°49.0′。位于平潭县海域，在海坛湾内，距海坛岛最近点约 500 米。以主岛姜山岛而得名，亦称姜山群岛。群岛由姜山岛、白姜岛、乌姜岛、小姜山岛、白姜尾岛、下坪礁、姜堆屿礁 7 个无居民海岛组成。总面积 0.494 平方千米。姜山岛最大且海拔最高，面积 0.402 4 平方千米，最高点海拔 68 米。由花岗岩构成。表层覆盖土壤，杂草丛生。基岩海岸，岸线曲折，周围水深 3～24 米，海域产石斑鱼、鲻鱼、对虾等。姜山岛有淡水源，渔民季节性居住。白姜尾岛有灯塔 1 座。

横山 (Héngshān)

北纬 25°16.5′— 25°17.0′，东经 119°43.0′— 119°43.8′。位于平潭县海域。由南横岛、中横岛、北横仔岛 3 个岛屿和尖垱礁、南坪墰等礁石组成，呈东西排列，故称横山。总面积 248 983 平方米。南横岛最大，面积 142 727 平方米。中横岛最高，海拔 44.5 米。由花岗岩构成。表层多石少土，生长杂草。多基岩海岸，岸线曲折，各岛屿四周岩石滩外延，低潮时相互连接。周围水深 0.7～20.5 米，产石斑鱼等。南横岛上有灯塔。

四屿 (Sìyǔ)

北纬 25°30.9′— 25°31.2′，东经 119°37.2′— 119°37.5′。位于福州市福清市东北，海坛海峡中部。群岛由楼前屿、马屿、溪屿、四屿等 4 个无居民海岛组成，故称四屿，总面积 32 959 平方米。溪屿最大，面积 13 877 平方米，最高点海拔 13.2 米。楼前屿最高点海拔 13.1 米。均由白垩系石帽山灰熔岩构成。表层有黄壤土覆盖，生长杂草、相思树、日本黑松。余均岩体裸露，岛礁之间乱石滩相连。东侧水道水深 8～10 米，是南北航船的主要航道。海域有养殖活动，楼前屿有一间石房放置养殖工具。溪屿岛上有几十米高的铁塔。

东洛列岛（Dōngluò Lièdǎo）

北纬 25°45.2′— 25°46.9′，东经 119°38.9′— 119°41.4′。位于长乐区附近海域，西距大陆最近点 2 千米。列岛以主岛东洛岛为名。《中国海域地名志》（1989）、《福建省海岛志》（1994）称东洛列岛，又名洛山列岛。由东银岛、大仑岛、大仑北岛、小仑岛、大仑南岛、小洛岛等 10 个无居民海岛组成，总面积 0.921 5 平方千米。常年以东北风为主，夏季风浪较小。海底地形由西北向东南倾斜。附近水深 10 米左右，周围滩涂大部分为细砂和软泥，适于扇贝、贻贝、海带、紫菜等养殖。各岛礁产紫菜、牡蛎，周围水域产虾皮、丁香鱼、毛虾、黄鱼、鲳鱼等。为附近渔民近海捕捞、定置网作业、养殖、泊船、放牧之场所。东银岛、大仑北岛和双脾岛均有助航标志。

虎狮列岛（Hǔshī Lièdǎo）

北纬 25°05.4′— 25°06.2′，东经 119°09.3′— 119°10.3′。位于莆田市南部海域，湄洲湾北航门南侧，西南距湄洲岛 4.4 千米。以主岛虎狮屿得名。《中国海域地名志》（1989）记为虎狮列岛。由赤屿山、小碇屿、外白屿、里白屿、虎狮屿、牛蛙岛、小驼峰岛、四瓣岛、虎狮球岛 9 个无居民海岛组成，总面积 21 094 平方米。赤屿山最大，面积 8 850 平方米。赤屿山最高，海拔 24.9 米。由黑云母花岗岩构成。年均气温 19.1℃，年降水量 900 毫米。东南侧水深 10 米以上，渔船多由此出海，近海产石斑鱼、龙虾、黄瓜鱼、紫菜等。赤屿山顶部建有灯塔。小碇屿顶有灯桩及莆田市海洋与渔业局和湄州岛管委会所立的“小碇屿海岛生态保护区”标志碑。

十八列岛（Shíbā Lièdǎo）

北纬 25°13.8′— 25°16.9′，东经 119°33.0′— 119°39.9′。位于莆田市秀屿区，在兴化湾湾口外，兴化水道南。南日群岛的组成部分。因列岛主要由大鳌屿、西罗盘岛、东罗盘岛、赤山、东沙屿、东月屿、东都屿等 18 个大的岛屿组成，故名十八列岛。又有一说，南日群岛中面积 0.1 平方千米以上的岛有 18 个，故有“十八列岛”之称。由大鳌屿、东罗盘岛、东沙屿、赤山、西罗盘岛、横沙屿、大鳘屿、东月屿、小鳌屿、赤山仔等45个大小海岛组成，总面积2.297 6平方千米。大鳌屿最大，面积 0.382 3 平方千米。东沙屿最高，海拔 73 米。由辉石闪长岩、黑云母花岗岩等构成，岸线以基岩为主，表层有红土。各岛屿间多明、暗礁。周围水深 14～39 米。产虾米、三角鱼、石斑鱼、黄瓜鱼、带鱼和虾肉干等。

列岛中的大鳌屿、东罗盘岛和赤山为有居民海岛，2011 年总人口 2 426 人。大鳌屿有 3 个自然村，以渔业捕捞、养殖业为主。岛上有 1 所小学，岛顶有一大地测量控制点。建有渔港和陆岛交通码头，每天有渡船通南日岛。东罗盘岛有 1 个自然村，有少量耕地，岛上人员大多从事养殖业，南有陆岛交通码头。大鳌屿与东罗盘岛供电从南日岛由海底电缆接入，供水为岛上水井。赤山有 1 个自然村，居民点主要集中在岛南侧，有 1 所小学。建有一个陆岛交通码头，有不定期班轮往返南日岛；岛南有一个三级渔港。东沙屿西侧、横沙屿南侧有莆田市海洋与渔业局所立“东沙屿岛海岛特别保护区”标志碑和“横沙屿岛海岛特别保护区”标志碑。

南日群岛（Nánrì Qúndǎo）

北纬 25°09.4′ — 25°17.0′，东经 119°26.0′ — 119°39.9′。位于福建省沿海中部，兴化湾外南侧。以主岛南日岛而得名。由南日岛、小日岛、大麦屿、大鳌屿、东罗盘岛、东沙屿、赤山、西罗盘岛、燕山岛、横沙屿、大鳘屿等 119 个大小海岛组成，总面积47.146 6平方千米。南日岛最大，面积42.196 3平方千米，最高点海拔 116.3 米。由辉石闪长岩、黑云母花岗岩、二闪花岗岩等构成。年均气温 19.7℃，年降水量 900 毫米。附近海域海珍品资源有鲍鱼、海胆、海菊蛤、江瑶等。主要海产品有鲍鱼、石斑鱼、日本对虾、三疣梭子蟹、海带、紫菜等。

群岛中的南日岛、小日岛、大鳌屿、东罗盘岛和赤山为有居民海岛，2011 年总人口 45 475 人。南日岛是福建省第二大岛，秀屿区唯一的海岛乡镇。1993 年设南日镇，现辖 17 个行政村。有完全中学 1 所，初级中学 1 所，小学 17 所，卫生院 2 所。南日风电场于 2004 年 12 月开工建设，至 2005 年 12 月，一、二期工程 19 台风电机全部投产发电。小日岛上有 1 个行政村，有耕地，产甘薯、花生、麦。村民以养殖渔业为主，岛周围有海带晒场和养殖。岛南侧有一个陆岛交通码头，每天有渡船通南日岛。大鳌屿有 3 个自然村，以渔业、养殖业为主。岛上有 1 所小学，岛顶有大地测量控制点。建有渔港和陆岛交通码头，每天有渡船通南日岛。东罗盘岛有 1 个自然村，岛上人员大多从事养殖业，兼有农业，岛南有陆岛交通码头。小日岛、大鳌屿与东罗盘岛从南日岛由海底电缆接入供电，供水为岛上水井。

外劈列岛 (Wàipī Lièdǎo)

北纬 23°57.5′— 23°57.5′，东经 117°48.7′— 117°49.2′。位于漳浦县海域。《中国海洋岛屿简况》（1980）、《中国海岛》（2000）标注为外劈列岛。由蜡石屿、平盘屿两个无居民海岛组成，面积 4 780 平方米。蜡石屿较大，面积 3 140 平方米，最高点海拔 19.4 米。平盘屿上建有航标灯塔 1 座，现已废弃。

菜屿列岛 (Càiyǔ Lièdǎo)

北纬 23°46.2′— 23°48.6′，东经 117°39.7′— 117°44.1′。位于漳浦县海域，离大陆最近点 2.5 千米。列岛之名源于中部的菜屿和小菜屿，1985 年以主岛菜屿定名。《中国海域地名志》（1989）称菜屿列岛。亦称礼是列岛。《中国海洋岛屿简况》（1980）、《中国海岛》（2000）均记为礼是列岛。由漳浦红屿、沙洲岛、井垵岛、菜屿、巴流岛、小菜屿、红屿南岛、内鹰屿、青草屿等 41 个无居民海岛组成，总面积 2.567 8 平方千米。漳浦红屿最大且海拔最高，面积 0.908 4 平方千米，最高点海拔 84.8 米。由花岗岩构成，岛岸陡峭。表有红壤土。年均气温 21℃，年均降水量 1 550 毫米，通常风力 3～4 级，1— 4 月多雾，7— 10 月为台风季节。周围海域产鲳鱼、马鲛鱼、黄花鱼、鲟、龙虾、海参、紫菜、红菜、牡蛎等。漳浦红屿建有渔业用简易码头两座，有废弃航标灯桩 1 座。位于岛南端的巨型风动石是世界上最大的花岗岩风动石。周边海域有养殖设施，有渔民季节性居住。漳浦土礁建有航标灯塔 1 座，简易码头 1 座。沙洲岛有明建的马祖庙，建有码头 1 座，岛北端灯塔在建。建有漳浦县菜屿列岛自然保护区（县级）。

四礵列岛（Sìshuāng Lièdǎo）

北纬 26°37.5′— 26°42.7′，东经 120°18.2′— 120°23.3′。位于霞浦县东南部海域。因列岛主要由北礵岛、南礵岛、东礵岛、西礵岛等 4 个大岛组成，略呈方形，故名四礵列岛。由北礵岛、南礵岛、西礵岛、东礵岛、棺材礵岛、红礵岛、横鸟岛等 64 个大小海岛组成，总面积 3.884 8 平方千米。最大海岛为北礵岛，面积 1.787 2 平方千米。最高点南礵岛大姆山，海拔 185.4 米。由火山岩、花岗岩构成，多基岩陡岸。地面多红壤，长茅草。年均气温 17.6℃，年降水量 1 080 毫米，年大风日约 100 天，年雾日约 30 天，全年无霜。周边为闽东主要产鱼区，产带鱼、鳗鱼、马鲛鱼、石斑鱼、贻贝等。北礵岛为有居民海岛，2011 年户籍人口 2 234 人，有北沃、南沃和可门三个自然村，在北澳、西澳和南澳建有码头。东礵岛有 4 个简易码头。列岛处东海南北航线要冲，有南礵澳、东礵澳、西礵澳等避风锚地。

三门墩群岛（Sānméndūn Qúndǎo）

北纬 27°06.6′— 27°06.7′，东经 120°23.3′— 120°23.6′。位于宁德市福鼎市东南海域，在沙埕镇东南部冬瓜屿港内。因所包括的头墩屿、中墩屿、尾墩屿、墩仔屿和三个礁石相隔形如三个门户，故名。《中国海域地名志》（1989）记为三门墩群岛。由头墩屿、尾墩屿、中墩屿、墩仔屿、尾墩礁 5 个无居民海岛组成，面积 22 597 平方米。最大海岛为头墩屿，面积 9 004 平方米。各岛均由花岗岩构成。最高点在头墩屿，海拔 30.8 米。植被多马尾松及茅草。年均气温 18.5℃，年降水量 1 281.8 毫米。春季多雾。夏秋之交多受台风影响。

台山列岛（Táishān Lièdǎo）

北纬 26°58.6′— 27°00.8′，东经 120°40.1′— 120°43.4′。位于宁德市福鼎市东南部海域，东海南北航线要冲。以列岛中的两个主岛东台山、西台山而得名。由西台山、东台山、南船屿、白沙礁岛、葫芦礁岛等 29 个大小海岛组成，总面积 2.626 6 平方千米。最大海岛为西台山，面积 1.227 3 平方千米。最高点在东台山，海拔 168.7 米。多基岩陡岸，地面岩石裸露，植被稀少。年均气温 17.3℃，年降水量 1 042 毫米，夏秋之交有台风，最大风力 12 级。春季有雾。附近海域跨闽东、浙南渔场，产墨鱼、带鱼、鳗鱼和梭子蟹、贻贝等。列岛中西台山和东台山为有居民海岛，2011 年西台山户籍人口 358 人，东台山 53 人。西台山建有一个小码头。东台山有废弃的小型风力发电机和加油码头。雨伞礁上有石桥与西台山相连，有岸壁式和水泥石砌码头各 1 座。南船屿设有“福鼎市南船屿海岛特别保护区”石碑。各岛礁是天然厚壳贻贝附着地，被宁德市人民政府立为台山列岛厚壳贻贝繁育保护区（市级）。

七星列岛 (Qīxīng Lièdǎo)

北纬 26°57.9′— 26°59.4′，东经 120°27.8′— 120°29.5′。位于宁德市福鼎市东南部。列岛浮立海面，如七星北拱，故名。曾名七星山。据《三山志》载，“七星山在嵛山之东，浮立海面，如七星北拱”。《中国海域地名志》（1989）、《福建省海岛志》（1994）均称七星列岛。由东星岛、西星岛、北星岛、大南星岛、下南星岛等 22 个海岛组成，总面积 0.608 1 平方千米。东星岛最大且海拔最高，面积 0.282 8 平方千米，最高点海拔 67.3 米。由火山岩构成，植被多杂草。年均气温 15.1℃，年降水量约 1 850 毫米，夏秋之交受台风影响，最大 12 级，年大风日达百日以上。周围海域产墨鱼、带鱼、鳗鱼、马面鲀等，为福鼎市重要渔业生产基地。列岛自宋、元时期即有渔民来岛居住，现有东星岛、西星岛两个有居民海岛，2011 年东星岛户籍人口 308 人，西星岛 58 人。东星岛北、西侧各有一个码头，小庙宇若干座。西星岛有 1 座陆岛交通码头，建有 1 座黑白相间灯塔。

福瑶列岛 (Fúyáo Lièdǎo)

北纬 26°55.2′—26°58.4′，东经 120°16.8′—120°23.7′。位于宁德市福鼎市东南部海域。福瑶列岛取义“福地、美玉”，相传是由西王母送给东海龙王的蟠桃变成的。因列岛主要由大嵛山、小嵛山构成，又名“嵛山列岛”。由大嵛山、小嵛山、鸳鸯岛、银屿、小羊鼓岛等 22 个大小海岛组成，总面积 25.741 6 平方千米。最大海岛大嵛山，也是闽东最大海岛，面积 21.386 5 平方千米。最高点在大嵛山的红纪当山，海拔 541.4 米。年均气温 15.1℃，年降水量约 1 850 毫米。春夏之交受台风影响，多大风天气，春季多雾。海域产墨鱼、带鱼、梭子蟹等，是福鼎市重要渔业生产基地。

列岛中大嵛山和小嵛山为有居民海岛，2011 年总人口 3 363 人。大嵛山为福鼎市嵛山镇人民政府驻地。1949 年设嵛山乡，1993 年撤乡建镇。辖马祖、鱼鸟、东角、芦竹、灶澳 5 个村委会。镇政府驻马祖村。岛上有天湖水库。清嘉庆年间（1796— 1890 年）蔡牵据此抗清，1934 年中共闽东特委在此组织海上游击队。小嵛山有渔民在周边养殖海带、紫菜，岛上设有养殖管理房，并有 1 座白色灯塔。鸳鸯岛立有“鸳鸯岛生态保护区”和“福鼎市鸳鸯岛海岛特别保护区”石碑，有一小型码头及 1 座测风塔。福鼎鸟屿岛上有 1 座小型庙宇。

第二章　海　岛

裂岩 (Liè Yán)

北纬 27°05.6′，东经 120°48.7′。位于福建省宁德市福鼎市沙埕镇东 44 千米处，浙江省温州市苍南县灵溪镇东南 67.1 千米处海域，距大陆最近点 31.16 千米，东南距天权礁 3.84 千米。原由两块岩礁相隔一道鸿沟组成，似一岩剖为两块，故称裂岩。又名卵子礁。《中国海洋岛屿简况》（1980）、《苍南岛礁志》（1985）、《浙江省海域地名录》（1988）、《中国海域地名志》（1989）、1989 年 12 月福鼎市登记的地名卡片等将两块岩礁统称裂岩。《福建海岛志》（1994）和《全国海岛名称与代码》（2008）称裂岩（2）。《浙江海岛志》（1998）称裂岩 -2。第二次全国海域地名普查时，将南边面积较大的海岛认定为裂岩。基岩岛。岸线长 190 米，面积 2 401 平方米，最高点海拔 18 米。无植被。

裂岩北岛 (Lièyán Běidǎo)

北纬 27°05.6′，东经 120°48.7′。位于福建省宁德市福鼎市沙埕镇东 44 千米处，浙江省温州市苍南县灵溪镇东南 67.1 千米处海域，距大陆最近点 31.15 千米，南距裂岩 14 米。原由两块岩礁相隔一道鸿沟组成，似一岩剖为两块，故称裂岩。又名卵子礁。《中国海洋岛屿简况》（1980）、《苍南岛礁志》（1985）、《浙江省海域地名录》（1988）、《中国海域地名志》（1989）、1989 年 12 月福鼎市登记的地名卡片等将两块岩礁统称裂岩。《福建海岛志》（1994）和《全国海岛名称与代码》（2008）称裂岩（2）。《浙江海岛志》（1998）称裂岩 -2。第二次全国海域地名普查时，将南边面积较大的海岛认定为裂岩，将北边面积较小的海岛称为裂岩北岛。基岩岛。岸线长 176 米，面积 1 680 平方米，最高点海拔 18 米。无植被。

天权礁 (Tiānquán Jiāo)

北纬 27°04.0′，东经 120°50.2′。位于福建省宁德市福鼎市沙埕镇东部海域，浙江省温州市苍南县灵溪镇东南 65.9 千米处，距大陆最近点 34.6 千米，东南距立鹤岛约 1.6 千米。该岛为七星礁之一，七星礁的数量和方位形似北斗七星，天权礁乃借北斗七星定名。又名牛屎礁、覆锅岛。《苍南岛礁志》（1985）、《浙江省海域地名录》（1988）、《中国海域地名图集》（1991）称天权礁，1989 年 12 月福鼎市登记的地名卡片和《福建省海域地名志》（1991）称牛屎礁，当地渔民俗称覆锅岛。基岩岛。岸线长 84 米，面积 553 平方米。无植被。

鸡心岩 (Jīxīn Yán)

北纬 27°03.7′，东经 120°51.4′。位于福建省宁德市福鼎市沙埕镇东 54 千米处，浙江省温州市苍南县灵溪镇东南 67.4 千米处海域，距大陆最近点 36.62 千米，西距立鹤岛 346 米。该岛形似鸡心，故名。又名平礁、竹篙屿、企屿、鸡心岩岛。《浙江省海域地名录》（1988）、《中国海域地名志》（1989）、《中国海域地名图集》（1991）称鸡心岩。《苍南岛礁志》（1985）称鸡心岩和平礁。1989 年 12 月福鼎市登记的地名卡片记为竹篙屿和企屿。《浙江海岛志》（1998）称鸡心岩岛。《福建省海域地名志》（1991）、《福建海岛志》（1994）、《全国海岛名称与代码》（2008）称竹篙屿。面积约 30 平方米。基岩岛，岩石为上侏罗统高坞组熔结凝灰岩。无植被。潮间带多贝藻类生物，有渔民季节性在此采挖藤壶、牡蛎等。

立鹤岛 (Lìhè Dǎo)

北纬 27°03.5′，东经 120°51.0′。位于福建省宁德市福鼎市沙埕镇东 52 千米处，浙江省温州市苍南县灵溪镇东南 67.5 千米处海域，距大陆最近点 36.17 千米，西南距星仔岛 2.15 千米。形如站立的白鹤，故名。又名竖闸、大山、站石。《苍南岛礁志》（1985）、《浙江省海域地名录》（1988）、《中国海域地名志》（1989）、《中国海域地名图集》（1991）、《浙江海岛志》（1998）称立鹤岛。1989 年 12 月福鼎市登记的地名卡片记为竖闸和大山。《福建省海域地名志》（1991）、《福建海岛志》（1994）、《全国海岛名称与代码》（2008）称竖闸，当地老百姓称站石。岸线长 224 米，面积 2 740 平方米，最高点海拔 24 米。基岩岛，岩石为上侏罗统高坞组熔结凝灰岩。裂隙中长有少量草丛。渔民季节性在岩石上垂钓、采螺、采牡蛎等。

小立鹤岛 (Xiǎolìhè Dǎo)

北纬 27°03.8′，东经 120°51.2′。位于福建省宁德市福鼎市沙埕镇东 54 千米处，浙江省苍南县灵溪镇东南 67.5 千米处海域，距大陆最近点 36.22 千米，西南距立鹤岛 530 米。该岛位于立鹤岛北，较立鹤岛小，故名。又名长屿、鲎屿。《苍南岛礁志》（1985）、《浙江省海域地名录》（1988）、《中国海域地名志》（1989）、《中国海域地名图集》（1991）、《浙江海岛志》（1998）称小立鹤岛。1989 年 12 月福鼎市登记的地名卡片为长屿和鲎屿。《福建省海域地名志》（1991）、《福建海岛志》（1994）、《全国海岛名称与代码》（2008）称长屿。岸线长 348 米，面积 2 416 平方米，最高点海拔 20 米。基岩岛，岩石为上侏罗统高坞组熔结凝灰岩。无植被。潮间带岩石上长满贝藻类生物，有渔民季节性在该岛采挖各类海产品。位于海鸟迁徙通道，是海鸟栖息场所。

立鹤尖岛 (Lìhèjiān Dǎo)

北纬 27°03.5′，东经 120°51.1′。位于福建省宁德市福鼎市沙埕镇东 52 千米处，浙江省温州市苍南县灵溪镇东南 67.5 千米处海域，距大陆最近点 36.26 千米，西距立鹤岛 47 米。因位于立鹤岛东边，岛顶陡峭似尖刀，第二次全国海域地名普查时命今名。基岩岛。岸线长 40 米，面积 102 平方米。无植被。

立鹤东岛 (Lìhè Dōngdǎo)

北纬 27°03.5′，东经 120°51.1′。位于福建省宁德市福鼎市沙埕镇东 52 千米处，浙江省苍南县灵溪镇东南 67.5 千米处海域，距大陆最近点 36.27 千米，西距立鹤岛 44 米。因位于立鹤岛东边，第二次全国海域地名普查时命今名。基岩岛。岸线长 68 米，面积 291 平方米。无植被。

立鹤西岛 (Lìhè Xīdǎo)

北纬 27°03.5′，东经 120°51.0′。位于福建省宁德市福鼎市沙埕镇东 52 千米处，浙江省苍南县灵溪镇东南 67.5 千米处海域，距大陆最近点 36.16 千米，东北距立鹤岛 5 米。因位于立鹤岛西边，第二次全国海域地名普查时命今名。基岩岛。岸线长 115 米，面积 726 平方米。无植被。

星仔岛 (Xīngzǎi Dǎo)

北纬 27°02.9′，东经 120°49.9′。位于福建省宁德市福鼎市沙埕镇东 43 千米处，浙江省温州市苍南县灵溪镇东南 67.5 千米处海域，距大陆最近点 34.92 千米，东北近立鹤岛。星仔岛原为多个岛屿的合称，状如海星多角延伸，该岛为众多岛屿中面积最大者，故沿用原名。又名星仔岛（2），多个岛屿又合称星仔、大星。《中国海洋岛屿简况》（1980）称星仔。《苍南岛礁志》（1985）、《浙江省海域地名录》（1988）、《中国海域地名志》（1989）、1989 年 12 月福鼎市登记的地名卡片、《中国海域地名图集》（1991）、《福建省海域地名志》（1991）、《浙江海岛志》（1998）称星仔岛。《福建海岛志》（1994）、《全国海岛名称与代码》（2008）称星仔岛（2）。岸线长 733 米，面积 31 435 平方米，最高点海拔 64 米。基岩岛，岩石为上侏罗统高坞组熔结凝灰岩。为低丘陵地貌，顶部平坦。土壤为磷质石砂土。植被多杂草。周边海域盛产梭子蟹、带鱼、墨鱼等。有一简易码头，为季节性渔业用码头。北侧有福鼎市人民政府 2008 年 3 月设立的“福鼎市星仔岛海岛特别保护区”标志碑。

小星岛 (Xiǎoxīng Dǎo)

北纬 27°02.8′，东经 120°50.0′。位于福建省宁德市福鼎市沙埕镇以东、浙江省温州市苍南县灵溪镇东南海域，距大陆最近点 35.24 千米，东距东星仔岛 5 米。形如一颗小星星散落在星仔岛和东星仔岛之间，第二次全国海域地名普查时命今名。基岩岛。面积约 150 平方米。无植被。

东星仔岛 (Dōngxīngzǎi Dǎo)

北纬 27°02.8′，东经 120°50.0′。位于福建省宁德市福鼎市沙埕镇以东、浙江省温州市苍南县灵溪镇东南海域，距大陆最近点 35.11 千米，西距星仔岛 90 米。历史上该岛与星仔岛统称星仔岛或大星，因其位于星仔岛东边，第二次全国海域地名普查时更名为东星仔岛。《中国海洋岛屿简况》（1980）称星仔。《浙江省海域地名录》（1988）、1989 年 12 月福鼎市登记的地名卡片、《中国海域地名图集》（1991）、《福建省海域地名志》（1991）称星仔岛。《苍南岛礁志》（1985）、《中国海域地名志》（1989）、《浙江海岛志》（1998）称星仔岛，又称大星。《福建海岛志》（1994）、《全国海岛名称与代码》（2008）称星仔岛（1）。岸线长847米，面积25 950平方米，最高点海拔64米。基岩岛，岩石为上侏罗统高坞组熔结凝灰岩。长有草丛和灌木。岛上海鸟较多。

横屿 (Héng Yǔ)

北纬27°02.8′，东经120°49.8′。位于福建省宁德市福鼎市沙埕镇以东、浙江省温州市苍南县灵溪镇东南海域，距大陆最近点34.88千米，星仔岛西南侧约30米处。岛呈南北走向，横于星仔岛之西南，故名。《苍南岛礁志》（1985）、《浙江省海域地名录》（1988）、《中国海域地名志》（1989）、《中国海域地名图集》（1991）、《浙江海岛志》（1998）均称横屿。岸线长237米，面积2 051平方米，最高点海拔13米。基岩岛，岩石为上侏罗统高坞组熔结凝灰岩。岛岩裂隙中长有少量草丛和灌木。

鹤嬉岛 (Hèxī Dǎo)

北纬27°02.8′，东经120°50.1′。位于福建省宁德市福鼎市沙埕镇以东、浙江省温州市苍南县灵溪镇东南海域，距大陆最近点35.46千米，西北距东星仔岛55米。为海鸟嬉戏、栖息的场所，与立鹤岛含义相呼应，第二次全国海域地名普查时命今名。基岩岛。岸线长161米，面积1 543平方米。无植被。

鹤嬉中岛 (Hèxī Zhōngdǎo)

北纬27°02.8′，东经120°50.1′。位于福建省宁德市福鼎市沙埕镇以东、浙江省温州市苍南县灵溪镇东南海域，距大陆最近点35.5千米，西南距鹤嬉岛15米。紧靠鹤嬉岛东北方向有两岛，靠东海岛为鹤嬉东岛，此岛处中间，第二次全国海域地名普查时命今名。基岩岛。岸线长40米，面积111平方米。无植被。

鹤嬉东岛 (Hèxī Dōngdǎo)

北纬27°02.7′，东经120°50.1′。位于福建省宁德市福鼎市沙埕镇以东、浙江省温州市苍南县灵溪镇东南海域，距大陆最近点35.52千米，西距鹤嬉岛25米。紧靠鹤嬉岛东北方向有两岛，中间为鹤嬉中岛，此岛处东，第二次全国海域地名普查时命今名。基岩岛。岸线长85米，面积520平方米。无植被。

天枢礁 (Tiānshū Jiāo)

北纬 27°02.7′，东经 120°49.7′。位于福建省宁德市福鼎市沙埕镇以东、浙江省温州市苍南县灵溪镇东南海域，距大陆最近点 34.9 千米，东北距星仔岛 145 米。该岛为七星礁之一，七星礁的数量和方位形似北斗七星，天枢礁乃借北斗七星定名。又称南礁。《苍南岛礁志》（1985）、《浙江省海域地名录》（1988）、《中国海域地名图集》（1991）称天枢礁。1989 年 12 月福鼎市登记的地名卡片、《福建省海域地名志》（1991）称南礁。基岩岛。岸线长 92 米，面积 474 平方米。无植被。

南龟岛 (Nánguī Dǎo)

北纬 26°07.9′，东经 119°36.0′。位于福州市马尾区琅岐镇东北 5.38 千米，距大陆最近点 600 米。《福建省海域地名志》（1991）记为南龟岛，“相邻两岛，合称‘双龟’，此岛位南，故名”。岸线长 337 米，面积 6 072 平方米，最高点高程 16.3 米。基岩岛。岛形略圆，呈东北—西南走向。地形中间高，四周低。基岩裸露，少土壤。西海岸为基岩岸滩，东海岸为沙质岸滩，周围水深 10～25 米。北部有一助航灯塔。

小印礁岛 (Xiǎoyìnjiāo Dǎo)

北纬 26°06.5′，东经 119°32.4′。位于福州市马尾区琅岐镇西北 4.93 千米，距大陆最近点 130 米。位于印礁岛旁，面积较小，第二次全国海域地名普查时命今名。基岩岛。面积约 80 平方米。无植被。

印礁岛 (Yìnjiāo Dǎo)

北纬 26°06.5′，东经 119°32.4′。位于福州市马尾区琅岐镇西北 4.86 千米，距大陆最近点 160 米。形如脚印，第二次全国海域地名普查时命今名。基岩岛。岸线长 177 米，面积 2191 平方米。有一助航灯塔。

琅岐岛 (Lángqí Dǎo)

北纬 26°05.5′，东经 119°35.7′。位于福州市马尾区亭江镇东北 4.18 千米，隶属于福州市马尾区，为福建省第四大岛。曾名刘崎、琅崎、嘉登里、嘉登岛。俗称刘岐。《福建省海域地名志》（1991）记为琅岐岛，“唐代刘姓早迁居岛上，故称刘崎，南宋以后称琅崎，近代称‘琅岐’至今。宋代属闽侯晋安乡海畔里，元代为嘉登里，故又称嘉登里”；《福建省海岛志》（1994）记为琅岐，“古称嘉登岛，属闽县，开发于南北朝，俗称‘刘岐’”。《中国海岛》（2000）、《中国海域地名志》（1989）、《中国海域地名图集》（1991）、《中国海岛资源综合调查图集》（1995）、《全国海岛名称与代码》（2008）均记为琅岐岛。基岩岛。岸线长 46.59 千米，面积 56.151 3 平方千米，最高点高程 275 米。有居民海岛，为琅岐镇人民政府所在岛。2011 年户籍人口 69 919 人，常住人口 69 896 人。为福州市马尾区琅岐经济开发区。南部有琅岐大桥连接长乐区，西北部有琅岐闽江大桥连接马尾区，西部有轮渡码头。

乌沙礁 (Wūshā Jiāo)

北纬 26°03.9′，东经 119°38.8′。位于福州市马尾区琅岐镇东南 6.73 千米，距大陆最近点 4.31 千米。《福建省海域地名志》（1991）记为乌沙礁，“礁处乌沙行之中，故名”。基岩岛。岸线长 94 米，面积 517 平方米。无植被。

小东岐岛 (Xiǎodōngqí Dǎo)

北纬 26°03.9′，东经 119°38.5′。位于福州市马尾区琅岐镇东南 6.29 千米，距大陆最近点 3.87 千米。位于琅岐岛东岐村东面，面积小，第二次全国海域地名普查时命今名。基岩岛。岸线长 267 米，面积 954 平方米。植被以草丛、灌木为主。

白猴屿 (Báihóu Yǔ)

北纬 26°03.3′，东经 119°38.4′。位于福州市马尾区琅岐镇东南 6.63 千米，距大陆最近点 3.16 千米。又名百猴。《福建省海域地名志》（1991）记为白猴屿，又名猴石，“在闽江口南港航道中流的一个大岩礁，形似一只白色大猴而得名，又因岩礁突峋、奇石峥嵘，似许多石头猴仔，有人也叫百猴”。《中国海域地名志》（1989）、《中国海域地名图集》（1991）、《福建省海岛志》（1994）、《全国海岛名称与代码》（2008）均称白猴屿。基岩岛。岸线长 426 米，面积 9 977 平方米，最高点高程 41.4 米。地形中间高、四周低。海岸为泥沙岸滩，形成滩涂。

白猴仔岛 (Báihóuzǎi Dǎo)

北纬 26°03.3′，东经 119°38.4′。位于福州市马尾区琅岐镇东南 6.71 千米，距大陆最近点 3.18 千米。位于白猴屿旁，面积小，第二次全国海域地名普查时命今名。基岩岛。岸线长 128 米，面积 1 197 平方米。无植被。

礁仔 (Jiāozǎi)

北纬 26°25.8′，东经 119°50.1′。位于福州市连江县坑园镇东北 12.3 千米，距大陆最近点 60 米。面积小，故名。《福建省海域地名志》（1991）记为礁仔。基岩岛。面积约 300 平方米。无植被。

北芦礁岛 (Běilújiāo Dǎo)

北纬 26°25.7′，东经 119°54.0′。位于福州市连江县坑园镇东北 16.77 千米，距大陆最近点 5.23 千米。位于芦礁北边，第二次全国海域地名普查时命今名。基岩岛。面积约 300 平方米。无植被。

芦礁 (Lú Jiāo)

北纬 26°25.6′，东经 119°53.9′。位于福州市连江县坑园镇东北 16.62 千米，距大陆最近点 5.03 千米。《中国海域地名志》（1989）、《福建省海域地名志》（1991）记为芦礁，“礁形似葫芦得名”。基岩岛。岸线长 300 米，面积 3 547 平方米。周围水深 7 ~ 12 米。无植被。

马限屿 (Mǎxiàn Yǔ)

北纬 26°25.6′，东经 119°53.1′。位于福州市连江县坑园镇东北 15.44 千米，距大陆最近点 3.71 千米。马限屿为当地群众惯称。《中国海域地名志》(1989)、《福建省海域地名志》(1991)、《中国海域地名图集》(1991)、《福建省海岛志》(1994)、《全国海岛名称与代码》（2008）均称马限屿。岛呈椭圆形，东北—西南走向。岸线长 834 米，面积 21 785 平方米，最高点高程 33.8 米。基岩岛，由花岗岩构成，基岩裸露，土壤稀薄。植被以草丛为主。海岸较陡，周围水深 10 ~ 30 米。

北可门岛 (Běikěmén Dǎo)

北纬 26°25.6′，东经 119°49.4′。位于罗源湾内，距大陆最近点 160 米。因位于可门屿北面，第二次全国海域地名普查时命今名。基岩岛。面积约 90 平方米。无植被。

东过江岛 (Dōngguòjiāng Dǎo)

北纬 26°25.5′，东经 119°54.7′。位于福州市连江县苔箓镇西北 7.34 千米。位于过江岛东面，第二次全国海域地名普查时命今名。基岩岛。面积约 200 平方米。无植被。

过江岛 (Guòjiāng Dǎo)

北纬 26°25.5′，东经 119°54.7′。位于福州市连江县苔箓镇西北 7.37 千米。《福建省海域地名志》（1991）记为过江岛，“处东洛岛旁，来往需渡船，故名”。《中国海域地名志》（1989）、《福建省海岛志》（1994）、《连江县志》（2001）均称过江岛。基岩岛。呈长条形，北窄南宽，南—北走向，岸线长 1.02 千米，面积 0.032 6 平方千米，最高点高程 47.8 米。地形南高北低。基岩海岸，东北岸较陡，南岸可泊船。植被以草丛、乔木为主。周围水深 9～15 米。

南马限屿岛 (Nánmǎxiànyǔ Dǎo)

北纬 26°25.5′，东经 119°53.0′。位于福州市连江县坑园镇东北 15.12 千米，距大陆最近点 3.42 千米。因位于马限屿南边，第二次全国海域地名普查时命今名。岛呈椭圆形，岸线长 895 米，面积 20 252 平方米，最高点高程 33.8 米。基岩岛，由花岗岩构成。土壤稀薄。植被以草丛为主。

中沚洛岛 (Zhōngzhǐluò Dǎo)

北纬 26°25.4′，东经 119°53.8′。位于福州市连江县坑园镇东北 16.16 千米，距大陆最近点 4.6 千米。第二次全国海域地名普查时命今名。基岩岛。岸线长 277 米，面积 2 644 平方米。无植被。

西沚洛岛 (Xīzhǐluò Dǎo)

北纬 26°25.4′，东经 119°53.7′。位于福州市连江县坑园镇东北 16.07 千米，距大陆最近点 4.54 千米。第二次全国海域地名普查时命今名。基岩岛。岸线长 124 米，面积 872 平方米。无植被。

东帽岛 (Dōngmào Dǎo)

北纬 26°25.3′，东经 119°54.9′。位于福州市连江县苔箓镇西北 6.95 千米。位于东洛岛东侧，形如倒扣的帽子，第二次全国海域地名普查时命今名。基岩岛。

岸线长 91 米，面积 595 平方米。无植被。

东洛岛（Dōngluò Dǎo）

北纬 26°25.0′，东经 119°54.6′。位于福州市连江县苔箓镇西北 5.88 千米，隶属于连江县。《福建省海域地名志》（1991）记为东洛岛。《中国海域地名志》（1989）、《福建省海岛志》（1994）、《连江县志》（2001）、《全国海岛名称与代码》（2008）均称东洛岛。基岩岛。岸线长 7.3 千米，面积 0.739 1 平方千米，最高点高程 60.2 米。表土薄，植被稀少，以乔木为主。有居民海岛，岛上有东洛村。2011 年户籍人口 794 人，常住人口 589 人。有养殖育苗场、绕村码头、助航标志、通信设施等公共设施。居民用电来自奇达村，用水来自供水管网。

南东洛岛（Nándōngluò Dǎo）

北纬 26°24.9′，东经 119°54.9′。位于福州市连江县苔箓镇西北 6.1 千米。因位于东洛岛东南面，第二次全国海域地名普查时命今名。基岩岛。岸线长 161 米，面积 1 899 平方米。无植被。

江湾岛（Jiāngwān Dǎo）

北纬 26°24.3′，东经 119°51.2′。位于福州市连江县坑园镇东北 11.58 千米，距大陆最近点 10 米。位于江湾村西侧沿岸海域，第二次全国海域地名普查时命今名。基岩岛。岸线长 171 米，面积 1 471 平方米。无植被。

东岗屿岛（Dōnggǎngyǔ Dǎo）

北纬 26°24.2′，东经 119°45.4′。位于福州市连江县海域，距大陆最近点 890 米。因其位于岗屿东侧，第二次全国海域地名普查时命今名。基岩岛。岸线长 73 米，面积 386 平方米。无植被。

岗屿（Gǎng Yǔ）

北纬 26°24.1′，东经 119°45.3′。位于福州市连江县坑园镇北 7.13 千米，距大陆最近点 850 米。《福建海域地名志》（1991）记为岗屿，“因屿上山岗成为航行目标，故名”。《中国海域地名志》（1989）、《福建省海岛志》（1994）、《全国海岛名称与代码》（2008）均称岗屿。岛形长，呈东南—西北走向，岸线长 1.46 千米，面积 0.080 1 平方千米，最高点高程 54.3 米。基岩岛，由花岗岩组成。

岩岸陡峭曲折。植被以灌木为主。周围水深多在 15 米以上，与将军帽之间为岗屿水道起点，水深 40 米以上。设有灯桩。

小岗屿岛 (Xiǎogǎngyǔ Dǎo)

北纬 26°24.1′，东经 119°45.4′。位于福州市连江县海域，距大陆最近点 950 米。因位于岗屿东侧，岛较小，第二次全国海域地名普查时命今名。基岩岛。面积约 100 平方米。无植被。

古鼎屿 (Gǔdǐng Yǔ)

北纬 26°24.0′，东经 119°47.4′。位于福州市连江县坑园镇东北 7.26 千米，距大陆最近点 120 米。又名覆鼎屿、古鼎岛。以形圆似鼎，故名。《福建省海域地名志》（1991）、《福建省海岛志》（1994）记为古鼎屿，又名覆鼎屿。《连江县志》（2001）记为古鼎岛。基岩岛。岛形椭圆，呈东北—西南走向。岸线长 576 米，面积 16 770 平方米，最高点高程 35.4 米。植被以草丛、灌木为主。建有一个助航灯塔。

南岗岛 (Nán'gǎng Dǎo)

北纬 26°24.0′，东经 119°45.3′。位于福州市连江县坑园镇东北 6.83 千米，距大陆最近点 1.23 千米。因位于岗屿南侧，第二次全国海域地名普查时命今名。岸线长 92 米，面积 522 平方米。基岩岛，由花岗岩组成。通过路堤与岗屿相连。无植被。

小长屿北岛 (Xiǎochángyǔ Běidǎo)

北纬 26°23.2′，东经 119°46.6′。位于福州市连江县坑园镇东北 5.42 千米，距大陆最近点 80 米。位于小长屿北边，故名。《福建省海域地名志》（1991）、《中国海域地名图集》（1991）、《连江县志》（2001）称小长屿。《福建省海岛志》（1994）、《全国海岛名称与代码》（2008）称小长屿（1）。因省内重名，第二次全国海域地名普查时更今名。岸线长 198 米，面积 1 861 平方米，最高点高程 13.7 米。基岩岛，由花岗岩组成。海岸为基岩岸滩，周围多淤泥。植被以草丛、灌木为主。

小长屿 (Xiǎocháng Yǔ)

北纬 26°23.2′，东经 119°46.6′。位于福州市连江县坑园镇东北 5.35 千米，距大陆最近点 80 米。《福建省海域地名志》(1991)、《福建省海岛志》(1994)、《连江县志》(2001)称长屿。《全国海岛名称与代码》(2008)记为小长屿(2)。岸线长 374 米,面积 5 763 平方米,最高点高程 25.1 米。基岩岛,由花岗岩组成。地形中间高四周低,海岸为基岩岸滩,周围多淤泥。植被以草丛、灌木为主。

黑岩岛 (Hēiyán Dǎo)

北纬 26°23.1′,东经 120°05.1′。位于福州市连江县苔箓镇东北 15.03 千米。因周围海水及岛颜色呈黑色,故名。又名茭只。《福建省海域地名志》(1991)、《中国海域地名志》(1989)、《连江县志》(2001)、《全国海岛名称与代码》(2008)均称黑岩岛。岸线长 791 米,面积 20 358 平方米,最高点高程 38 米。基岩岛,由花岗岩组成。植被以草丛为主。岛上建有一助航灯塔。

园屿 (Yuán Yǔ)

北纬 26°23.0′,东经 119°46.5′。位于福州市连江县坑园镇东北 5.13 千米,距大陆最近点 270 米。又名圆屿。岛形偏圆,因园与圆同音,演为园屿。《福建省海域地名志》(1991)、《连江县志》(2001)记为圆屿,《中国海域地名图集》(1991)、《福建省海岛志》(1994)、《全国海岛名称与代码》(2008)记为园屿。岸线长 468 米,面积 14 125 平方米,最高点高程 40.8 米。基岩岛,由花岗岩组成。形状略圆,呈东北—西南走向。地形中间高四周低,植被以草丛为主。海岸为基岩岸滩,周围多淤泥。

西黑岩岛 (Xīhēiyán Dǎo)

北纬 26°23.0′,东经 120°04.9′。位于福州市连江县苔箓镇东北 14.74 千米。黑岩岛西南侧海域有两个小岛,该岛位于东黑岩岛西侧,第二次全国海域地名普查时命今名。基岩岛。岸线长 144 米,面积 1 399 平方米。无植被。

东黑岩岛 (Dōnghēiyán Dǎo)

北纬 26°22.9′,东经 120°05.0′。位于福州市连江县苔箓镇东北 14.81 千米,距大陆最近点 890 米。黑岩岛西南侧海域有两个小岛,该岛位于西黑岩岛东侧,第二次全国海域地名普查时命今名。基岩岛。面积约 200 平方米。植被以草丛为主。

大牛屿 (Dàniú Yǔ)

北纬 26°22.8′，东经 119°57.3′。位于福州市连江县苔箓镇东北 2.74 千米，黄岐半岛突出部北侧，距大陆最近点 490 米。又名大牛屿岛。屿大，海区风浪大，方言称浪大为牛，故名。《福建省海域地名志》（1991）、《中国海域地名志》（1989）记为大牛屿。《连江县志》（2001）记为大牛屿岛。岸线长 97 米，面积 719 平方米，最高点高程 6 米。基岩岛，由花岗岩组成。无植被。附近水深 7～20 米。

西过屿岛 (Xīguòyǔ Dǎo)

北纬 26°22.8′，东经 119°56.6′。位于福州市连江县海域，距大陆最近点 740 米。因位于过屿西面，第二次全国海域地名普查时命今名。基岩岛。岸线长 213 米，面积 3 102 平方米。无植被。

过屿 (Guò Yǔ)

北纬 26°22.8′，东经 119°56.8′。位于福州市连江县苔箓镇东北 2.18 千米，距大陆最近点 320 米。又名过屿岛。《福建省海域地名志》（1991）记为过屿，“处北茭村前，来往需涉水，故名”。《中国海域地名志》（1989）、《中国海域地名图集》（1991）、《福建省海岛志》（1994）、《全国海岛名称与代码》（2008）均称过屿。《连江县志》（2001）记为过屿岛。岸线长 1.9 千米，面积 0.091 9 平方千米，最高点高程 37.5 米。基岩岛，由花岗岩组成。地表有土壤。有 1 座气象观测塔，及油库、油码头。

南尾屿 (Nánwěi Yǔ)

北纬 26°22.8′，东经 119°54.5′。位于福州市连江县苔箓镇西北 3.38 千米，距大陆最近点 2.1 千米。又名南尾屿岛。《福建省海域地名志》（1991）记为南尾屿，“处周围诸岛南末端，故名”。《中国海域地名志》（1989）、《中国海域地名图集》（1991）、《福建省海岛志》（1994）、《全国海岛名称与代码》（2008）均称南尾屿。《连江县志》（2001）记为南尾屿岛。岸线长 957 米，面积 24 674 平方米，最高点高程 24.4 米。基岩岛，由花岗岩构成。植被以草丛、灌木为主。建有 1 个助航标志。

仰月屿 (Yǎngyuè Yǔ)

北纬 26°22.7′，东经 119°56.5′。位于福州市连江县苔箓镇东北 1.82 千米，距大陆最近点 810 米。又名仰月岛。《中国海域地名志》（1989）、《福建省海域地名志》（1991）、《中国海域地名图集》（1991）、《福建省海岛志》（1994）、《全国海岛名称与代码》（2008）均称仰月屿。《连江县志》（2001）记为仰月岛。岸线长 318 米，面积 5 014 平方米，最高点高程 16.9 米。基岩岛，由花岗岩构成。植被以草丛为主，附近海区水深 8～20 米。

三礁 (Sān Jiāo)

北纬 26°22.7′，东经 119°52.5′。位于福州市连江县安凯乡东北 5.14 千米，距大陆最近点 340 米。退潮时，岛周可见三块礁石并排成一字，故名。《中国海域地名图集》（1991）标注为三礁。基岩岛。岸线长 152 米，面积 1 424 平方米。无植被。

南尾头岛 (Nánwěitóu Dǎo)

北纬 26°22.7′，东经 119°54.4′。位于福州市连江县苔箓镇西北 3.33 千米，距大陆最近点 1.96 千米。因位于南尾屿南侧，形状呈圆形，像头部，第二次全国海域地名普查时命今名。基岩岛。岸线长 323 米，面积 7 076 平方米，植被以草丛为主。

马礁 (Mǎ Jiāo)

北纬 26°22.6′，东经 119°52.3′。位于福州市连江县安凯乡东北 4.8 千米，距大陆最近点 100 米。《福建省海域地名志》（1991）记为马礁，“因形似马，故名”。基岩岛。岸线长 111 米，面积 930 平方米，最高点高程 10 米。无植被。

小猴屿 (Xiǎohóu Yǔ)

北纬 26°22.5′，东经 119°52.5′。位于福州市连江县安凯乡东北 4.89 千米，距大陆最近点 150 米。又名小猴屿岛。处大猴屿旁，面积小，故名。《福建省海域地名志》（1991）、《福建省海岛志》（1994）、《全国海岛名称与代码》（2008）称小猴屿。《连江县志》（2001）记为小猴屿岛。岸线长 602 米，面积 20 884 平方米，最高点高程 32.4 米。基岩岛，由花岗岩构成。基岩裸露，少植被。地势北高南低，海岸为基岩岸滩，附近水深 5～10 米。与大陆通过路堤连接。

四礵 (Sì Tán)

北纬 26°22.4′，东经 119°54.0′。位于福州市连江县苔箓镇西北 3.7 千米，距大陆最近点 1.81 千米。又名四潭岛。《中国海域地名志》（1989）称四礵。《福建省海域地名志》（1991）记为四礵，“以诸岛中次序排列而名”。《连江县志》（2001）记为四潭岛。岸线长 183 米，面积 2 122 平方米，最高点高程 18.2 米。基岩岛，由花岗岩构成。无植被。

三礵 (Sān Tán)

北纬 26°22.3′，东经 119°54.1′。位于福州市连江县苔箓镇西北 3.64 千米，距大陆最近点 1.73 千米。又名三潭岛。《中国海域地名志》（1989）、《福建省海域地名志》（1991）、《中国海域地名图集》（1991）均称三礵。《连江县志》（2001）记为三潭岛。岸线长 489 米，面积 9 337 平方米，最高点高程 17.8 米。基岩岛，由花岗岩构成。植被以草丛为主。有育苗场。饮用水来自陆地桶装水，用电来自柴油发电机。

猴粒岛 (Hóulì Dǎo)

北纬 26°22.3′，东经 119°52.6′。位于福州市连江县安凯乡东北 4.7 千米，距大陆最近点 480 米。又名猴屎礁。《福建省海域地名志》（1991）记为猴粒岛，“因位猴屿边，故名”。《福建省海域地名志》（1991）、《全国海岛名称与代码》（2008）称猴屎礁。基岩岛。岸线长 154 米，面积 1 384 平方米，最高点高程 13 米。无植被。

东猴粒岛 (Dōnghóulì Dǎo)

北纬 26°22.3′，东经 119°52.6′。位于福州市连江县安凯乡东北 4.7 千米，距大陆最近点 520 米。因位于猴粒岛东边，第二次全国海域地名普查时命今名。基岩岛。岸线长 113 米，面积 557 平方米。无植被。

鼠礁屿 (Shǔjiāo Yǔ)

北纬 26°22.3′，东经 119°53.9′。位于福州市连江县苔箓镇西北 3.8 千米，距大陆最近点1.69千米。又名鼠礁屿岛。形似鼠，故名。《中国海域地名志》(1989)、《中国海域地名图集》（1991）、《福建省海域地名志》（1991）、《福建省海岛志》（1994）、《全国海岛名称与代码》（2008）均称鼠礁屿。《连江县志》（2001）记为鼠礁屿岛。岸线长321米，面积3 890平方米，最高点高程6.2米。基岩岛，由花岗岩构成。植被以草丛为主。

大猴屿 (Dàhóu Yǔ)

北纬26°22.1′，东经119°52.5′。位于福州市连江县安凯乡东北4.41千米，距大陆最近点330米。又名大猴屿岛。形似猴，故名。《中国海域地名志》(1989)、《中国海域地名图集》（1991）、《福建省海域地名志》（1991）、《福建省海岛志》（1994）均称大猴屿。《连江县志》（2001）记为大猴屿岛。岸线长1.46千米，面积0.100 8平方千米，最高点高程81.1米。基岩岛，由花岗岩构成。植被以草丛、乔木为主。

限头屿 (Xiàntóu Yǔ)

北纬26°22.1′，东经119°52.2′。位于福州市连江县安凯乡东北3.96千米，距大陆最近点200米。又名限头、限头屿（1）、限头屿岛。因形似堤，方言称堤为限，故名。《中国海洋岛屿简况》（1980）称限头。《福建省海域地名志》（1991）、《中国海域地名图集》（1991）称限头屿。《福建省海岛志》（1994）、《全国海岛名称与代码》（2008）记为限头屿（1）。《连江县志》（2001）记为限头屿岛。岸线长436米，面积6 849平方米，最高点高程14.3米。基岩岛，由花岗岩构成。植被以草丛、灌木为主。

西限头岛 (Xīxiàntóu Dǎo)

北纬26°22.1′，东经119°52.1′。位于福州市连江县安凯乡东北3.86千米。《福建省海岛志》（1994）、《全国海岛名称与代码》（2008）记为限头屿（2）。因位于限头屿西，第二次全国海域地名普查时更为今名。基岩岛。岸线长123米，面积737平方米，植被以草丛、灌木为主。

小限头岛 (Xiǎoxiàntóu Dǎo)

北纬26°22.0′，东经119°52.2′。位于福州市连江县安凯乡东北3.89千米，距大陆最近点 250 米。因位于限头屿边上，面积较小，第二次全国海域地名普查时命今名。基岩岛。面积约 4 平方米。无植被。

北瓠头岛 (Běihùtóu Dǎo)

北纬 26°22.0′，东经 119°43.1′。位于福州市连江县坑园镇西北 5.54 千米，距大陆最近点 2.62 千米。因位于瓠头屿东北面，第二次全国海域地名普查时命今名。基岩岛。面积约 300 平方米。无植被。

瓠头屿 (Hùtóu Yǔ)

北纬 26°22.0′，东经 119°43.0′。位于福州市连江县坑园镇西北 5.6 千米，距大陆最近点 2.64 千米。又名瓠头屿岛。岛形似瓠子，方言称瓠头（瓠子，草本植物，葫芦的变种），故名。《中国海域地名志》（1989）、《福建省海域地名志》（1991）、《福建省海岛志》（1994）、《全国海岛名称与代码》（2008）称瓠头屿。《连江县志》（2001）记为瓠头屿岛。基岩岛。岸线长 357 米，面积 7 170 平方米，最高点高程 23 米。植被以草丛为主。

小北洋角岛 (Xiǎoběiyángjiǎo Dǎo)

北纬 26°21.9′，东经 119°53.4′。位于福州市连江县海域，距大陆最近点 880 米。因位于北洋角岛边上，面积较小，第二次全国海域地名普查时命今名。基岩岛。面积约 200 平方米。无植被。

北洋角岛 (Běiyángjiǎo Dǎo)

北纬 26°21.9′，东经 119°53.4′。位于福州市连江县海域，距大陆最近点 860 米。因其位于洋礵岛北侧，像角一样，第二次全国海域地名普查时命今名。基岩岛。岸线长 97 米，面积 581 平方米。无植被。

长崎头 (Chángqítóu)

北纬 26°21.8′，东经 119°53.6′。位于福州市连江县黄岐镇东北 4.45 千米，距大陆最近点 770 米。岛形长，地势不平，故名。基岩岛。岸线长 406 米，面积 6 613 平方米。植被以草丛、灌木为主。

马岐屿 (Mǎqí Yǔ)

北纬 26°21.8′，东经 119°43.0′。位于福州市连江县坑园镇西北 5.53 千米，距大陆最近点2.64千米。又名马岐屿岛。形陡似马，岛有分叉，称为岐，故名。《中国海域地名志》（1989）、《福建省海域地名志》（1991）、《福建省海岛志》（1994）、《全国海岛名称与代码》（2008）称马岐屿。《连江县志》（2001）记为马岐屿岛。岸线长606米，面积13 971平方米，最高点高程16.1米。基岩岛，由花岗岩组成。植被以草丛、乔木为主。有育苗场，用电靠柴油机发电，饮用水靠陆域桶装水。周围多淤泥，海域较浅。

西长崎岛（Xīchángqí Dǎo）

北纬26°21.8′，东经119°53.6′。位于福州市连江县黄岐镇东北4.36千米，距大陆最近点730米。因位于长崎头西南侧，第二次全国海域地名普查时命今名。基岩岛。面积约80平方米。无植被。

小洋礌岛（Xiǎoyángtán Dǎo）

北纬26°21.8′，东经119°53.5′。位于福州市连江县黄岐镇东北4.33千米，距大陆最近点710米。因位于洋礌岛旁，面积小，第二次全国海域地名普查时命今名。基岩岛。面积约100平方米。无植被。

扁担尾屿（Biǎndanwěi Yǔ）

北纬26°21.8′，东经119°42.9′。位于福州市连江县坑园镇西北5.69千米，距大陆最近点2.59千米。因处几个岛屿末，故名。《福建省海域地名志》（1991）、《连江县志》（2001）记为扁担尾屿。基岩岛。岸线长112米，面积544平方米。无植被。

洋礌（Yáng Tán）

北纬26°21.8′，东经119°53.4′。位于福州市连江县黄岐镇东北4.24千米，距大陆最近点370米。又名洋潭岛。多岩石，方言称岩为礌，故名。《中国海域地名志》（1989）、《福建省海域地名志》（1991）、《福建省海岛志》（1994）称洋礌。《连江县志》（2001）记为洋潭岛。岸线长1.77千米，面积0.073 2平方千米，最高点高程41.1米。基岩岛，由花岗岩组成。岛上有育苗场，用电靠柴油机发电，饮用水靠陆域桶装水。

沙墩屿 (Shādūn Yǔ)

北纬 26°21.7′，东经 119°43.0′。位于福州市连江县坑园镇西北 5.4 千米，距大陆最近点 2.68 千米。因四周多积沙，故名。《中国海域地名图集》(1991)、《福建省海域地名志》(1991)、《福建省海岛志》(1994)、《连江县志》(2001)、《全国海岛名称与代码》(2008) 均称沙墩屿。基岩岛。岸线长 116 米，面积 787 平方米。无植被。

南沙墩岛 (Nánshādūn Dǎo)

北纬 26°21.7′，东经 119°43.0′。位于福州市连江县坑园镇西北 5.4 千米，距大陆最近点 2.68 千米。因位于沙墩屿南边，第二次全国海域地名普查时命今名。基岩岛。面积约 80 平方米。无植被。

下屿 (Xià Yǔ)

北纬 26°21.6′，东经 119°43.9′。位于福州市连江县坑园镇西北 3.5 千米，隶属于连江县，距大陆最近点 420 米。因地处前屿旁且该岛地势较低而得名。《福建省海岛志》(1994)、《全国海岛名称与代码》(2008) 均称下屿。岸线长 5.35 千米，面积 0.614 8 平方千米，最高点高程 45 米。基岩岛。表层多黄壤土，植被以草丛、灌木为主。有居民海岛，2011 年户籍人口 4 057 人，常住人口 3 198 人。西侧有堤与大陆连接，堤上建有公路通红厦村和前屿。岛东侧有码头一座，岛上有公路、学校、海产品加工厂、客运站、海鲜餐厅、通信塔等。居民饮用水来自上官水库，用电来自红下树变电站。

鲎头岛 (Hòutóu Dǎo)

北纬 26°21.5′，东经 119°52.9′。位于福州市连江县海域，距大陆最近点 140 米。因形似鲎头，故名。第二次全国海域地名普查时命今名。基岩岛。岸线长 263 米，面积 4 455 平方米。

提帽山岛 (Tímàoshān Dǎo)

北纬 26°21.5′，东经 119°44.4′。位于福州市连江县坑园镇西北 3.26 千米，距大陆最近点 10 米。侧看形似正被提起的帽子，第二次全国海域地名普查时命今名。基岩岛。岸线长 542 米，面积 11 040 平方米。植被以灌木、草丛为主。

该岛通过路堤与前屿连接在一起，饮用水和用电均来自坑园镇。岛上建有民房、电线杆、水管、养殖房等。

金牌岛 (Jīnpái Dǎo)

北纬 26°21.4′，东经 119°43.0′。位于福州市连江县坑园镇西北 5.16 千米，距大陆最近点 2.12 千米。又名金牌礁、金牌。位于金牌石附近，故名。《福建省海域地名志》（1991）称金牌礁，《福建省海岛志》（1994）记为金牌，《全国海岛名称与代码》（2008）记为金牌岛。基岩岛。岸线长 830 米，面积 36 616 平方米，最高点高程 20 米。植被以草丛为主。该岛通过路堤与陆地相连，岛上饮用水和用电均来自官坂镇。建有公路与红厦村和前屿相连，岛体基本被炸平，曾被作为高铁建设砂石临时拌和站；还建有养殖房、电线杆、水管等。

前屿 (Qián Yǔ)

北纬 26°21.4′，东经 119°44.0′。位于福州市连江县坑园镇西北 3.35 千米，隶属于连江县，距大陆最近点 720 米。《福建省海岛志》（1994）记为前屿。岸线长 2.79 千米，面积 0.282 平方千米。基岩岛，由花岗岩组成。表层为黄壤土，植被稀少，以灌木为主。有居民海岛，2011 年户籍人口 1 991 人，常住人口 1 350 人。该岛通过路堤北接下屿，南通虎屿，岛上有公路、通信塔、小型码头等。居民饮用水和用电均来自官坂镇。

连江青屿 (Liánjiāng Qīngyǔ)

北纬 26°21.4′，东经 119°42.4′。位于福州市连江县坑园镇西北 6.13 千米，距大陆最近点 1.51 千米。原名青屿。因长有青草而得名。《福建省海岛志》（1994）、《全国海岛名称与代码》（2008）称青屿。因省内重名，以其位于连江县，第二次全国海域地名普查时更今名。基岩岛。岸线长 672 米，面积 23 888 平方米，最高点高程 25.8 米。植被以乔木、灌木为主。为堤连岛，通过路堤与陆地相连，饮用水和用电均来自官坂镇。岛上建有大关坂围垦管理处办公楼、公路、大关坂围垦工程纪念碑、电线杆、水管、养殖房等，岛东侧还建有水闸。

连江竹屿 (Liánjiāng Zhúyǔ)

北纬 26°21.4′，东经 119°44.7′。位于福州市连江县坑园镇西北 2.72 千米，距大陆最近点490米。《福建省海岛志》(1994)、《全国海岛名称与代码》(2008)称竹屿。因省内重名，以其位于连江境内，第二次全国海域地名普查时更今名。岸线长657米，面积26 746平方米，最高点高程30多米。基岩岛，由花岗岩组成。植被以草丛为主。通过围堤与陆地相连。饮用水和用电均来自坑园镇。岛上建有公路、电线杆、水管、养殖房等。

燕屿 (Yàn Yǔ)

北纬26°21.3′，东经119°40.0′。位于福州市连江县官坂镇北4.74千米，距大陆最近点70米。因昔多海燕聚集，故名。《中国海域地名志》(1989)、《中国海域地名图集》(1991)、《福建省海域地名志》(1991)、《福建省海岛志》(1994)、《连江县志》(2001)、《全国海岛名称与代码》(2008)均称燕屿。岸线长485米，面积12 024平方米。基岩岛，由花岗岩组成。堤连岛，通过围堤与陆地相连。

白碴屿 (Báichá Yǔ)

北纬26°21.3′，东经119°42.1′。位于福州市连江县坑园镇西北6.48千米，距大陆最近点1.19千米。又名白碴。岛体全部由白色岩石组成，故名。《中国海域地名志》(1989)、《福建省海域地名志》(1991)和《连江县志》(2001)称白碴屿。《福建省海岛志》(1994)和《全国海岛名称与代码》(2008)记为白碴。基岩岛，由花岗岩组成。东西长，南北宽。岸线长106米，面积703平方米，最高点高程8米。无植被。

虎屿 (Hǔ Yǔ)

北纬26°21.2′，东经119°43.9′。位于福州市连江县坑园镇西北3.63千米，距大陆最近点1.43千米。该岛形如老虎，故名。《福建省海岛志》(1994)、《全国海岛名称与代码》(2008)记为虎屿。岸线长947米，面积43 602平方米，最高点高程20米。基岩岛，由花岗岩组成。植被以草丛、乔木为主。有围堤与陆地相连。饮用水和用电均来自坑园镇。

大沙面礁 (Dàshāmiàn Jiāo)

北纬26°21.1′，东经119°56.0′。位于福州市连江县苔菉镇西南1.2千米，距大陆最近点 20 米。岛周多沙，故名。《福建省海域地名志》（1991）和《福建省海岛志》（1994）均称大沙面礁。岸线长 347 米，面积 4 241 平方米。基岩岛，由花岗岩组成。植被以草丛为主。岛上建有育苗场，岛上用电通过电缆与陆地相接，饮用水通过水管从陆地接入。

东嘴礁 (Dōngzuǐ Jiāo)

北纬 26°21.1′，东经 119°56.7′。位于福州市连江县苔箓镇东南 1.55 千米，距大陆最近点 520 米。《福建省海域地名志》（1991）记为东嘴礁，“礁体似嘴，故名”。基岩岛。岸线长 182 米，面积 1 023 平方米。无植被。

双髻屿 (Shuāngjì Yǔ)

北纬 26°21.0′，东经 119°56.6′。位于福州市连江县苔箓镇东南 1.6 千米，距大陆最近点 480 米。顶有两石似髻，故名。又名双髻屿岛。《中国海域地名志》（1989）、《中国海域地名图集》（1991）、《福建省海域地名志》（1991）、《福建省海岛志》（1994）、《全国海岛名称与代码》（2008）均称双髻屿。《连江县志》（2001）记为双髻屿岛。基岩岛。岸线长 540 米，面积 6 704 平方米，最高点高程 21.9 米。植被以草丛、灌木为主。

南流屿 (Nánliú Yǔ)

北纬 26°21.0′，东经 119°56.7′。位于福州市连江县苔箓镇东南 1.72 千米，距大陆最近点 670 米。处双髻屿南，流急，故名。又名大山、东礁、南流屿岛。《中国海域地名志》（1989）、《福建省海域地名志》记为南流屿。《中国海域地名图集》（1991）标注为东礁。《连江县志》（2001）记为南流屿岛。基岩岛。面积约 300 平方米，最高点高程 6 米。植被以草丛、灌木为主。

北鹤屿岛 (Běihèyǔ Dǎo)

北纬 26°19.8′，东经 119°41.9′。位于福州市连江县大官坂垦区内，距大陆最近点 440 米。位于鹤屿北侧，故名。基岩岛。岸线长 321 米，面积 6 684 平方米。植被以草丛、灌木为主。

小屿仔礁 (Xiǎoyǔzǎi Jiāo)

北纬 26°19.3′，东经 119°51.7′。位于福州市连江县安凯乡东南 2.92 千米，距大陆最近点 80 米。面积小，故名。《福建省海域地名志》（1991）记为小屿仔礁。基岩岛。面积约 100 平方米。无植被。

街岐 (Jiēqí)

北纬 26°19.3′，东经 119°43.3′。位于福州市连江县大官坂垦区内，距大陆最近点 320 米。又名街屿。岛形长，一分为二，犹如街道，故名。《福建省海岛志》（1994）记为街岐。《全国海岛名称与代码》（2008）记为街屿。岸线长 1.02 千米，面积 0.044 7 平方千米。基岩岛，由花岗岩组成。植被以草丛为主。通过围堤与陆地相连。

连江乌鸦屿 (Liánjiāng Wūyā Yǔ)

北纬 26°19.0′，东经 119°43.1′。位于福州市连江县大官坂垦区内，距大陆最近点 140 米。《福建省海岛志》（1994）和《全国海岛名称与代码》（2008）称乌鸦屿。因省内重名，以其位于连江县，第二次全国海域地名普查时更今名。岸线长 702 米，面积 19 620 平方米。基岩岛，由花岗岩组成。植被以草丛为主。通过围堤与陆地相连。

小竖块岛 (Xiǎoshùkuài Dǎo)

北纬 26°18.5′，东经 119°51.5′。位于福州市连江县黄岐镇西南 3.23 千米，属金沙群岛，距大陆最近点 570 米。位于竖块屿旁，面积小，第二次全国海域地名普查时命今名。基岩岛。面积约 10 平方米。无植被。

竖块屿 (Shùkuài Yǔ)

北纬 26°18.5′，东经 119°51.4′。位于福州市连江县黄岐镇西南 3.29 千米，属金沙群岛，距大陆最近点 590 米。因陡立于海上，故名。《福建省海域地名志》（1991）和《连江县志》（2001）均称竖块屿。基岩岛。岸线长 230 米，面积 2 958 平方米，最高点高程 14.6 米。植被以灌木为主。

指礁屿 (Zhǐjiāo Yǔ)

北纬 26°18.4′，东经 119°51.5′。位于福州市连江县黄岐镇西南 3.3 千米，属金沙群岛，距大陆最近点 610 米。因形似手指立于海上，故名。《福建省海域地名志》（1991）、《中国海域地名图集》（1991）和《连江县志》（2001）

均称指礁屿。基岩岛。岸线长 256 米，面积 3 354 平方米，最高点高程 8.1 米。无植被。

西金沙岛 (Xījīnshā Dǎo)

北纬 26°18.4′，东经 119°51.3′。位于福州市连江县黄岐镇西南 3.48 千米，属金沙群岛，距大陆最近点 780 米。因位于金沙群岛西面，第二次全国海域地名普查时命今名。基岩岛。岸线长 151 米，面积 1 580 平方米。植被以草丛为主。

坪块屿 (Píngkuài Yǔ)

北纬 26°18.4′，东经 119°51.4′。位于福州市连江县黄岐镇西南 3.46 千米，属金沙群岛，距大陆最近点 740 米。因地势平，故名。又名金沙牛屿、金沙牛屿岛。《福建省海域地名志》（1991）、《中国海域地名图集》（1991）、《福建省海岛志》（1994）和《全国海岛名称与代码》（2008）称坪块屿。《连江县志》（2001）记为金沙牛屿岛。基岩岛。岸线长 491 米，面积 10 628 平方米，最高点高程 17.4 米。植被以草丛为主。

金沙牛屿 (Jīnshā Niúyǔ)

北纬 26°18.1′，东经 119°51.4′。位于福州市连江县黄岐镇西南 3.81 千米，属金沙群岛，距大陆最近点 1.21 千米。所处海区浪大，方言称浪大为牛。处金沙岛附近，故名。《中国海域地名志》（1989）、《福建省海域地名志》（1991）、《福建省海岛志》（1994）和《全国海岛名称与代码》（2008）均称金沙牛屿。基岩岛。岸线长 97 米，面积 592 平方米，最高点高程 9.4 米。无植被。

横塍礁岛 (Héngchéngjiāo Dǎo)

北纬 26°17.9′，东经 119°53.6′。位于福州市连江县黄岐镇东南 3 千米，属东鼓礁群岛，距大陆最近点 1.76 千米。因长似土塍（塍，小堤）横列，故名。《中国海域地名图集》（1991）、《福建省海域地名志》（1991）、《福建省海岛志》（1994）和《全国海岛名称与代码》（2008）均称横塍礁岛。岸线长 855 米，面积 18 801 平方米，最高点高程 33.5 米。基岩岛，由花岗岩组成，土壤薄，杂草稀。所在海域地形复杂，周围多岛礁，水深 8～20 米。

东横塍岛 (Dōnghéngchéng Dǎo)

北纬 26°17.9′，东经 119°53.8′。位于福州市连江县黄岐镇东南 3.17 千米，属东鼓礁群岛，距大陆最近点 1.87 千米。位于横塍礁岛东面，第二次全国海域地名普查时命今名。基岩岛。面积约 350 平方米。植被以草丛为主。

磨心礁 (Mòxīn Jiāo)

北纬 26°17.8′，东经 119°53.5′。位于福州市连江县黄岐镇东南 3.23 千米，属东鼓礁群岛，距大陆最近点 2.09 千米。《福建省海域地名志》(1991)和《中国海域地名图集》(1991)称磨心礁。基岩岛。面积约 100 平方米，最高点高程 7 米。无植被。

三牙屿 (Sānyá Yǔ)

北纬 26°17.8′，东经 119°54.2′。位于福州市连江县黄岐镇东南 3.74 千米，属东鼓礁群岛，距大陆最近点 2.24 千米。又名三牙屿岛。顶呈三颗牙状，故名。《中国海域地名志》(1989)、《福建省海域地名志》(1991)和《中国海域地名图集》(1991)记为三牙屿。《连江县志》(2001)称三牙屿岛。基岩岛。面积约 100 平方米。无植被。

小圆山仔岛 (Xiǎoyuánshānzǎi Dǎo)

北纬 26°17.8′，东经 119°53.6′。位于福州市连江县黄岐镇东南 3.33 千米，属东鼓礁群岛。位于圆山仔屿旁，面积小，第二次全国海域地名普查时命今名。基岩岛。面积约 4 平方米。无植被。

东圆山仔岛 (Dōngyuánshānzǎi Dǎo)

北纬 26°17.8′，东经 119°53.7′。位于福州市连江县黄岐镇东南 3.39 千米，属东鼓礁群岛。位于圆山仔屿东侧，第二次全国海域地名普查时命今名。基岩岛。岸线长 122 米，面积 1 095 平方米，最高点高程 12 米。无植被。

圆山仔屿 (Yuánshānzǎi Yǔ)

北纬 26°17.8′，东经 119°53.6′。位于福州市连江县黄岐镇东南 3.36 千米，属东鼓礁群岛，距大陆最近点 2.11 千米。又名圆山仔屿岛。岛圆，面积小，故名。《中国海域地名志》(1989)、《福建省海域地名志》(1991)、《福建省海岛志》

（1994）称圆山仔屿。《连江县志》（2001）称圆山仔屿岛。基岩岛。岸线长 543 米，面积 12 543 平方米，最高点高程 33.5 米。植被以草丛为主。

牛尾西屿岛（Niúwěixīyǔ Dǎo）

北纬 26°17.7′，东经 119°53.8′。位于福州市连江县黄岐镇东南 3.17 千米，属东鼓礁群岛，距大陆最近点 2.2 千米。位于牛尾东屿西侧，第二次全国海域地名普查时命今名。基岩岛。岸线长 104 米，面积 748 平方米。无植被。

牛尾东屿（Niúwěi Dōngyǔ）

北纬 26°17.7′，东经 119°53.9′。位于福州市连江县黄岐镇东南 3.53 千米，属东鼓礁群岛。因处东鼓礁群岛东部，旁有一岛形似牛尾，故名。《中国海域地名志》（1989）、《福建省海域地名志》（1991）、《福建省海岛志》（1994）、《连江县志》（2001）均称牛尾东屿。基岩岛，由花岗岩构成。略呈长方形，岸线长 564 米，面积 14 390 平方米，最高点高程 24.4 米。植被以草丛为主。

大白礁屿（Dàbáijiāo Yǔ）

北纬 26°17.4′，东经 119°48.9′。位于福州市连江县筱埕镇东南 2.78 千米，距大陆最近点 500 米。又名大白礁屿岛。因岩色白，故名。《中国海域地名志》（1989）、《福建省海域地名志》（1991）、《福建省海岛志》（1994）称大白礁屿。《连江县志》（2001）记为大白礁屿岛。岛略呈长方形，东西长，南北窄。岸线长 110 米，面积 866 平方米，最高点高程 10.9 米。基岩岛，由花岗岩构成。植被以草丛为主。

三牙尾礁（Sānyáwěi Jiāo）

北纬 26°17.4′，东经 119°48.9′。位于福州市连江县筱埕镇东面 2.69 千米，距大陆最近点 400 米。《中国海域地名志》（1989）、《中国海域地名图集》（1991）称三牙尾礁。基岩岛。岸线长 161 米，面积 1 952 平方米。无植被。

北黄湾岛（Běihuángwān Dǎo）

北纬 26°17.3′，东经 119°49.4′。位于福州市连江县筱埕镇东面 3.58 千米，距大陆最近点 1.25 千米。因位于黄湾屿北侧，第二次全国海域地名普查时命今名。基岩岛。岸线长 163 米，面积 1 049 平方米。无植被。

可门屿 (Kěmén Yǔ)

北纬 26°17.1′，东经 119°48.5′。位于福州市连江县筱埕镇东南 2.29 千米，距大陆最近点 150 米。又名可门屿岛。处可门村沿岸出入口，故名。《中国海域地名志》(1989)、《中国海域地名图集》(1991)、《福建省海域地名志》(1991)、《福建省海岛志》(1994)、《全国海岛名称与代码》(2008) 称可门屿。《连江县志》(2001) 记为可门屿岛。岛形椭圆，岸线长 369 米，面积 7 222 平方米，最高点高程 13.4 米。基岩岛，由花岗岩构成。地形西高东低。海岸为基岩岸滩，植被以草丛为主。

观音礁屿 (Guānyīnjiāo Yǔ)

北纬 26°16.8′，东经 119°43.7′。位于福州市连江县筱埕镇西南 6.19 千米，距大陆最近点 50 米。《福建省海域地名志》(1991) 记为观音礁屿，形似观音，故名。面积约 10 平方米，最高点高程 11 米。基岩岛，由花岗岩构成，四周多岩石环绕。无植被。

蛤沙青屿 (Géshā Qīngyǔ)

北纬 26°16.7′，东经 119°44.3′。位于福州市连江县筱埕镇西南 5.31 千米，距大陆最近点 690 米。曾名青屿岛，因岛上长青草而得名。以处蛤沙村附近得今名。《中国海域地名志》(1989)、《中国海域地名图集》(1991)、《福建省海域地名志》(1991)、《福建省海岛志》(1994)、《全国海岛名称与代码》(2008)、《连江县志》(2001) 均称蛤沙青屿。岛略呈三角形，岸线长 438 米，面积 10 849 平方米，最高点高程 24.7 米。基岩岛，由花岗岩构成。多基岩海岸，东北海岸多泥沙。表土为黄壤，植被以草丛为主。

蛤沙上礁屿 (Géshā Shàngjiāo Yǔ)

北纬 26°16.5′，东经 119°42.8′，位于福州市连江县筱埕镇西南 7.87 千米，距大陆最近点 280 米。曾名上礁，因处下礁屿上方（北），故名。因重名，1985 年改今名。《福建省海域地名志》(1991) 记为蛤沙上礁屿。基岩岛。岸线长 268 米，面积 3 211 平方米，最高点高程 5.4 米。无植被。

屿仔尾屿 (Yǔzǎiwěi Yǔ)

北纬 26°16.4′，东经 119°47.5′。位于福州市连江县筱埕镇南面 2.45 千米。《福建省海岛志》（1994）、《连江县志》（2001）、《全国海岛名称与代码》（2008）均称屿仔尾屿。岸线长 723 米，面积 10 192 平方米。基岩岛，由花岗岩构成。地势东南高西北低，顶部较平坦。海岸为基岩岸滩。植被以草丛为主。

兀屿 (Wù Yǔ)

北纬 26°16.2′，东经 119°43.3′。位于福州市连江县筱埕镇西南 7.18 千米。因突兀于海中，故名。又名过屿、兀礁岛。《中国海域地名志》（1989）、《福建省海域地名志》（1991）、《全国海岛名称与代码》（2008）称兀屿。《连江县志》（2001）记为兀礁岛。岸线长 1.7 千米，面积 0.090 9 平方千米，最高点高程 49 米。基岩岛，由花岗岩构成。地势西高东低，顶部较平，西南侧泥沙沉积。植被以灌木为主。

龙翁屿 (Lóngwēng Yǔ)

北纬 26°16.2′，东经 119°48.6′。位于福州市连江县筱埕镇东南 3.55 千米。岛形长且礁石嶙峋，宛如盘踞海上的蛟龙，浪涛拍岸犹如其吼，故名。又名平屿、龙翁屿岛。《中国海域地名志》（1989）、《福建省海域地名志》（1991）、《福建省海岛志》（1994）记为龙翁屿。《连江县志》（2001）、《全国海岛名称与代码》（2008）称龙翁屿岛。岛略呈长方形，东西长，南北窄。岸线长 1.03 千米，面积 0.017 1 平方千米，最高点高程 17.5 米。基岩岛，由花岗岩构成。地形多丘，海岸为基岩岸滩，植被以草丛为主。岛上有灯塔。

软卷屿 (Ruǎnjuǎn Yǔ)

北纬 26°16.1′，东经 119°48.4′。位于福州市连江县筱埕镇东南 3.51 千米。该岛附近海域常出现涡流，方言称其为“软卷”，故名。《中国海域地名志》（1989）、《福建省海域地名志》（1991）、《福建省海岛志》（1994）、《全国海岛名称与代码》（2008）均称软卷屿。岛略呈圆形，岸线长 567 米，面积 9 787 平方米，最高点高程 19.5 米。基岩岛，由花岗岩构成。顶部有灯塔。

定海青屿 (Dìnghǎi Qīngyǔ)

北纬 26°15.7′，东经 119°48.4′。位于福州市连江县筱埕镇东南 4.18 千米。曾名青屿，因岛上长青草，故名。因重名，位于定海村附近，1985 年改定海青屿。又名定海青屿岛。《福建省海域地名志》（1991）、《福建省海岛志》（1994）记为定海青屿。《中国海域地名志》（1989）、《连江县志》（2001）称定海青屿岛。岸线长 1.52 千米，面积 0.067 1 平方千米，最高点高程 42.4 米。基岩岛，由花岗岩构成。地形两端隆起，中部低凹。海岸为基岩岸滩。植被以草丛为主。

下担岛 (Xiàdàn Dǎo)

北纬 26°15.3′，东经 119°42.7′。位于福州市连江县筱埕镇西南 8.92 千米。又名下担。因该岛处于上担岛的下方（南）而得名。《中国海域地名志》（1989）、《中国海域地名图集》（1991）、《福建省海域地名志》（1991）、《福建省海岛志》（1994）、《连江县志》（2001）称下担岛。《全国海岛名称与代码》（2008）记为下担。岸线长 310 米，面积 4 509 平方米，最高点高程 19.1 米。基岩岛，由花岗岩构成。土壤少，植被稀，长有少量抗风沙植物。

上担岛 (Shàngdàn Dǎo)

北纬 26°15.2′，东经 119°42.2′。位于福州市连江县定海湾西侧海域，鳌江江口。因与下担岛相邻，形如挑担，该岛位北，故名。《中国海域地名志》（1989）、《福建省海域地名志》（1991）、《福建省海岛志》（1994）、《全国海岛名称与代码》（2008）记为上担岛。岸线长 316 米，面积 4 267 平方米，最高点高程 18.1 米。基岩岛，由花岗岩构成。地形两头高，中部低凹。土壤较少，植被稀疏，长有少量耐风沙植物。海岸为基岩岸滩，沿岸有泥沙堆积，与下担岛之间有礁石分布。

中担岛 (Zhōngdàn Dǎo)

北纬 26°15.2′，东经 119°42.3′。位于福州市连江县定海湾西侧海域，鳌江江口。该岛位于上担岛和下担岛之间，故名。历史上该岛与上担岛统称上担岛，第二次全国海域地名普查时命今名。岸线长 307 米，面积 3 822 平方米。基岩岛，由花岗岩构成。土壤较少，植被稀疏，长有少量耐风沙植物。海岸为基岩岸滩。

苔屿 (Tái Yǔ)

北纬 26°15.1′，东经 119°49.5′。位于福州市连江县定海湾东侧海域。因沿岸多青苔，故名。又名白屿。《中国海域地名志》（1989）、《中国海域地名图集》（1991）、《福建省海域地名志》（1991）、《福建省海岛志》（1994）、《全国海岛名称与代码》（2008）均称苔屿。岸线长 1.07 千米，面积 0.044 8 平方千米，最高点高程 27.5 米。基岩岛，由花岗岩构成。地形东南高、西北低。基岩裸露。植被不发育，长有少量杂草，沿岸多青苔。海岸为基岩岸滩。东北侧多礁石，周围水深 7～20 米。

西牛头礁 (Xīniútóu Jiāo)

北纬 26°15.1′，东经 119°49.6′。位于福州市连江县筱埕镇东南海域，距大陆最近点 3.95 千米。《福建省海域地名志》（1991）记为西牛头礁，“处苔屿西部之首，故名”。面积约 300 平方米。基岩岛，由花岗岩构成。基岩裸露。无植被。为基岩海岸。

中洲 (Zhōng Zhōu)

北纬 26°15.0′，东经 119°36.9′。位于福州市连江县定海湾西侧海域，鳌江江口，距大陆最近点 150 米。该岛为冲积岛，海岸为砂质，似海中沙洲，以其在诸岛中的相对位置得名。《福建省海岛志》（1994）、《全国海岛名称与代码》（2008）均称中洲。岸线长 1.43 千米，面积 0.087 3 平方千米。沙泥岛，由松散冲积物构成，地形低平。海岸为砂质岸滩，西侧多沙。植被以乔木、灌木为主。

上洲 (Shàng Zhōu)

北纬 26°14.8′，东经 119°36.7′。位于福州市连江县定海湾西侧海域，鳌江江口，距大陆最近点 100 米。该岛为冲积岛，海岸为砂质，似海中沙洲，以其在诸岛中的相对位置得名。《福建省海岛志》（1994）、《全国海岛名称与代码》（2008）均称上洲。岸线长 763 米，面积 28 740 平方米。沙泥岛，地势低平，由松散冲积物构成。植被以草丛为主。海岸为砂质岸滩，西侧多沙。

目屿岛 (Mùyǔ Dǎo)

北纬 26°14.6′，东经 119°43.3′。位于福州市连江县定海湾南侧海域，鳌江江口，距大陆最近点 3.53 千米。形似目鱼，方言谐音成今名。又名大屿。《中国海域地名志》(1989)、《福建省海域地名志》(1991)、《福建省海岛志》(1994)、《连江县志》(2001)、《全国海岛名称与代码》(2008) 均称目屿岛。岸线长 2.65 千米，面积 0.159 8 平方千米，最高点高程 61.3 米。基岩岛，由花岗岩构成。地貌属海滨低山丘陵地，地形较缓，坡高 25 度左右。该岛呈南北对峙，中部低缓，中间有部分农耕地；南部马祖山为该岛最高山；北部地形稍缓，坡度小，海拔 40 米。表土为红壤土，植被稀少，局部长有草丛。基岩海岸，岸滩缓。东南部海岸大部分峭壁陡立，西北海岸稍弯曲，有礁石，西岸可供民用船只停泊，北岸多泥沙堆积。周围水深 2.5～5 米。岛上有房屋，为乡村渔业加工企业及养殖生产季节性居住岛。淡水来自水井，电力来自渔民自行安装的风力发电设备。马祖山顶建有航海灯标 1 座。

平碴头屿 (Píngchátóu Yǔ)

北纬 26°13.9′，东经 119°48.4′。位于福州市连江县定海湾东南海域，属四母屿群岛，距大陆最近点 4.86 千米。紧邻东碴下屿，因地形平坦而得名。《福建省海域地名志》(1991)、《福建省海岛志》(1994)、《连江县志》(2001)、《全国海岛名称与代码》(2008) 均称平碴头屿。岸线长 400 米，面积 3 254 平方米，最高点高程 19.9 米。基岩岛，由花岗岩构成。地形平坦，基岩裸露，土壤少。无植被。海岸为基岩岸滩，多悬石陡立，周围水深 15～20 米。建有 1 座风力测试塔。

东碴下屿 (Dōngcháxià Yǔ)

北纬 26°13.9′，东经 119°48.5′。位于福州市连江县定海湾东南海域，属四母屿群岛，为群岛中最大岛，距大陆最近点 4.9 千米。因处四母屿群岛东部而得名。亦名东碴下屿岛。《中国海域地名志》(1989)、《中国海域地名图集》(1991)、《福建省海域地名志》(1991)、《福建省海岛志》(1994)、《全国海岛名称与代码》(2008) 称东碴下屿。《连江县志》(2001) 称东碴下屿岛。岸线长 426 米，面积 11 544 平方米，最高点高程 29.7 米。基岩岛，由花岗岩构成。基岩裸露，地形中间高、四周低，土壤少。局部长有剑麻、芦针草等耐抗风寒植物。海岸为基岩岸滩，周围水深 15～20 米，西部多岛礁。最高处建有 1 座助航灯塔。

浦澳屿（Pǔ'ào Yǔ）

北纬 26°13.9′，东经 119°48.3′。位于福州市连江县定海湾东南海域，属四母屿群岛，距大陆最近点 4.93 千米。曾处四母屿群岛中间，故名。又名浦沃屿、浦沃屿岛。《中国海域地名志》（1989）记为浦沃屿。《中国海域地名图集》（1991）、《福建省海域地名志》（1991）、《福建省海岛志》（1994）、《全国海岛名称与代码》（2008）称浦澳屿。《连江县志》（2001）称浦沃屿岛。岛略呈长方形，东西长，南北窄。岸线长 248 米，面积 3 356 平方米，最高点高程 19.9 米。基岩岛，由花岗岩构成。地形坑洼，高低起伏，奇岩怪石挺立，多岩缝。基岩裸露，土壤少。无植被。海岸为基岩岸滩，周围水深 15～20 米，四周多岛礁。最高处建有 1 座助航灯塔。

屏碴头礁（Píngchátóu Jiāo）

北纬 26°13.9′，东经 119°48.4′。位于福州市连江县定海湾东南海域，属四母屿群岛，距大陆最近点 4.95 千米。因形似屏风，立各岛之首得名。《福建省海域地名志》（1991）、《福建省海岛志》（1994）、《全国海岛名称与代码》（2008）均称屏碴头礁。岸线长 184 米，面积 1 694 平方米，最高点高程 4.8 米。基岩岛，由花岗岩构成。基岩裸露。无植被。海岸为基岩岸滩，周围水深 6～15 米，附近多岛礁。建有 1 座助航灯塔。

南屏屿（Nánpíng Yǔ）

北纬 26°13.7′，东经 119°48.2′。位于福州市连江县定海湾东南海域，属四母屿群岛，距大陆最近点 5.18 千米。位于四母屿南侧，故名。又名南屏屿岛。《中国海域地名志》（1989）、《福建省海域地名志》（1991）、《福建省海岛志》（1994）、《全国海岛名称与代码》（2008）记为南屏屿。《连江县志》（2001）记为南屏屿岛。岸线长 329 米，面积 6 167 平方米，最高点高程 22.8 米。基岩岛，由花岗岩构成，地形中间高、两端低。基岩裸露，土壤少。植被稀少，局部长有草丛等。海岸为基岩岸滩，岩石陡峭，东北侧多岛礁，周围水深 5～20 米。

芹仔礁 (Qínzǎi Jiāo)

北纬 26°13.6′，东经 119°59.0′。位于福州市连江县黄岐半岛东南海域，距大陆最近点 12.82 千米。因邻近芹壁村而得名。《福建省海域地名志》（1991）、《福建省海岛志》（1994）、《全国海岛名称与代码》（2008）均称芹仔礁。岸线长 258 米，面积 4 822 平方米。基岩岛，由花岗岩构成。基岩裸露。无植被。海岸为基岩岸滩。

道澳岛 (Dào'ào Dǎo)

北纬 26°12.0′，东经 119°37.8′。位于福州市连江县道澳村西侧沿岸海域，距大陆最近点 70 米。位于道澳村沿岸海域，第二次全国海域地名普查时命今名。面积约 300 平方米。基岩岛，由花岗岩构成。基岩裸露。无植被。

粗芦岛 (Cūlú Dǎo)

北纬 26°09.3′，东经 119°37.6′。位于福州市连江县琯头镇东 5.34 千米，隶属于福州市连江县，距大陆最近点 260 米。《连江县地名录》（1989）载："相传古时岛岸边多长粗大芦苇得名。粗芦岛又名获芦岛。因岛形似熨斗又称熨斗岛。"《中国海域地名志》（1989）、《中国海域地名图集》（1991）、《福建省海域地名志》（1991）称粗芦岛，别名获芦岛，又名熨斗岛。《福建省海岛志》（1994）称粗芦岛，又名熨斗岛。《连江县志》（2001）称粗芦岛，别名获芦岛，又称熨斗岛、福斗岛。《全国海岛名称与代码》（2008）记为粗芦岛。

连江县最大岛屿。面积 13.711 9 平方千米，岸线长 24.42 千米，最高点高程 232.6 米。基岩岛，由花岗岩与火山岩构成。地貌主要有侵蚀剥蚀高丘、低丘、侵蚀剥蚀台地和洪积台地、海积平原和风成沙地。丘陵约占全岛面积一半，海拔多在百米以上。九龙山为最高点，形成中部高丘、东部低丘为主的格局。丘陵周围除北部、东部见有风成沙地外，其他为平坦宽阔的海积平原，侵蚀剥蚀台地则多以残丘形态散布于岛之周缘。表土以红壤为主，植被茂密，以松、杂木林为主，有乔木、灌木等。基岩海岸，岸线曲折，东、北岸突出部多岩石陡立。

有居民海岛，有后沙村、塘下村、左坑村、龙沙村、东岸村、定岐村和蓬岐村 7 个行政村，2011 年户籍人口 16 643 人，常住人口 11 889 人。该岛始开发于明朝，居民多由河南省光洲固始县迁入。以农业为主，养殖捕捞为次。有大面积农田和围垦池塘等。有中小学、体育场和卫生所等文教卫生设施，以及九龙山寺、福斗山妈祖庙、塘下天后宫等寺庙。水、电、通信、交通等设施齐全。建有水井十几口，以湖里水库为主的大小水库十几座，山塘十几座。建有闽江口过峡倒虹引水工程，引水上岛。电网与琯头镇电网并网。有移动、联通、电信等通信基站、电信塔。有粗芦岛大桥连接陆地；各村间建有简易公路及环岛路；每天有班轮通琯头、福州等沿岸；东北岸建有多座小码头。建有导航设施，有多处引航灯标。西南岸建有长 8 千米的防波堤。

丘担礁 (Qiūdàn Jiāo)

北纬 26°09.2′，东经 119°39.1′。位于福州市连江县琯头镇东部海域，距大陆最近点 4.6 千米。《福建省海域地名志》（1991）称丘担礁，“因处丘担山边，故名”。基岩岛。岸线长 127 米，面积 1 243 平方米。无植被。

五虎岛 (Wǔhǔ Dǎo)

北纬 26°08.9′，东经 119°39.7′。位于福州市连江县琯头镇东北 10.03 千米，距大陆最近点 5.38 千米。历史上该岛与五虎一岛、五虎二岛、五虎三岛、五虎四岛统称五虎岛。因 5 个小岛形似五虎，故名。《中国海域地名志》（1989）、《福建海域地名志》（1991）、《福建海岛志》（1994）、《连江县志》（2001）、《全国海岛名称与代码》（2008）均称五虎岛。岸线长 324 米，面积 3 423 平方米，最高点高程 30.2 米。基岩岛，由花岗岩构成。植被以草丛为主。岛周围水深 3～10 米。

五虎一岛 (Wǔhǔ Yīdǎo)

北纬 26°08.9′，东经 119°39.7′。位于福州市连江县川石岛西北部，虎橱岛东部海域。历史上该岛与五虎岛、五虎二岛、五虎三岛、五虎四岛统称五虎岛，第二次全国海域地名普查时，由近到远排序，加序数命名为五虎一岛。岸线长 183 米，面积 1 748 平方米，最高点高程 30.2 米。基岩岛，由花岗岩构成。植被以草丛为主。

五虎二岛 (Wǔhǔ Èrdǎo)

北纬 26°08.9′，东经 119°39.7′。位于福州市连江县川石岛西北部，虎橱岛东部海域。历史上该岛与五虎岛、五虎一岛、五虎三岛、五虎四岛统称五虎岛，第二次全国海域地名普查时，由近到远排序，加序数命名为五虎二岛。岸线长221米，面积1 944平方米，最高点高程30.2米。基岩岛，由花岗岩构成。植被以草丛为主。

五虎三岛 (Wǔhǔ Sāndǎo)

北纬26°09.0′，东经119°39.7′。位于福州市连江县川石岛西北部，虎橱岛东部海域。历史上该岛与五虎岛、五虎一岛、五虎二岛、五虎四岛统称五虎岛，第二次全国海域地名普查时，由近到远排序，加序数命名为五虎三岛。岸线长204米，面积2 118平方米。基岩岛，由花岗岩构成。植被以草丛为主。

五虎四岛 (Wǔhǔ Sìdǎo)

北纬26°09.0′，东经119°39.7′。位于福州市连江县川石岛西北部，虎橱岛东部海域。曾与五虎岛、五虎一岛、五虎二岛、五虎三岛统称五虎岛，第二次全国海域地名普查时，由近到远排序，加序数命名为五虎四岛。岸线长119米，面积890平方米，最高点高程30.2米。基岩岛，由花岗岩构成。植被以草丛为主。

虎橱岛 (Hǔchú Dǎo)

北纬26°08.8′，东经119°39.4′。位于福州市连江县琯头镇东北9.6千米，距大陆最近点4.79千米。因处五虎岛附近，水深浪大，故名。《中国海域地名志》（1989）、《福建省海域地名志》（1991）、《福建省海岛志》（1994）记为虎橱岛。岸线长1.57千米，面积0.049 5平方千米，最高点高程47.1米。基岩岛，由花岗岩构成。地形东部隆起，西部低平。有少量土壤，植被以草丛、灌木为主。周围多泥沙，附近水深5～10米。岸边建有灯桩。

北虎橱岛 (Běihǔchú Dǎo)

北纬26°08.9′，东经119°39.4′。位于福州市连江县琯头镇东北9.61千米。因其位于虎橱岛北侧，第二次全国海域地名普查时命今名。面积约10平方米。基岩岛，由花岗岩构成。无植被。

白虎橱岛 (Báihǔchú Dǎo)

北纬26°08.8′，东经119°39.3′。位于福州市连江县琯头镇东北9.46千米。

该岛位于虎橱岛西侧，岩石呈白色，第二次全国海域地名普查时命今名。面积约 100 平方米。基岩岛，由花岗岩构成。无植被。

上勤仔岛 (Shàngqínzǎi Dǎo)

北纬 26°08.7′，东经 119°40.5′。位于福州市连江县琯头镇东北 11.38 千米，距大陆最近点 6.75 千米。因位于上勤村北方（北为上），故名。《中国海域地名志》（1989）、《中国海域地名图集》（1991）、《福建省海域地名志》（1991）、《全国海岛名称与代码》（2008）均称上勤仔岛。岛呈圆形，北高南低。岸线长 287 米，面积 3 909 平方米，最高点高程 22.9 米。基岩岛，由花岗岩构成。植被以草丛为主。周围多泥沙，附近水深 5～8 米。

南虎橱岛 (Nánhǔchú Dǎo)

北纬 26°08.7′，东经 119°39.4′。位于福州市连江县琯头镇东北 9.53 千米，距大陆最近点 4.91 千米。位于虎橱岛南侧，第二次全国海域地名普查时命今名。基岩岛。岸线长 185 米，面积 2 105 平方米。植被以草丛为主。

下勤仔岛 (Xiàqínzǎi Dǎo)

北纬 26°08.4′，东经 119°40.9′。位于福州市连江县琯头镇东 11.95 千米，距大陆最近点 7.4 千米。当地以南为下，岛处上勤仔岛下方，故名。《中国海域地名志》（1989）、《福建省海域地名志》（1991）、《福建省海岛志》（1994）、《连江县志》（2001）、《全国海岛名称与代码》（2008）均称下勤仔岛。呈椭圆形，南北长 100 米，东西宽 60 米。岸线长 281 米，面积 5 724 平方米，最高点高程 27.1 米。基岩岛，岛体基岩裸露。植被以草丛为主。沿岸多泥沙，东部沙洲面积广，附近水深 3～7 米。

下勤仔南岛 (Xiàqínzǎi Nándǎo)

北纬 26°08.4′，东经 119°40.9′。位于福州市连江县琯头镇东北 11.92 千米，距大陆最近点 7.39 千米。位于下勤仔岛南侧，第二次全国海域地名普查时命今名。基岩岛。岸线长 139 米，面积 1 403 平方米。岛体基岩裸露。无植被。

北龟岛 (Běiguī Dǎo)

北纬 26°08.2′，东经 119°35.8′。位于福州市连江县琯头镇东 3.57 千米，距大陆最近点 130 米。两岛相对，形似龟，因位于北面，故名。《中国海域地名志》（1989）、《福建省海域地名志》（1991）、《福建省海岛志》（1994）、《连江县志》（2001）均称北龟岛。岸线长 360 米，面积 9 576 平方米，最高点高程 19.2 米。岛略呈圆形，东西长 100 米，南北宽 100 米，地形中间高、四周低。基岩岛，由花岗岩构成。植被以乔木为主。海岸为基岩岸滩。有 1884 年中法海战时古炮台遗址，西南设有航标灯。

川石岛 (Chuānshí Dǎo)

北纬 26°08.1′，东经 119°40.1′。位于福州市连江县琯头镇东 9.42 千米，隶属于连江县，距大陆最近点 5.02 千米。有一岩洞，南北相通，并可行舟，川穿谐音，由此得名。《中国海域地名志》（1989）、《福建省海域地名志》（1991）、《福建省海岛志》（1994）均称川石岛，别名芭蕉岛。《连江县志》（2001）称川石岛。岸线长 13 千米，面积 2.838 6 平方千米，最高点高程 186.6 米。岛呈不正规形，南北长，东西窄，港湾多处。基岩岛，由花岗岩构成。土壤层薄，为粗骨性红壤。地形南北高，中部低缓。植被以乔木、灌木为主。海岸为基岩岸滩，东侧多礁石，东北部陡峭，东南多泥沙，西部有突出石坡。有居民海岛，有 5 个自然村。2011 年户籍人口 3 568 人，常住人口 1 854 人。岛上有耕地。建有学校、文化站、保健院、礼堂、照明、通信、交通码头等设施。用电来自粗芦岛，饮用水靠水井。

芭蕉叶岛 (Bājiāoyè Dǎo)

北纬 26°07.7′，东经 119°40.3′。位于福州市连江县琯头镇东南 10.94 千米，距大陆最近点 6.61 千米。沿岸靠近芭蕉山，形状像芭蕉叶，第二次全国海域地名普查时命今名。面积约 90 平方米。基岩岛，由花岗岩构成。基岩裸露。无植被。

小芭蕉叶岛 (Xiǎobājiāoyè Dǎo)

北纬 26°07.7′，东经 119°40.3′。位于福州市连江县琯头镇东南 11 千米，距大陆最近点 6.65 千米。沿岸靠近芭蕉山，形状像芭蕉叶，面积小于芭蕉叶岛，第二次全国海域地名普查时命今名。面积约 90 平方米。基岩岛，由花岗岩构成，基岩裸露。无植被。

南长礁岛 (Nánchángjiāo Dǎo)

北纬 26°07.5′，东经 119°40.3′。位于福州市连江县琯头镇东南 11 千米，距大陆最近点 6.76 千米。位于长礁西南侧海域，第二次全国海域地名普查时命今名。面积约 130 平方米。基岩岛，由花岗岩构成，基岩裸露。无植被。周边多暗礁。

壶江岛 (Hújiāng Dǎo)

北纬 26°07.1′，东经 119°38.2′。位于福州市马尾区琅岐岛东 500 米，隶属于连江县。《福建省海域地名志》（1991）载："以形似壶，故名。又说，明末闽江口发生地震，壶江岛上升，附近立桩礁下沉，迄今民间还流传着沉立桩，浮壶江之说。因浮与壶方言谐音而得名。"《中国海域地名志》（1989）、《福建省海岛志》（1994）、《连江县志》（2001）、《全国海岛名称与代码》（2008）均记为壶江岛。岛略呈三角形，南北长，东西稍窄。岸线长 4.77 千米，面积 0.652 5 平方千米，最高点高程 38.3 米。基岩岛，岛体由花岗岩组成。地形为小丘山与平地相结合，下岐山最高，呈人字形延伸至东西两岸，西北部为上岐山，中间为盆地，地形平坦。土壤为红壤砂质组合，植被以木麻黄为主。

有居民海岛。有壶江村。2011 年户籍人口 9 384 人，常住人口 4 989 人。有学校、商店、礼堂、通信、照明、道路等设施。有先贤堂、天妃宫等旅游景点，有明代（1626 年）林汝翥摩崖题刻"潮鸣空谷"等名胜古迹。居民饮用水由琯头船运，用电靠马尾琅岐供电局跨海供电。北部沿岸建有 1.2 千米石砌防波堤，东北部山顶建有航标灯塔。西部沿岸建有码头 4 座，可靠泊 3 000 吨级船舶 3 艘。

西大屿岛 (Xīdàyǔ Dǎo)

北纬 26°31.3′，东经 119°47.4′。位于福州市罗源县，距大陆最近点 200 米。第二次全国海域地名普查时命今名。基岩岛。面积约 50 平方米。基岩裸露。无植被。

印屿礁 (Yìnyǔ Jiāo)

北纬 26°30.2′，东经 119°47.4′。位于福州市罗源县碧里乡东北 8.63 千米，距大陆最近点 160 米。《福建省海域地名志》（1991）记为印屿礁，"礁形如印章而名”。基岩岛。面积约300平方米。植被以草丛、灌木为主。

东龟屿 (Dōngguī Yǔ)

北纬26°29.8′，东经119°48.3′。位于福州市罗源县碧里乡东北5.18千米，距大陆最近点50米。位于罗源县东，形如龟，故名。《中国海洋岛屿简况》(1980)、《中国海域地名志》(1989)、《福建省海域地名志》(1991)、《福建省海岛志》(1994)、《罗源县志》(1998)、《全国海岛名称与代码》(2008)均记为东龟屿。岛呈椭圆形，呈东北—西南走向。岸线长957米，面积33 747平方米，最高点高程37.5米。基岩岛，由花岗岩构成。土层薄，植被以灌木、草丛为主。有一灯桩。

鸡心屿礁 (Jīxīnyǔ Jiāo)

北纬26°28.8′，东经119°48.8′。位于福州市罗源县碧里乡东北10.23千米，距大陆最近点100米。因形似鸡心得名。又名孤螺礁。《中国海域地名志》(1989)、《福建省海域地名志》(1991)、《福建省海岛志》(1994)、《全国海岛名称与代码》(2008)均称鸡心屿礁。岸线长183米，面积2 165平方米，最高点高程21.3米。基岩岛，由花岗岩构成。基岩裸露。海岸为基岩岸滩。植被以灌木为主。

三枝礁 (Sānzhī Jiāo)

北纬26°27.9′，东经119°49.0′。位于福州市罗源县碧里乡东10.47千米，距大陆最近点140米。由三组礁石西南—东北延伸，故名。《中国海域地名志》(1989)、《福建省海域地名志》(1991)均记为三枝礁。基岩岛。岸线长177米，面积1 272平方米，最高点高程14.1米。岛体基岩裸露。无植被。周围水深7～19米。

二枝岛 (Èrzhī Dǎo)

北纬26°27.9′，东经119°49.0′。位于福州市罗源县碧里乡东侧10.42千米，距大陆最近点100米。该岛位于三阵西南侧，紧邻三阵，其间有一夹缝，第二次全国海域地名普查时命今名。基岩岛。岸线长276米，面积2 512平方米。无植被。

近潭小岛 (Jìntán Xiǎodǎo)

北纬 26°27.7′，东经 119°49.0′。位于福州市罗源县碧里乡东侧 10.42 千米，距大陆最近点 100 米。与白潭礁邻近，面积小，第二次全国海域地名普查时命今名。基岩岛。面积约 32 平方米。植被以草丛为主。

罗源二屿 (Luóyuán Èryǔ)

北纬 26°27.0′，东经 119°37.2′。位于福州市罗源县东南 4.01 千米，距大陆最近点 250 米。该岛在罗源湾西南侧，南与巽屿堤连。《中国海洋岛屿简况》（1980）、《福建省海岛志》（1994）、《全国海岛名称与代码》（2008）均记为二屿。因省内重名，以其位于罗源县，第二次全国海域地名普查时更为今名。岸线长 769 米，面积 30 754 平方米，最高点高程 29.5 米。基岩岛，由花岗岩构成。地形南高北低。四周多淤泥。植被以草丛为主。通过路堤与罗源三屿、大陆相连。

罗源三屿 (Luóyuán Sānyǔ)

北纬 26°27.2′，东经 119°37.2′。位于福州市罗源县东南 3.63 千米，距大陆最近点 620 米。该岛在罗源湾西南侧，南与二屿堤连。《中国海洋岛屿简况》（1980）、《福建省海岛志》（1994）和《全国海岛名称与代码》（2008）均称三屿。因省内重名，以其位于罗源县，第二次全国海域地名普查时更为今名。岸线长 826 米，面积 34 244 平方米，最高点高程 29.5 米。基岩岛，由花岗岩构成。地形南高北低，四周多淤泥。植被以灌木为主。通过路堤与陆地相连。

倪礁 (Ní Jiāo)

北纬 26°26.1′，东经 119°48.2′。位于福州市罗源县碧里乡东南 9.8 千米，距大陆最近点 110 米。《中国海洋岛屿简况》（1980）记为黑礁。《中国海域地名志》（1989）、《福建省海域地名志》（1991）、《福建省海岛志》（1994）、《全国海岛名称与代码》（2008）均记为倪礁。岸线长 205 米，面积 2 754 平方米，最高点高程 4.5 米。基岩岛，由火山岩构成。海岸为基岩滩。植被以草丛为主。

东倪礁岛 (Dōngníjiāo Dǎo)

北纬 26°26.1′，东经 119°48.2′。位于福州市罗源县碧里乡东南 9.8 千米，距大陆最近点 180 米。历史上该岛与倪礁统称倪礁，因位于倪礁东侧，第二次全国海域地名普查时命今名。岸线长 30 米，面积 72 平方米。基岩岛。无植被。

上位礁 (Shàngwèi Jiāo)

北纬 26°25.7′，东经 119°48.0′。位于福州市罗源县碧里乡东南 9.74 千米，距大陆最近点 60 米。由两块礁石紧挨着，似相互竞争而上，故名。《福建省海域地名志》（1991）、《福建省海岛志》（1994）和《全国海岛名称与代码》（2008）均记为上位礁。岸线长 149 米，面积 1 519 平方米，最高点高程 4 米。基岩岛，由火山岩构成。地形较平坦，东西向有一裂缝，海岸为陡峭的基岩岸滩。无植被。

下担屿 (Xiàdàn Yǔ)

北纬 26°24.8′，东经 119°47.7′。位于福州市罗源县碧里乡东南 10.3 千米，距大陆最近点 540 米。原名担屿（又分上担屿、下担屿）；呈东北—西南走向，底盘连结，两头高，满潮时被海水分隔成凹字形，形似挑担，故名。《中国海洋岛屿简况》（1980）、《中国海域地名志》（1989）、《福建省海域地名志》（1991）称担屿。《福建省海岛志》（1994）和《全国海岛名称与代码》（2008）称下担屿。岸线长 895 米，面积 28 988 平方米，最高点高程 24.4 米。基岩岛，由火山岩构成。土壤少。植被稀少，以草丛为主。海岸为陡峭的基岸滩。建有 1 座助航标志。

上担屿 (Shàngdàn Yǔ)

北纬 26°24.7′，东经 119°47.6′。位于福州市罗源县碧里乡东南 10.2 千米，距大陆最近点 560 米。原名担屿（又分上担屿、下担屿）；呈东北—西南走向，底盘连结，两头高，满潮时被海水分隔成凹字形，形似挑担，故名。《中国海洋岛屿简况》（1980）、《中国海域地名志》（1989）、《福建省海域地名志》（1991 年）称担屿。《福建省海岛志》（1994）和《全国海岛名称与代码》（2008）称上担屿。岸线长 702 米，面积 19 312 平方米，最高点高程 16.4 米。基岩岛，由火山岩构成。土壤较少。植被稀少，以草丛、灌木为主。海岸为陡峭的基岸滩。

小鸟岛 (Xiǎoniǎo Dǎo)

北纬 26°24.6′，东经 119°44.5′。位于福州市罗源县碧里乡东南 7.19 千米，距大陆最近点 1.67 千米。因紧邻鸟屿，面积较小，第二次全国海域地名普查时命今名。基岩岛。岸线长 85 米，面积 526 平方米。无植被。

竹排屿 (Zhúpái Yǔ)

北纬 25°42.9′，东经 119°43.3′。位于福州市平潭县海坛岛西北 7.6 千米。形似竹排，故名。《中国海洋岛屿简况》（1980）称竹排。《中国海域地名志》（1989）、《福建省海域地名志》（1991）、《平潭县海域志》（1992）、《福建省海岛志》（1994）、《全国海岛名称与代码》（2008）称竹排屿。岸线长 613 米，面积 15 057 平方米，最高点高程 11.5 米。基岩岛，由花岗岩组成。基岩海岸。表层土质薄，植被少，以草丛为主。北侧中部建有 1 座红白相间的灯塔。

山白岛 (Shānbái Dǎo)

北纬 25°42.4′，东经 119°51.2′。位于福州市平潭县海坛岛东北 8.1 千米。因岛上小山头常盖有海鸟粪便，呈白色，故名。《中国海洋岛屿简况》（1980）称山百。《中国海域地名志》（1989）、《福建省海域地名志》（1991）、《平潭县海域志》（1992）、《福建省海岛志》（1994）、《全国海岛名称与代码》（2008）称山白岛。岸线长 579 米，面积 17 964 平方米，最高点高程 34.6 米。基岩岛，由花岗岩组成。植被稀少，顶部覆盖少量草丛和低矮灌木。北面建有 1 座红白相间的灯塔。2009 年国家测绘局在岛南面设置一个国家大地测量控制点。

北班岛 (Běibān Dǎo)

北纬 25°42.4′，东经 119°51.0′。位于福州市平潭县海坛岛东北 7.7 千米。与南班岛呈南北对峙，有向北“扳开”之意，谐音北班。又名山百。《中国海域地名志》（1989）、《福建省海域地名志》（1991）、《平潭县海域志》（1992）称北班岛。《福建省海岛志》（1994）、《全国海岛名称与代码》（2008）称山百。岸线长 307 米，面积 5 122 平方米，最高点高程 10 米。基岩岛，由花岗岩组成，基岩裸露。长有少量草丛及灌木。

小北班岛 (Xiǎoběibān Dǎo)

北纬 25°42.4′，东经 119°51.0′。位于福州市平潭海域，海坛岛东北 7.8 千米。历史上该岛与北班岛统称北班岛，因面积较北班岛小，第二次全国海域地名普查时命今名。岸线长 158 米，面积 1 524 平方米。基岩岛，由花岗岩组成。基岩裸露。无植被。

南班北岛 (Nánbān Běidǎo)

北纬 25°42.2′，东经 119°51.1′。位于福州市平潭县海坛岛东北 7.5 千米。因位于南班岛北侧，第二次全国海域地名普查时命今名。基岩岛。岸线长 12 米，面积 11 平方米。基岩裸露。无植被。

南班仔岛 (Nánbānzǎi Dǎo)

北纬 25°42.2′，东经 119°51.0′。位于福州市平潭县海坛岛东北 7.5 千米。因邻近南班岛，且面积较小，第二次全国海域地名普查时命今名。基岩岛。面积约 10 平方米。基岩裸露。无植被。

南班岛 (Nánbān Dǎo)

北纬 25°42.1′，东经 119°51.0′。位于福州市平潭县海坛岛东北 7.3 千米。与北班岛呈南北排列，有向南“扳开”之意，谐音南班。《中国海洋岛屿简况》（1980）称南班。《中国海域地名志》（1989）、《福建省海域地名志》（1991）、《平潭县海域志》（1992）、《福建省海岛志》（1994）、《全国海岛名称与代码》（2008）称南班岛。岸线长 516 米，面积 13 516 平方米，最高点高程 23.2 米。基岩岛，由花岗岩组成。地形北高南低。基岩裸露。有少量草丛及灌木。

鬼树礁 (Guǐshù Jiāo)

北纬 25°42.0′，东经 119°51.0′。位于福州市平潭县海坛岛东北 7.3 千米。《福建省海域地名志》（1991）载：“位置险要，形似树杈，故名。”《平潭县海域志》（1992）记为鬼树礁。基岩岛。面积约 20 平方米。基岩裸露。无植被。

西块礁 (Xīkuài Jiāo)

北纬 25°41.6′，东经 119°50.1′。位于福州市平潭县海坛岛东北 5.6 千米。《福建省海域地名志》（1991）载：“属半挡群礁，位其西部，故名。”《平潭县海域志》（1992）称西块礁。基岩岛。面积约 20 平方米。基岩裸露。无植被。

北限岛 (Běixiàn Dǎo)

北纬 25°40.8′，东经 119°36.9′。位于福州市平潭县屿头岛东北 900 米。在鼓屿与屿头岛之间，似门槛，且位于南限岛北，故名。《中国海域地名志》（1989）、《福建省海域地名志》（1991）、《平潭县海域志》（1992）、《福建省海岛志》（1994）、《全国海岛名称与代码》（2008）均称北限岛。岸线长 1.09 千米，面积 0.026 2 平方千米，最高点高程 29.4 米。基岩岛，由火山岩组成。表层覆盖土质，长有少量乔木、草丛。基岩海岸，岸壁陡峭。有红白相间灯塔 1 座。

小北限岛 (Xiǎoběixiàn Dǎo)

北纬 25°40.7′，东经 119°36.8′。位于福州市平潭县屿头岛东北 1.2 千米。历史上该岛与北限尾岛、北限岛统称北限岛，因其位于北限岛旁，面积较小，第二次全国海域地名普查时命今名。基岩岛。面积约 17 平方米。基岩裸露。无植被。

北限尾岛 (Běixiànwěi Dǎo)

北纬 25°40.6′，东经 119°36.7′。位于福州市平潭县屿头岛东北 900 米。历史上该岛与小北限岛、北限岛统称北限岛，因其位于北限岛突出部，面积较小，第二次全国海域地名普查时命今名。基岩岛。岸线长 434 米，面积 5 367 平方米。长有草丛、灌木。

吊礁 (Diào Jiāo)

北纬 25°40.5′，东经 119°39.3′。位于福州市平潭县小练岛北部海域，距大陆最近点 6.16 千米。从远处看形如吊起的巨石，当地群众惯称吊礁。《福建省海域地名志》（1991）、《平潭县海域志》（1992）称吊礁。基岩岛。面积约 10 平方米。基岩裸露。无植被。

白鸽宿礁 (Báigēsù Jiāo)

北纬 25°40.5′，东经 119°37.0′。位于福州市平潭县屿头岛东北 1.2 千米。《福建省海域地名志》（1991）载：“白鸽栖息处，故名。”《平潭县海域志》（1992）记为白鸽宿礁。岸线长 53 米，面积 222 平方米。基岩岛。基岩裸露。少量草丛覆盖。建有 1 座灯塔。

驴耳礁 (Lǘ'ěr Jiāo)

北纬25°40.5′，东经119°37.6′。位于福州市平潭县屿头岛东北2.1千米。《福建省海域地名志》（1991）载："曾名鹿耳。因重名，以礁形略似驴耳更名。"《平潭县海域志》（1992）记为驴耳礁。基岩岛。面积约20平方米。基岩裸露。无植被。

门碣礁 (Ménjié Jiāo)

北纬25°40.4′，东经119°37.5′。位于福州市平潭县屿头岛东北1.9千米。曾名门结。《福建省海域地名志》（1991）、《平潭县海域志》（1992）均载，该岛曾名门结，因重名，1985年改名为门碣礁。基岩岛。面积约100平方米。长有草丛和低矮灌木。

南限岛 (Nánxiàn Dǎo)

北纬25°40.4′，东经119°36.6′。位于福州市平潭县屿头岛东北500米。因与邻近北限岛呈南北排列而得名。《中国海域地名志》（1989）、《福建省海域地名志》（1991）、《平潭县海域志》（1992）均称南限岛。岸线长879米，面积18 861平方米，最高点高程21.9米。基岩岛，由火山岩组成。表层覆盖土质。基岩海岸，岸线曲折。

朴鼎礁 (Pǔdǐng Jiāo)

北纬25°40.4′，东经119°48.2′。位于福州市平潭县海坛岛东北1.8千米。曾名覆鼎，形似倒置的锅（方言覆鼎），因重名，1985年改今名。《福建省海域地名志》（1991）、《平潭县海域志》（1992）记为朴鼎礁。面积约110平方米，最高点高程6.6米。基岩岛，由花岗岩组成。基岩裸露。无植被。

山洲岛 (Shānzhōu Dǎo)

北纬25°40.4′，东经119°49.2′。位于福州市平潭县海坛岛东北3.2千米，属三洲（山洲列岛）。顶部尖如山峰，故名。《中国海域地名志》（1989）、《福建省海域地名志》（1991）、《平潭县海域志》（1992）、《福建省海岛志》（1994）、《全国海岛名称与代码》（2008）均称山洲岛。岸线长877米，面积39 917平方米，最高点高程52.2米。基岩岛，由花岗岩组成。表层多土，长有草丛与灌木。

低潮时南部岩石滩与坪洲岛相连。属山洲列岛海洋特别保护区。设有保护区管理站，立保护区石碑。管理站旁设置风力发电设施。简易码头通向保护区管理房。岛顶建有红白相间灯塔 1 座。

西北屿 (Xīběi Yǔ)

北纬 25°40.4′，东经 119°41.3′。位于福州市平潭县大练岛北 1.9 千米。以位于南屿西北而得名。《中国海洋岛屿简况》(1980) 称西北。《中国海域地名志》(1989)、《福建省海域地名志》(1991)、《平潭县海域志》(1992)、《福建省海岛志》(1994)、《全国海岛名称与代码》(2008) 称西北屿。岸线长 432 米，面积 9 768 平方米，最高点高程 16.1 米。基岩岛，由花岗岩组成。土质薄，植被少，仅长少量草丛。基岩海岸，周边分布礁石。岛顶有 1 个移动通信塔。

南限仔岛 (Nánxiànzǎi Dǎo)

北纬 25°40.4′，东经 119°36.6′。位于福州市平潭县屿头岛东北 400 米。因其位于南限岛南侧，面积较小，第二次全国海域地名普查时命今名。基岩岛。面积约 30 平方米。基岩裸露。无植被。

西老唐礁 (Xīlǎotáng Jiāo)

北纬 25°40.3′，东经 119°49.3′。位于福州市平潭县海坛岛东北 3.5 千米，属三洲（山洲列岛）。原名老唐礁，因重名，1985 年改今名。《福建省海域地名志》(1991)、《平潭县海域志》(1992) 记为西老唐礁。基岩岛。面积约 20 平方米。基岩裸露。无植被。属山洲列岛海洋特别保护区。

南限尾岛 (Nánxiànwěi Dǎo)

北纬 25°40.3′，东经 119°36.6′。位于福州市平潭县屿头岛东北 300 米。历史上该岛与南限岛统称南限岛，因其位于南限岛尾部，第二次全国海域地名普查时命今名。岸线长 534 米，面积 12 255 平方米。基岩岛，由火山岩组成。表层覆盖土质。长有草丛与灌木。

北楼岛 (Běilóu Dǎo)

北纬 25°40.3′，东经 119°36.4′。位于福州市平潭县屿头岛北部海域。因其位于北楼村北，第二次全国海域地名普查时命今名。基岩岛。岸线长 382 米，面积 4 746 平方米。长有草丛。南侧有水泥路与屿头岛相连。东北侧有养殖池塘及渔船避风防波堤。

年姑屿 (Niángū Yǔ)

北纬 25°40.2′，东经 119°42.0′。位于福州市平潭县大练岛北部海域。曾名姑屿。相传此岛周边盛产虾蛄，谐音得名。《中国海洋岛屿简况》(1980) 称年姑。《福建省海域地名志》(1991) 记为年姑屿，“民国《平潭县志》载‘姑屿’”。《中国海域地名志》(1989)、《平潭县海域志》(1992)、《福建省海岛志》(1994)、《全国海岛名称与代码》(2008) 称年姑屿。岸线长 578 米，面积 18 521 平方米，最高点高程 19.6 米。基岩岛，由花岗岩组成。土稀薄，长有少量草丛及灌木。基岩海岸。

双肩岛 (Shuāngjiān Dǎo)

北纬 25°40.2′，东经 119°35.7′。位于福州市平潭县屿头岛西北部海域。曾名双肩山，两端隆起，中部略凹，似肩膀，故名，1985 年改今名。《中国海域地名志》(1989)、《福建省海域地名志》(1991)、《平潭县海域志》(1992)、《福建省海岛志》(1994)、《全国海岛名称与代码》(2008) 称双肩岛。基岩岛。岸线长 577 米，面积 13 829 平方米，最高点高程 16.3 米。长有草丛及低矮灌木。低潮时，南岸与屿头岛相连。

畚箕舂礁 (Běnjīchōng Jiāo)

北纬 25°40.2′，东经 119°45.6′。位于福州市平潭县海坛岛北 1 千米。《福建省海域地名志》(1991) 载：“形似倒置的畚箕，故名。”《平潭县海域志》(1992) 记为畚箕舂礁。面积约 26 平方米。基岩岛，由花岗岩组成。基岩裸露。无植被。

小年姑岛 (Xiǎoniángū Dǎo)

北纬 25°40.2′，东经 119°41.9′。位于福州市平潭县大练岛北部海域，距大陆最近点 10.33 千米。因其位于年姑屿西南侧，面积较小，第二次全国海域地名普查时命今名。基岩岛。面积约 110 平方米。基岩裸露。无植被。

西南屿 (Xī'nán Yǔ)

北纬 25°40.2′，东经 119°41.1′。位于福州市平潭县大练岛北部海域，距大陆最近点 8.98 千米。因邻近西北屿，且位于西南而得名。《中国海洋岛屿简况》（1980）、《中国海域地名志》（1989）、《福建省海域地名志》（1991）、《平潭县海域志》（1992）、《福建省海岛志》（1994）、《全国海岛名称与代码》（2008）均称西南屿。岸线长 623 米，面积 13 827 平方米，最高点高程 23 米。基岩岛，由花岗岩组成。长有少量草丛及低矮灌木。基岩海岸，岸线曲折，周边有礁石。

东洲岛 (Dōngzhōu Dǎo)

北纬 25°40.2′，东经 119°49.7′。位于福州市平潭县海坛岛东北 4 千米，属三洲（山洲列岛）。与邻近的坪洲岛、山洲岛成三角鼎立，地处群岛东部，故名。《中国海洋岛屿简况》（1980）称东洲。《中国海域地名志》（1989）、《福建省海域地名志》（1991）、《平潭县海域志》（1992）、《福建省海岛志》（1994）、《全国海岛名称与代码》（2008）称东洲岛。基岩岛。岸线长 937 米，面积 0.033 8 平方千米，最高点高程 36 米。长有少量草丛。基岩海岸，岸线曲折，沿岸有干出岩石滩。属山洲列岛海洋特别保护区。

坪洲岛 (Píngzhōu Dǎo)

北纬 25°40.1′，东经 119°49.3′。位于福州市平潭县海坛岛东北 3.2 千米，属三洲（山洲列岛）。顶部平坦，故名。《中国海域地名志》（1989）、《福建省海域地名志》（1991）、《平潭县海域志》（1992）、《福建省海岛志》（1994）、《全国海岛名称与代码》（2008）均称坪洲岛。基岩岛。岸线长 909 米，面积 50 177 平方米，最高点高程 40 米。长有少量草丛。基岩海岸，岸线曲折，沿岸有干出岩石滩。属山洲列岛海洋特别保护区。

北磊礁 (Běilěi Jiāo)

北纬 25°40.1′，东经 119°40.9′。位于福州市平潭县大练岛北部海域，距大陆最近点 8.86 千米。《福建省海域地名志》（1991）载："位南磊礁北，故名。"《平潭县海域志》（1992）记为北磊礁。基岩岛。面积约 3 平方米。基岩裸露。无植被。

峻山岛 (Jùnshān Dǎo)

北纬 25°40.1′，东经 119°45.3′。位于福州市平潭县海坛岛北部海域，距大陆最近点 15.51 千米。又名竣山、峻山（长岛）。《中国海洋岛屿简况》（1980）称竣山。《福建省海域地名志》（1991）载："1∶5 万海图标'峻山（长岛）'。因地势平坦，俗言'俊'，以方言近音名'峻山岛'。"《中国海域地名志》（1989）、《平潭县海域志》（1992）、《福建省海岛志》（1994）、《全国海岛名称与代码》（2008）均称峻山岛。岸线长 1.47 千米，面积 0.047 7 平方千米，最高点高程 37.5 米。基岩岛，由花岗岩组成。杂草丛生。南端建有 1 座红白相间灯塔，中部设有 1 个国家测绘控制点。

人掌礁 (Rénzhǎng Jiāo)

北纬 25°40.1′，东经 119°46.7′。位于福州市平潭县海坛岛北部海域，距大陆最近点 17.59 千米。《福建省海域地名志》（1991）载："形似人掌，故名。"《平潭县海域志》（1992）记为人掌礁。基岩岛。面积约 50 平方米。基岩裸露。无植被。

小塔礁 (Xiǎotǎ Jiāo)

北纬 25°40.1′，东经 119°48.1′。位于福州市平潭县海坛岛东 1.4 千米。《福建省海域地名志》（1991）载："邻近大塔礁，面积较小，故名。"《平潭县海域志》（1992）记为小塔礁。基岩岛。面积约 20 平方米。基岩裸露。无植被。

南屿 (Nán Yǔ)

北纬 25°40.0′，东经 119°41.9′。位于福州市平潭县大练岛北部海域，距大陆最近点 10.32 千米。与年姑屿近邻，且位于南面，故名。《中国海洋岛屿简况》（1980）、《中国海域地名志》（1989）、《福建省海域地名志》（1991）、《平潭县海域志》（1992）、《福建省海岛志》（1994）、《全国海岛名称与代码》（2008）均称南屿。岸线长 583 米，面积 13 818 平方米，最高点高程 18.2 米。基岩岛，由花岗岩组成。表层土质薄，覆盖少量草丛。

加盲礁 (Jiāmáng Jiāo)

北纬 25°40.0′，东经 119°42.6′。位于福州市平潭县大练岛北部海域，距大陆最近点 11.47 千米。《福建省海域地名志》（1991）载：“邻近加兰村，方言谐音，故名。”《平潭县海域志》（1992）记为加盲礁。基岩岛。面积约 50 平方米。基岩海岸。无植被。

笔架礁（Bǐjià Jiāo）

北纬 25°40.0′，东经 119°46.5′。位于福州市平潭县海坛岛北部海域，距大陆最近点 17.36 千米。《福建省海域地名志》（1991）载：“礁上隆起高低不一的岩石，呈凹凸状，形似笔架，故名。”《平潭县海域志》（1992）记为笔架礁。基岩岛。面积约 3 平方米。基岩海岸。无植被。

椅礁（Yǐ Jiāo）

北纬 25°39.9′，东经 119°47.9′。位于福州市平潭县海坛岛东北部海域，距大陆最近点 19.36 千米。《福建省海域地名志》（1991）载：“形似长椅，故名。”《平潭县海域志》（1992）记为椅礁。基岩岛。面积约 20 平方米。基岩裸露。无植被。

小练岛（Xiǎoliàn Dǎo）

北纬 25°39.9′，东经 119°39.2′。位于福州市平潭县苏澳镇西北 5.9 千米，隶属于平潭县。因水道泛涌浪花如银带（白练）且面积小于大练岛，故名。《中国海洋岛屿简况》（1980）、《中国海域地名志》（1989）、《福建省海域地名志》（1991）、《平潭县海域志》（1992）、《福建省海岛志》（1994）、《全国海岛名称与代码》（2008）均称小练岛。呈三角形，岸线长 7.57 千米，面积 2.611 平方千米，最高点高程 177.6 米。基岩岛，由火山岩组成。多低山、丘陵。森林覆盖率较高。多基岩海岸。

有居民海岛。有西礁、秀礁、东礁 3 个自然村，2011 年户籍人口 2 271 人，常住人口 1 212 人。通行闽东方言。饮用水源为自来水，电力通过海底电缆从陆地引入。交通设施较完善，秀礁村建有 1 个避风坞及陆岛交通码头，西礁村建有 1 个避风坞及渔业码头。有 3 个天主教堂、1 个基督教堂、1 所小学。

红柴瓮礁（Hóngcháiwèng Jiāo）

北纬 25°39.8′，东经 119°46.4′。位于福州市平潭县海坛岛北部海域，距大陆最近点 17.43 千米。形如瓮，故名。《福建省海域地名志》（1991）、《平潭县海域志》（1992）称红柴瓮礁。基岩岛。面积约 20 平方米。基岩裸露。无植被。

南澳仔岛 (Nān'àozǎi Dǎo)

北纬 25°39.8′，东经 119°46.2′。位于福州市平潭县海坛岛北部海域，距大陆最近点 17.15 千米。曾名磨山、埠头山。岛上有两块重叠的岩石，形似磨，俗名磨山；早时，沿岸建埠头（小码头），又称埠头山；邻近南澳仔山，故名。《中国海洋岛屿简况》（1980）称南澳仔。《中国海域地名志》（1989）、《福建省海域地名志》（1991）、《平潭县海域志》（1992）、《福建省海岛志》（1994）、《全国海岛名称与代码》（2008）均称南澳仔岛。基岩岛。岸线长 378 米，面积 9 279 平方米。基岩裸露。局部长有零星草丛。

阿唧礁 (Ājī Jiāo)

北纬 25°39.8′，东经 119°47.3′。位于福州市平潭县海坛岛东北部海域，距大陆最近点 18.69 千米。形似蝉（蝉俗称阿唧），故名。《福建省海域地名志》（1991）、《平潭县海域志》（1992）均称阿唧礁。基岩岛。面积约 20 平方米。基岩裸露。无植被。

篱笆礁 (LíbaJiāo)

北纬 25°39.8′，东经 119°42.9′。位于福州市平潭县大练岛东北部海域，距大陆最近点 12.23 千米。《福建省海域地名志》（1991）、《平潭县海域志》（1992）记为篱笆礁。因岛体形如篱笆，当地群众惯称篱笆礁。基岩岛。面积约 3 平方米。基岩裸露。无植被。

小南澳仔岛 (Xiǎonán'àozǎi Dǎo)

北纬 25°39.8′，东经 119°46.2′。位于福州市平潭县海坛岛北部海域，距大陆最近点 17.2 千米。历史上该岛与南澳仔岛、西南澳仔岛、东南澳仔岛统称南澳仔岛。因位于南澳仔岛附近，面积较小，第二次全国海域地名普查时命今名。基岩岛。面积约 20 平方米。基岩裸露。无植被。

东南澳仔岛 (Dōngnán'àozǎi Dǎo)

北纬 25°39.7′，东经 119°46.3′。位于福州市平潭县海坛岛北部海域，距大陆最近点 17.32 千米。历史上该岛与南澳仔岛、西南澳仔岛、小南澳仔岛统称南澳仔岛。因位于南澳仔岛东侧，第二次全国海域地名普查时命今名。基岩岛。面积约 20 平方米。基岩裸露。无植被。

西南澳仔岛 (Xī'nán'àozǎi Dǎo)

北纬 25°39.7′，东经 119°46.2′。位于福州市平潭县海坛岛北部海域，距大陆最近点 17.27 千米。历史上该岛与南澳仔岛、东南澳仔岛、小南澳仔岛统称南澳仔岛。因位于南澳仔岛西侧，第二次全国海域地名普查时命今名。基岩岛。面积约 40 平方米。基岩裸露。无植被。

羊角礁 (Yángjiǎo Jiāo)

北纬 25°39.7′，东经 119°47.2′。位于福州市平潭县海坛岛东北部海域，距大陆最近点 18.65 千米。礁上两块岩石，形似羊角，故名。《福建省海域地名志》（1991）、《平潭县海域志》（1992）记为羊角礁。基岩岛。面积约 2 平方米。基岩裸露。无植被。

限尾礁 (Xiànwěi Jiāo)

北纬 25°39.6′，东经 119°43.0′。位于福州市平潭县大练岛东北部海域，距大陆最近点 12.47 千米。从远处看海岛如大练岛的延伸，面积较小，当地群众惯称限尾礁。《福建省海域地名志》（1991）、《平潭县海域志》（1992）称限尾礁。基岩岛。岸线长 193 米，面积 1 236 平方米。基岩裸露。无植被。

丁鼻垄礁 (Dīngbílǒng Jiāo)

北纬 25°39.5′，东经 119°45.3′。位于福州市平潭县海坛岛东北部海域，距大陆最近点 16.14 千米。《中国海洋岛屿简况》（1980）称丁鼻垄。《中国海域地名志》（1989）、《福建省海域地名志》（1991）、《平潭县海域志》（1992）记为丁鼻垄礁。岛体较小，如隆起的鼻梁，当地群众惯称丁鼻垄礁。面积约 2 平方米。基岩岛，由花岗岩组成。基岩裸露。无植被。

昌良礁 (Chāngliáng Jiāo)

北纬 25°39.5′，东经 119°37.0′。位于福州市平潭县屿头岛东部海域，距大陆最近点 4.14 千米。曾名川良礁。礁石高耸，上有洞孔，传为神仙穿孔量算而成，以方言谐音得名昌良礁。《中国海域地名志》（1989）、《福建省海域地名志》（1991）、《平潭县海域志》（1992）均称昌良礁。基岩岛。呈三角形，面积约 30 平方米。地形陡峭，难以攀登，为花岗岩海蚀地形。基岩裸露。无植被。低潮时东南部沙滩与昌良仔礁连接。

长澳礁 (Chāng'ào Jiāo)

北纬 25°39.5′，东经 119°36.6′。位于福州市平潭县屿头岛东部海域，距大陆最近点 3.91 千米。礁盘狭长，故名。《中国海域地名志》（1989）、《福建省海域地名志》（1991）、《平潭县海域志》（1992）、《福建省海岛志》（1994）、《全国海岛名称与代码》（2008）均称长澳礁。面积约 30 平方米。基岩岛，由花岗岩组成。呈东北—西南走向。基岩裸露。无植被。

大户岛 (Dàhù Dǎo)

北纬 25°39.4′，东经 119°45.4′。位于福州市平潭县海坛岛北部海域，距大陆最近点 16.24 千米。当地群众习惯称本岛为大户岛。基岩岛。岸线长 317 米，面积 4 340 平方米。长有零星草丛。建有 1 个小型渔业码头和两条防波堤，其中一条防波堤与黄土岗岛相连。

塔仔礁 (Tǎzǎi Jiāo)

北纬 25°39.4′，东经 119°47.6′。位于福州市平潭县海坛岛东北部海域，距大陆最近点 19.55 千米。礁顶尖似小塔，故名。《福建省海域地名志》（1991）、《平潭县海域志》（1992）记为塔仔礁。面积约 30 平方米。基岩岛，由花岗岩组成。基岩裸露。无植被。

黄土岗岛 (Huángtǔgǎng Dǎo)

北纬 25°39.4′，东经 119°45.4′。位于福州市平潭县海坛岛北部海域，距大陆最近点 16.36 千米。岛体远看如黄土堆成的山岗，当地群众惯称黄土岗岛。基岩岛。岸线长 234 米，面积 3 609 平方米。长有零星草丛。建有小型渔业码头和两条防波堤，其中一条防波堤与海坛岛相连，另一条与大户岛相连。

秀礁 (Xiù Jiāo)

北纬 25°39.3′，东经 119°38.6′。位于福州市平潭县小练岛南部海域，距大陆最近点 6.21 千米。原名窦礁尾，因重名，1985 年取邻近秀礁村改今名。《中国海域地名志》（1989）、《福建省海域地名志》（1991）、《平潭县海域志》（1992）均称秀礁。面积约 20 平方米。基岩岛，由花岗岩组成。呈圆形，中部隆起。基岩裸露。无植被。周围底质为泥，水深 5 米。

鹅脰礁 (Édòu Jiāo)

北纬 25°39.3′，东经 119°45.3′。位于福州市平潭县海坛岛北部海域，距大陆最近点 16.26 千米。曾名俄斗。岛体形如鹅脖子（脰，脖子）般细长，当地群众惯称鹅脰礁。《福建省海域地名志》（1991）、《平潭县海域志》（1992）记为鹅脰礁。基岩岛。面积约 6 平方米。基岩裸露。无植被。

小墩岛 (Xiǎodūn Dǎo)

北纬 25°39.2′，东经 119°47.6′。位于福州市平潭县海坛岛东北部海域，距大陆最近点 19.43 千米。邻近大墩岛，面积较小，故名。古名小桑。别名小嵩岛。《中国海域地名志》（1989）、《福建省海域地名志》（1991）、《平潭县海域志》（1992）、《福建省海岛志》（1994）、《全国海岛名称与代码》（2008）均记为小墩岛。岸线长 1 341 米，面积 55 469 平方米，最高点高程 36.8 米。基岩岛，由二长花岗岩组成。表层土厚，植被以草丛和灌木为主。北部建有 1 座测风塔。

外草垛岛 (Wàicǎoduò Dǎo)

北纬 25°39.3′，东经 119°47.7′。位于福州市平潭县海坛岛东北部海域，距大陆最近点 19.84 千米。该岛为小墩岛附近两个相邻的海岛之一，两岛形似两个草垛。该岛离小墩岛较远，第二次全国海域地名普查时命今名。基岩岛。面积约 40 平方米。基岩裸露。无植被。

内草垛岛 (Nèicǎoduò Dǎo)

北纬 25°39.3′，东经 119°47.7′。位于福州市平潭县海坛岛东北部海域，距大陆最近点 19.79 千米。该岛为小墩岛附近两个相邻的海岛之一，两岛形似两个草垛。该岛离小墩岛较近，第二次全国海域地名普查时命今名。基岩岛。面积约 40 平方米。基岩裸露。无植被。

大黄官山岛（Dàhuángguānshān Dǎo）

北纬 25°39.2′，东经 119°34.3′。位于福州市平潭县屿头岛西 500 米。邻近黄官山，面积较大，故名。《福建省海域地名志》（1991）、《平潭县海域志》（1992）、《福建省海岛志》（1994）、《全国海岛名称与代码》（2008）均称大黄官山岛。岸线长 679 米，面积 21 497 平方米，最高点高程 39.9 米。基岩岛，由英安岩、流纹英安质熔结凝灰岩、流纹质晶屑凝灰熔岩等组成。植被以草丛和灌木为主。

玉堂三礁（Yùtáng Sānjiāo）

北纬 25°39.2′，东经 119°45.3′。位于福州市平潭县海坛岛北部海域，距大陆最近点 16.24 千米。曾名三礁，由三块礁石组成，故名。因重名，邻近玉堂村，1985 年改今名。《福建省海域地名志》（1991）、《平潭县海域志》（1992）记为玉堂三礁。基岩岛。面积约 10 平方米。基岩裸露。无植被。

拴牛尾礁（Shuānniúwěi Jiāo）

北纬 25°39.2′，东经 119°48.5′。位于福州市平潭县海坛岛东北部海域，距大陆最近点 20.97 千米。位于牛尾岛东北向，如拴住牛尾，故名。《福建省海域地名志》（1991）、《平潭县海域志》（1992）记为拴牛尾礁。基岩岛。面积约 3 平方米。基岩裸露。无植被。

塔户屿（Tǎhù Yǔ）

北纬 25°39.2′，东经 119°33.5′。位于福州市平潭县屿头岛西部海域，距大陆最近点 4.1 千米。原名塔鉡屿。《中国海域地名志》（1989）、《福建省海域地名志》（1991）、《平潭县海域志》（1992）均称塔鉡屿。因“鉡”为生僻字，第二次全国海域地名普查时更名为塔户屿。岸线长 362 米，面积 5 826 平方米，最高点高程 7.3 米。基岩岛，由花岗岩、火山岩等组成。表层有土壤，植被以草丛和灌木为主。低潮时西岸沙泥滩与塔户仔屿连接。

企瓮礁（Qǐwèng Jiāo）

北纬 25°39.2′，东经 119°48.4′。位于福州市平潭县海坛岛东北部海域，距大陆最近点 20.84 千米。《福建省海域地名志》（1991）、《平潭县海域志》（1992）均称企瓮礁。基岩岛。面积约 90 平方米。基岩裸露。无植被。

持礁 (Chí Jiāo)

北纬 25°39.2′，东经 119°43.6′。位于福州市平潭县大练岛东 900 米。周围有鳀鱼，曾名鳀礁，方言谐音而名。《福建省海域地名志》（1991）、《平潭县海域志》（1992）记为持礁。基岩岛。面积约 20 平方米。基岩裸露。无植被。

北黄官仔岛 (Běihuángguānzǎi Dǎo)

北纬 25°39.1′，东经 119°34.0′。位于福州市平潭县屿头岛西部海域，距大陆最近点 13.67 千米。因其位于黄官仔屿北侧，第二次全国海域地名普查时命今名。基岩岛。面积约 20 平方米。基岩裸露。无植被。

下乌礁仔 (Xiàwū Jiāozǎi)

北纬 25°39.1′，东经 119°47.6′。位于福州市平潭县海坛岛东北部海域，距大陆最近点 19.83 千米。曾名乌礁仔。表面呈黑色，干出面积小，故名。因重名，1985 年改名下乌礁仔。《福建省海域地名志》（1991）、《平潭县海域志》（1992）记为下乌礁仔。基岩岛。面积约 6 平方米。基岩裸露。无植被。

红山仔岛 (Hóngshānzǎi Dǎo)

北纬 25°39.1′，东经 119°43.0′。位于福州市平潭县大练岛东部海域，距大陆最近点 12.8 千米。岛体面积较小，远看呈淡红色，当地群众惯称红山仔岛。基岩岛。岸线长 371 米，面积 9 604 平方米，最高点高程 29.5 米。顶部有草丛。

矮石岛 (Ǎishí Dǎo)

北纬 25°39.1′，东经 119°48.2′。位于福州市平潭县海坛岛东北部海域，距大陆最近点 20.63 千米。因海岛出露较低，第二次全国海域地名普查时命今名。基岩岛。面积约 6 平方米。基岩裸露。无植被。

北猫耳岛 (Běimāo'ěr Dǎo)

北纬 25°39.1′，东经 119°33.4′。位于福州市平潭县屿头岛西部海域，距大陆最近点 4.36 千米。因该岛与另一海岛形似一对猫耳，本岛位于北侧，第二次全国海域地名普查时命今名。基岩岛。面积约 6 平方米。基岩裸露。无植被。

南猫耳岛 (Nánmāo'ěr Dǎo)

北纬 25°39.1′，东经 119°33.4′。位于福州市平潭县屿头岛西部海域，距大陆最近点 4.37 千米。因该岛与另一海岛形似一对猫耳，本岛位于南侧，第二次全国海域地名普查时命今名。基岩岛。面积约 6 平方米。基岩裸露。无植被。

大墩石岛 (Dàdūnshí Dǎo)

北纬 25°39.0′，东经 119°47.7′。位于福州市平潭县海坛岛东北部海域，距大陆最近点 20.1 千米。高潮时与大墩岛隔开，低潮时连成一体，且面积较小，第二次全国海域地名普查时命今名。基岩岛。面积约 70 平方米。基岩裸露。无植被。

小黄官仔岛 (Xiǎohuángguānzǎi Dǎo)

北纬 25°39.0′，东经 119°33.9′。位于福州市平潭县屿头岛西部海域，距大陆最近点 4.23 千米。因位于黄官仔屿西南侧，面积较小，第二次全国海域地名普查时命今名。基岩岛。面积约 2 平方米。基岩裸露。无植被。

骏马岛 (Jùnmǎ Dǎo)

北纬 25°39.0′，东经 119°47.7′。位于福州市平潭县海坛岛东北部海域，距大陆最近点 20.03 千米。因形似一匹骏马，第二次全国海域地名普查时命今名。基岩岛。面积约 13 平方米。基岩裸露。无植被。

屿头岛 (Yǔtóu Dǎo)

北纬 25°39.0′，东经 119°35.1′。位于福州市平潭县海坛岛西北 10.6 千米，隶属于平潭县，距大陆最近点 2.4 千米。《中国海域地名志》（1989）、《福建省海域地名志》（1991）、《平潭县海域志》（1992）、《福建省海岛志》（1994）、《全国海岛名称与代码》（2008）均称屿头岛。岸线长 22.03 千米，面积 7.649 7 平方千米，最高点高程 77.9 米。基岩岛，由花岗岩、火山岩组成。地形西南稍高，略向东北倾斜。年均气温 19.3℃，年均降水量 1 100 毫米，3—6 月降水量多，夏秋之交受台风影响，常有雨。沿岸沙滩与岩滩相间，形成 20 多个澳口。

该岛为屿头乡人民政府所在海岛。有 10 个行政村，16 个自然村，2011 年户籍人口 15 674 人，常住人口 12 488 人。以渔业为主，兼事农、副业。建有卫生院、邮电局、小学、有线广播站，以及养殖场、水产品加工场等。有水库。建有 3 个避风港和 3 条海堤，东岸东金澳是主要海运交通码头。各村有简易公路相通。有客轮分别通平潭苏澳、福清海口、长乐松下。

大练岛 (Dàliàn Dǎo)

北纬 25°39.0′，东经 119°41.4′。位于福州市平潭县苏澳镇西北 1.2 千米，隶属于福州市平潭县，距大陆最近点 7.88 千米。因大练岛、小练岛之间水道泛涌，浪花如银带（白练），面积较大，故名。《中国海域地名志》（1989）、《福建省海域地名志》（1991）、《平潭县海域志》（1992）、《福建省海岛志》（1994）均称大练岛。岸线长 20.25 千米，面积 10.440 2 平方千米，最高点高程 238.5 米。基岩岛，由火山岩组成。大部分为低山、丘陵，东部围营山最高。森林覆盖率 44%。年均气温 19.1℃，年均降水量 1 100 毫米。7—9 月常有台风。

该岛为大练乡人民政府所在海岛。有 9 个行政村，22 个自然村，2011 年户籍人口 6 554 人，常住人口 3 273 人。建有小学、卫生院、有线广播站、造船厂、养殖场、鱼苗厂等。有多座水库，建有避风港 10 个。东澳是交通运输和渔业生产的重要澳口，有客轮通平潭苏澳、长乐松下等地。

大墩岛 (Dàdūn Dǎo)

北纬 25°38.9′，东经 119°48.0′。位于福州市平潭县海坛岛东北部海域，距大陆最近点 20.14 千米。古名大桑，俗称大挡。又名大嵩岛。挡在青峰澳东南口，面积较大，俗称大挡，方言谐音得名。《中国海域地名志》（1989）、《福建省海域地名志》（1991）、《平潭县海域志》（1992）均记为大墩岛。岸线长 2.5 千米，面积 0.282 4 平方千米，最高点高程 51.8 米。基岩岛，由二长花岗岩组成。西坡缓，呈梯形，东北坡陡。表层为土壤，植被主要为木麻黄、黑松，有人工种植的芒果树。低潮时与牛尾岛连接。自清康熙年间就有人在岛上居住。当地渔民在岛上建设渔业生产用房，2011 年岛上有常住管理人员 1 名。岛上有水井，1 个发电机房。

赤鞋特岛 (Chìxiétè Dǎo)

北纬 25°38.8′，东经 119°47.4′。位于福州市平潭县海坛岛东北部海域，距大陆最近点 19.77 千米。形似制鞋的楦头，方言称赤鞋特，故名。又名赤鞋礁。《中国海洋岛屿简况》（1980）称赤鞋礁。《中国海域地名志》（1989）、《福建省海域地名志》（1991）、《平潭县海域志》（1992）、《福建省海岛志》（1994）、《全国海岛名称与代码》（2008）称赤鞋特岛。岸线长 737 米，面积 23 101 平方米，最高点高程 28.9 米。基岩岛，由花岗岩组成。地表覆盖土层，长有草丛。干出岩石滩向南延伸 300 米，背面分布干出礁。

圆圆礵 (Yuányuán Tán)

北纬 25°38.7′，东经 119°46.5′。位于福州市平潭县海坛岛东北部海域，距大陆最近点 18.47 千米。顶部圆形，故名。曾名春臼礵。别名和尚礁。《福建省海域地名志》（1991）、《平潭县海域志》（1992）称圆圆礵。基岩岛。面积约 2 平方米。基岩裸露。无植被。

墨岩岛 (Mòyán Dǎo)

北纬 25°38.7′，东经 119°46.4′。位于福州市平潭县海坛岛东北部海域，距大陆最近点 18.4 千米。因岛体墨黑色，第二次全国海域地名普查时命今名。基岩岛。面积约 80 平方米。基岩裸露。无植被。

打铁炉礁 (Dǎtiělú Jiāo)

北纬 25°38.6′，东经 119°46.7′。位于福州市平潭县海坛岛东北部海域，距大陆最近点 18.81 千米。形似打铁炉，故名。《福建省海域地名志》（1991）、《平潭县海域志》（1992）称打铁炉礁。基岩岛。面积约 3 平方米。基岩裸露。无植被。

仙石 (Xiān Shí)

北纬 25°38.5′，东经 119°46.3′。位于福州市平潭县海坛岛东北部海域，距大陆最近点 18.34 千米。传说有人在此石上得道成仙，当地群众惯称仙石。基岩岛。面积约 3 平方米。基岩裸露。无植被。

白鹭仔岛 (Báilùzǎi Dǎo)

北纬 25°38.4′，东经 119°35.3′。位于福州市平潭县屿头岛东南部海域，距大陆最近点 5.17 千米。岛上有白鹭栖息，岛体面积较小，第二次全国海域地名普查时命今名。基岩岛。面积约 6 平方米。基岩裸露。无植被。

妗仔礁 (Jìnzǎi Jiāo)

北纬 25°38.4′，东经 119°35.3′。位于福州市平潭县屿头岛东南部海域，距大陆最近点 5.17 千米。《福建省海域地名志》(1991)、《平潭县海域志》(1992)均称妗仔礁。基岩岛。面积约 6 平方米。基岩裸露。无植被。

大白礁 (Dàbái Jiāo)

北纬 25°38.4′，东经 119°41.5′。位于福州市平潭县大练岛南部海域，距大陆最近点 11.09 千米。曾名白礁。因重名，1985 年改今名。《福建省海域地名志》(1991)、《平潭县海域志》(1992)称大白礁。基岩岛。面积约 120 平方米，最高点高程 7.2 米。基岩裸露。长有零星杂草。

屿头尾礁 (Yǔtóuwěi Jiāo)

北纬 25°38.4′，东经 119°35.2′。位于福州市平潭县屿头岛东南部海域，距大陆最近点 14.5 千米。因位于旺宾村东突出部，方言称尾礁。因重名，1985 年改今名。《福建省海域地名志》(1991)、《平潭县海域志》(1992)称屿头尾礁。基岩岛。面积约 17 平方米。基岩裸露。无植被。

圆蛋岛 (Yuāndàn Dǎo)

北纬 25°38.3′，东经 119°43.7′。位于福州市平潭县海坛岛北部海域，距大陆最近点 14.29 千米。因该岛由许多圆石组成，第二次全国海域地名普查时命今名。基岩岛。面积约 40 平方米。基岩裸露。无植被。

黄皮岛 (Huāngpí Dǎo)

北纬 25°38.3′，东经 119°33.4′。位于福州市平潭县屿头岛西南部海域，距大陆最近点 5.73 千米。因海岛岩石呈黄色，第二次全国海域地名普查时命今名。基岩岛。面积约 20 平方米。基岩裸露。无植被。

靠椅岛 (Kàoyǐ Dǎo)

北纬 25°38.3′，东经 119°33.3′。位于福州市平潭县屿头岛西南部海域，距大陆最近点 5.78 千米。因平整的石头后侧有一块竖立的石头，远看形似靠椅，第二次全国海域地名普查时命今名。基岩岛。面积约 80 平方米。基岩裸露。无植被。

崎仔礁 (Qízǎi Jiāo)

北纬 25°38.2′，东经 119°33.4′。位于福州市平潭县屿头岛西南部海域，距大陆最近点 5.82 千米。曾名西礁。又名五块粿礁。位下斗门村西，名西礁。因重名，1985 年更今名。《福建省海域地名志》（1991）、《平潭县海域志》（1992）称崎仔礁。基岩岛。岸线长 55 米，面积 41 平方米。基岩裸露。无植被。

马道尾礁 (Mǎdàowěi Jiāo)

北纬 25°38.2′。东经 119°40.7′。无植被。位于福州市平潭县大练岛南部海域，距大陆最近点 9.68 千米。《福建省海域地名志》（1991）、《平潭县海域志》（1992）称马道尾礁。基岩岛。面积约 210 平方米，最高点高程 7.6 米。基岩裸露。无植被。

旺礁 (Wàng Jiāo)

北纬 25°38.0′，东经 119°35.1′。位于福州市平潭县屿头岛东南部海域，距大陆最近点 4.48 千米。邻近旺宾村，故名。《福建省海域地名志》（1991）、《平潭县海域志》（1992）、《福建省海岛志》（1994）、《全国海岛名称与代码》（2008）均称旺礁。基岩岛。面积约 6 平方米。基岩裸露。无植被。

钟门上礁 (Zhōngmén Shàngjiāo)

北纬 25°38.0′，东经 119°43.1′。位于福州市平潭县海坛岛西北部海域，距大陆最近点 13.18 千米。曾名上礁，位钟门下礁北，故名。因重名，1985 年改今名。《福建省海域地名志》（1991）、《平潭县海域志》（1992）称钟门上礁。基岩岛。面积约 340 平方米，最高点高程 6.7 米。基岩裸露。无植被。岛顶部建有 1 座灯桩。

西挡门礁 (Xīdǎngmén Jiāo)

北纬 25°38.0′，东经 119°34.1′。位于福州市平潭县屿头岛西南部海域，距大陆最近点 4.84 千米。曾名挡门礁，处平潭苏澳镇至福清海口镇航线上，有挡住门户之意，故名。因重名，1985 年改名为西挡门礁。《福建省海域地名志》（1991）、《平潭县海域志》（1992）称西挡门礁。基岩岛。面积约 9 平方米。基岩裸露。无植被。

金龟岛 (Jīnguī Dǎo)

北纬 25°37.8′，东经 119°34.6′。位于福州市平潭县屿头岛南部海域，距大陆最近点 4.33 千米。形似浮出水面的乌龟，第二次全国海域地名普查时命今名。基岩岛。面积约 6 平方米。基岩裸露。无植被。

水牛礃 (Shuǐniú Tán)

北纬 25°37.8′，东经 119°34.4′。位于福州市平潭县屿头岛西南部海域，距大陆最近点 4.44 千米。远看形如水牛，当地群众惯称水牛礃。《福建省海域地名志》（1991）、《平潭县海域志》（1992）称水牛礃。基岩岛。面积约 10 平方米。基岩裸露。无植被。

马道塍礁 (Mǎdàochéng Jiāo)

北纬 25°37.8′，东经 119°43.2′。位于福州市平潭县海坛岛西北部海域，距大陆最近点 13.22 千米。岛体表面形如马车碾出的土埂，当地群众惯称马道塍礁。《福建省海域地名志》（1991）、《平潭县海域志》（1992）称马道塍礁。基岩岛。面积约 30 平方米。基岩裸露。无植被。

钟门下礁 (Zhōngmén Xiàjiāo)

北纬 25°37.8′，东经 119°43.0′。位于福州市平潭县海坛岛西北部海域，距大陆最近点 12.88 千米。曾名下礁，位钟门上礁南，故名。因重名，1985 年改今名。《福建省海域地名志》（1991）、《平潭县海域志》（1992）记为钟门下礁。基岩岛。面积约 110 平方米，最高点高程 4.3 米。基岩裸露。无植被。

鸟巢岛 (Niǎocháo Dǎo)

北纬 25°37.8′，东经 119°34.6′。位于福州市平潭县屿头岛南部海域，距大陆最近点 4.23 千米。岛上聚集众多海鸟，似鸟巢，第二次全国海域地名普查时命今名。基岩岛。面积约 10 平方米。基岩裸露。无植被。

土色岛 (Tǔsè Dǎo)

北纬 25°37.8′，东经 119°43.1′。位于福州市平潭县海坛岛西北部海域，距大陆最近点 12.91 千米。岩石呈土黄色，第二次全国海域地名普查时命今名。基岩岛。面积约 80 平方米。基岩裸露。无植被。

算尾礁 (Suànwěi Jiāo)

北纬25°37.5′，东经119°48.7′。位于福州市平潭县芦洋乡礌水村东北900米。曾名刷尾礁，因邻近刷尾屿，故名。因重名，1985年以方言谐音更今名。《中国海域地名志》（1989）、《福建省海域地名志》（1991）、《平潭县海域志》（1992）、《福建省海岛志》（1994）、《全国海岛名称与代码》（2008）均称算尾礁。岸线长224米，面积3 028平方米。基岩岛，由花岗岩组成。基岩裸露。无植被。

瑞峰屿 (Rùifēng Yǔ)

北纬25°37.5′，东经119°42.4′。位于福州市平潭县苏澳镇北部海域，距大陆最近点11.63千米。岛上曾建瑞峰寺（今圮），故名。《中国海域地名志》（1989）、《福建省海域地名志》（1991）、《平潭县海域志》（1992）、《福建省海岛志》（1994）、《全国海岛名称与代码》（2008）均称瑞峰屿。基岩岛。岸线长151米，面积1 453平方米，最高点高程12.8米。基岩裸露。石头缝中生长杂草。东部有岩石滩与海坛岛连接，低潮时可通行。西南分布礁石。建有瑞峰庙。

一米岛 (Yīmǐ Dǎo)

北纬25°37.5′，东经119°42.4′。位于福州市平潭县苏澳镇北部海域，距大陆最近点11.77千米。该岛位于岸边，距岸边较近，第二次全国海域地名普查时命今名。基岩岛。面积约80平方米。基岩裸露。无植被。

上瑞峰岛 (Shàngruìfēng Dǎo)

北纬25°37.5′，东经119°42.4′。位于福州市平潭县苏澳镇北部海域，距大陆最近点11.72千米。因瑞峰屿东侧共有3个海岛，本岛位于北部，当地以北为上，第二次全国海域地名普查时命今名。基岩岛。面积约80平方米。基岩裸露。无植被。

中瑞峰岛 (Zhōngruìfēng Dǎo)

北纬25°37.5′，东经119°42.4′。位于福州市平潭县苏澳镇北部海域，距大陆最近点11.73千米。因瑞峰屿东侧共有3个海岛，本岛位于中部，第二次全国海域地名普查时命今名。基岩岛。面积约220平方米。基岩裸露。无植被。

下瑞峰岛 (Xiàruìfēng Dǎo)

北纬 25°37.5′，东经 119°42.4′。位于福州市平潭县苏澳镇北部海域，距大陆最近点 11.7 千米。因瑞峰屿东侧共有 3 个海岛，本岛位于南部，当地以南为下，第二次全国海域地名普查时命今名。基岩岛。面积约 340 平方米。基岩裸露。无植被。

刷尾屿 (Shuāwěi Yǔ)

北纬 25°37.4′，东经 119°48.7′。位于福州市平潭县芦洋乡碑水村东北 800 米。1∶5 万海图在此处的图标似一把刷子的尾巴，故名。又名蒜屿、刷尾。民国《平潭县志》记为蒜屿。《中国海洋岛屿简况》（1980）称刷尾。《平潭县海域志》（1992）、《福建省海岛志》（1994）、《全国海岛名称与代码》（2008）记为刷尾屿。岸线长 479 米，面积 14 392 平方米。基岩岛，由花岗岩组成。表层土薄，长有杂草。北岸岩石滩向北延伸至算尾礁。

白冰岛 (Báibīng Dǎo)

北纬 25°37.1′，东经 119°50.8′。位于福州市平潭县海坛岛东北 2.1 千米。因岛上有石窟，岩石晶莹似白冰，故名。又名白冰礁、白金。《中国海洋岛屿简况》（1980）称白冰礁。《中国海域地名志》（1989）、《福建省海域地名志》（1991）、《平潭县海域志》（1992）、《福建省海岛志》（1994）、《全国海岛名称与代码》（2008）记为白冰岛。岸线长 911 米，面积 29 878 平方米，最高点高程 17.3 米。基岩岛，由花岗岩组成。表层岩石裸露。植被以草丛为主。

北香炉屿 (Běixiānglú Yǔ)

北纬 25°37.0′，东经 119°41.4′。位于福州市平潭县苏澳镇西北部海域，距大陆最近点 9.79 千米。原名香炉屿，以形似香炉得名。因重名，1985 年改今名。《中国海洋岛屿简况》（1980）称香炉屿。《中国海域地名志》（1989）、《福建省海域地名志》（1991）、《平潭县海域志》（1992）、《福建省海岛志》（1994）、《全国海岛名称与代码》（2008）均称北香炉屿。基岩岛。岸线长 846 米，面积 40 952 平方米，最高点高程 15.6 米。表层黄壤土，水土流失。植被以草丛、灌木为主。西南岸大片干出沙泥滩向南延伸，东岸有岩礁。

赤礁屿 (Chìjiāo Yǔ)

北纬 25°36.8′，东经 119°38.4′。位于福州市平潭县大练岛西南 3.8 千米。表层岩石呈赤色，故名。当地群众惯称大赤礁。《中国海域地名志》（1989）、《福建省海域地名志》（1991）、《平潭县海域志》（1992）、《福建省海岛志》（1994）、《全国海岛名称与代码》（2008）均称赤礁屿。岸线长 210 米，面积 1 606 平方米，最高点高程 12.7 米。基岩岛，由花岗岩组成。表层少土，杂草稀少。

赤礁仔 (Chì Jiāozǎi)

北纬 25°36.8′，东经 119°38.2′。位于福州市平潭县大练岛西南 4.1 千米。邻近赤礁屿，礁小，故名。《中国海域地名志》（1989）、《福建省海域地名志》（1991）、《平潭县海域志》（1992）均称赤礁仔。基岩岛。岸线长 198 米，面积 2 890 平方米。基岩裸露。无植被。建有 1 座灯桩。

醒狮岛 (Xǐngshī Dǎo)

北纬 25°36.6′，东经 119°53.8′。位于福州市平潭县东庠岛北部海域，距大陆最近点 29.54 千米。因其侧面形似一只抬头仰视的狮子，第二次全国海域地名普查时命今名。基岩岛。面积约 20 平方米。基岩裸露。无植被。

小狮岛 (Xiǎoshī Dǎo)

北纬 25°36.5′，东经 119°53.8′。位于福州市平潭县东庠岛北部海域，距大陆最近点 29.51 千米。因其侧面形似一只小狮子，第二次全国海域地名普查时命今名。基岩岛。面积约 10 平方米。基岩裸露。无植被。

游厝礁 (Yóucuò Jiāo)

北纬 25°36.1′，东经 119°54.2′。位于福州市平潭县东庠岛东 200 米。因土改前属姓游的紫菜磹，故名。《福建省海域地名志》（1991）、《平潭县海域志》（1992）记为游厝礁。基岩岛。面积约 10 平方米。基岩裸露。无植被。

堤边岛 (Dībiān Dǎo)

北纬 25°36.1′，东经 119°51.4′。位于福州市平潭县小庠岛北 200 米。因该岛位于堤边，第二次全国海域地名普查时命今名。基岩岛。面积约 20 平方米。基岩裸露。无植被。

犁壁礁 (Líbì Jiāo)

北纬25°36.0′，东经119°51.6′。位于福州市平潭县小庠岛东北100米。《福建省海域地名志》（1991）、《平潭县海域志》（1992）均称犁壁礁。基岩岛。面积约340平方米。基岩裸露。无植被。

小犁壁礁岛 (Xiǎolíbìjiāo Dǎo)

北纬25°36.0′，东经119°51.7′。位于福州市平潭县小庠岛东北200米。历史上该岛与犁壁礁统称犁壁礁，因其面积较小，第二次全国海域地名普查时命今名。基岩岛。面积约3平方米。基岩裸露。无植被。

莺东礁 (Yīngdōng Jiāo)

北纬25°36.0′，东经119°54.6′。位于福州市平潭县东庠岛东900米。位于莺山岛东，故名。《福建省海域地名志》（1991）、《平潭县海域志》（1992）记为莺东礁。面积约20平方米。基岩岛，由花岗岩组成。海岛中部隆起。基岩裸露。无植被。

白白屿 (Báibái Yǔ)

北纬25°36.0′，东经119°54.1′。位于福州市平潭县东庠岛东部海域，距大陆最近点29.66千米。表层覆盖白色土壤，故名。因形似钉子鼓，又名钉子鼓。《中国海域地名志》（1989）、《福建省海域地名志》（1991）、《平潭县海域志》（1992）、《福建省海岛志》（1994）、《全国海岛名称与代码》（2008）均称白白屿。岸线长63米，面积313平方米，最高点高程18.5米。基岩岛，由火山岩组成。表层多石少土，植被为草丛。大潮低潮时，西岸、东岸岩石滩分别延伸至东庠岛和莺山岛。

莺山岛 (Yīngshān Dǎo)

北纬25°35.9′，东经119°54.3′。位于福州市平潭县东庠岛东200米。与白白屿之间有条乱石塍，俗谓限山，名限山，方言谐音称莺山岛。又称莺山、笔架山。《中国海洋岛屿简况》（1980）称莺山。《中国海域地名志》（1989）、《福建省海域地名志》（1991）、《平潭县海域志》（1992）、《福建省海岛志》（1994）、《全国海岛名称与代码》（2008）记为莺山岛。岸线长600米，面积21 324平方米，最高点高程 36.3 米。基岩岛，由火山岩组成。表层有土壤，植被为草丛。北面岩石滩延伸至白白屿。东面潮流急。

西顶礁 (Xīdǐng Jiāo)

北纬 25°35.9′，东经 119°51.1′。位于福州市平潭县小庠岛西 500 米。该岛为小庠岛附近诸岛中最西端的海岛，当地群众惯称西顶礁。《福建省海域地名志》（1991）、《平潭县海域志》（1992）记为西顶礁。基岩岛。面积约 30 平方米。基岩裸露。无植被。

舂臼头礁 (Chōngjiùtóu Jiāo)

北纬 25°35.8′，东经 119°51.2′。位于福州市平潭县小庠岛西 300 米。形似倒置石臼（方言称舂臼），故名。《福建省海域地名志》（1991）、《平潭县海域志》（1992）记为舂臼头礁。基岩岛。面积约 20 平方米。基岩裸露。无植被。

南古东礁 (Nángǔdōng Jiāo)

北纬 25°35.8′，东经 119°54.3′。位于福州市平潭县东庠岛东 400 米。因位于古东礁南，故名。《福建省海域地名志》（1991）、《平潭县海域志》（1992）记为南古东礁。基岩岛。面积约 10 平方米。基岩裸露。植被主要为草丛。

西顶限礁 (Xīdǐngxiàn Jiāo)

北纬 25°35.8′，东经 119°51.2′。位于福州市平潭县小庠岛西 300 米。因处鉡楼村西，原名西限。因重名，1985 年改今名。《福建省海域地名志》（1991）、《平潭县海域志》（1992）记为西顶限礁。基岩岛。面积约 10 平方米。基岩裸露。无植被。

东庠岛 (Dōngxiáng Dǎo)

北纬 25°35.6′，东经 119°53.2′。位于福州市平潭县海坛岛东 3.5 千米，隶属于平潭县。位于小庠岛东部，犹如海坛岛东北的海上屏障，俗称“东墙”，雅化成今名。曾名大庠。《中国海洋岛屿简况》（1980）、《中国海域地名志》（1989）、《福建省海域地名志》（1991）、《平潭县海域志》（1992）、《福建省海岛志》（1994）记为东庠岛。岸线长 19.68 千米，面积 4.892 5 平方千米，最高点高程 134.6 米。基岩岛，由火山岩组成。东西两侧为丘陵，西部自鲎北山至中岭山有山峰绵延，中部为沙丘、坡地，北部隆旗山、将军山和塔仔山拥抱着葫芦澳，形成一个天然避风澳口。西南角的东庠门为扼守东庠岛、小庠岛间航道的门户。有居民海岛，为东庠乡人民政府驻地。有 8 个行政村，11 个自然村，2011 年户籍人口 10 704 人，常住人口 5 877 人。建有小学、卫生院、通信发射塔等。淡水、电力由海坛岛引入。有南江、东庠门两个码头，客轮通平潭流水镇。

小庠岛 (Xiǎoxiáng Dǎo)

北纬 25°35.6′，东经 119°51.5′。位于福州市平潭县海坛岛东 1.9 千米，隶属于平潭县。岛小，如一屏障竖立海中，面积较小，俗称“小墙”，后随东庠岛雅化成今名。《中国海洋岛屿简况》（1980）、《中国海域地名志》（1989）、《福建省海域地名志》（1991）、《平潭县海域志》（1992）、《福建省海岛志》（1994）、《全国海岛名称与代码》（2008）均称小庠岛。岸线长 3.47 千米，面积 4.771 5 平方千米，最高点高程 75.5 米。基岩岛，由火山岩组成，呈南北走向。地形中间高，南北低。东部火山岩裸露。植被以草丛为主。有居民海岛。有户楼、砂美两个自然村，2011 年户籍人口 2 832 人，常住人口 1 200 人。建有小学。淡水、电力从东庠岛引入，砂美澳是流水镇至东庠乡班轮停靠点。

海豚岛 (Hǎitún Dǎo)

北纬 25°35.6′，东经 119°51.1′。位于福州市平潭县小庠岛西 400 米。因远看形似海豚戏球，面积较小，第二次全国海域地名普查时命今名。基岩岛。面积约 1 平方米。基岩裸露。无植被。

青营屿 (Qīngyíng Yǔ)

北纬 25°35.5′，东经 119°51.2′。位于福州市平潭县小庠岛西 100 米。民国版《平潭县志》记为青营屿，至今沿用。《中国海洋岛屿简况》（1980）称青岐屿。《中国海域地名志》（1989）、《福建省海域地名志》（1991）、《平潭县海域志》（1992）、《福建省海岛志》（1994）、《全国海岛名称与代码》（2008）记为青营屿。岛体从远处看如青色的营帐，当地群众惯称青营屿。岸线长 241 米，面积 4 358 平方米，最高点高程 18.3 米。基岩岛，由火山岩组成。表层为黄壤土，植被以草丛为主。西北岸岩石滩伸出。低潮时与小庠岛连接。建有 1 个陆岛交通码头。

鬼礑 (Guǐ Tán)

北纬 25°35.4′，东经 119°41.6′。位于福州市平潭县平原镇南海村西北部海域，距大陆最近点 9.07 千米。礁石千姿百态，名鬼礑。《福建省海域地名志》（1991）、《平潭县海域志》（1992）记为鬼礑。基岩岛。面积约 20 平方米。基岩裸露。无植被。

桃仔岛 (Táozǎi Dǎo)

北纬 25°35.2′，东经 119°41.3′。位于福州市平潭县平原镇南海村西部海域，距大陆最近点 8.59 千米。因形似桃，岛体较小，第二次全国海域地名普查时命今名。基岩岛。面积约 10 平方米。基岩裸露。无植被。退潮时四周滩涂外伸，有牡蛎养殖。

倒鼎岛 (Dàodǐng Dǎo)

北纬 25°35.2′，东经 119°41.3′。位于福州市平潭县平原镇看澳村西北部海域，距大陆最近点 8.54 千米。因形似倒置的鼎，第二次全国海域地名普查时命今名。基岩岛。面积约 10 平方米。基岩裸露。无植被。退潮时四周滩涂外伸，有牡蛎养殖。

松子岛 (Sōngzǐ Dǎo)

北纬 25°35.1′，东经 119°41.3′。位于福州市平潭县平原镇看澳村西北部海域，距大陆最近点 8.51 千米。因形似松子，第二次全国海域地名普查时命今名。基岩岛。面积约 20 平方米。基岩裸露。无植被。退潮时四周滩涂外伸，有牡蛎养殖。

石馒头岛 (Shímántou Dǎo)

北纬 25°35.1′，东经 119°41.3′。位于福州市平潭县平原镇看澳村西北部海域，距大陆最近点 8.55 千米。因岩体较白，似方形馒头，第二次全国海域地名普查时命今名。基岩岛。面积约 10 平方米。基岩裸露。无植被。通过东、北两围堤与海坛岛相连。退潮时四周滩涂外伸，有牡蛎养殖。

石牌草屿 (Shípái Cǎoyǔ)

北纬 25°35.0′，东经 119°40.7′。位于福州市平潭县平原镇看澳村西 1.2 千米。曾名草仕、草屿。岛上杂草翠绿，故名草屿。因重名，1985 年以邻近石牌洋礁改今名。《福建省海域地名志》（1991）、《平潭县海域志》（1992）、《福建省海岛志》（1994）、《全国海岛名称与代码》（2008）均称石牌草屿。基岩岛。呈月牙形，岸线长534米，面积7 315平方米，最高点高程14.4米。表层覆盖土质，西北岸岩石滩伸出。南部建有1座灯塔。

石牌洋礁 (Shípáiyáng Jiāo)

北纬25°35.0′，东经119°40.8′。位于福州市平潭县平原镇看澳村西1.1千米。又名海中石碑、半洋石帆。因礁似石牌，卓立海中，故名。《福建省海域地名志》（1991）、《平潭县海域志》（1992）记为石牌洋礁。基岩岛。岸线长152米，面积1 612平方米，最高点高程33米。无植被。建有1个简易码头。

光幼屿 (Guāngyòu Yǔ)

北纬25°34.9′，东经119°50.1′。位于福州市平潭县流水镇北300米。东岸基岩光泽釉滑，“釉”与“幼”谐音，故名。《中国海域地名志》（1989）、《福建省海域地名志》（1991）、《平潭县海域志》（1992）、《福建省海岛志》（1994）、《全国海岛名称与代码》（2008）记为光幼屿。岸线长1.08千米，面积0.062 2平方千米，最高点高程24.2米。基岩岛，由花岗岩组成。地势南部陡峭，北面平缓，中部隆起。栽种黑松、木麻黄，生长杂草。有海底电缆自平潭岛经本岛至东庠岛。淡水有从海坛岛接入的自来水及井水。建有1处防波堤及鲍鱼养殖池。

乌礁头礁 (Wūjiāotóu Jiāo)

北纬25°34.9′，东经119°49.8′。位于福州市平潭县流水镇北400米。礁石顶部呈黑色，黑方言称乌，故名。《福建省海域地名志》（1991）、《平潭县海域志》（1992）记为乌礁头礁。面积约20平方米，最高点高程3.7米。基岩岛，由花岗岩组成。无植被。低潮时与海坛岛、光幼屿连接。

官山底礁 (Guānshāndǐ Jiāo)

北纬25°34.8′，东经119°42.0′。位于福州市平潭县平原镇民主村南部海域，距大陆最近点9.6千米。靠近官山，当地群众惯称官山底礁。《福建省海域地名志》（1991）、《平潭县海域志》（1992）称官山底礁。基岩岛。面积约6平方米，最高点高程5.1米。无植被。

忑礋 (Tè Tán)

北纬 25°34.7′，东经 119°49.7′。位于福州市平潭县流水镇北 100 米。礁石地势倾斜，坡度极大，由方言“边”音谐音得名。《福建省海域地名志》（1991）、《平潭县海域志》（1992）记为忑礋。基岩岛。面积约 110 平方米。无植被。

红山屿 (Hóngshān Yǔ)

北纬 25°34.7′，东经 119°50.5′。位于福州市平潭县流水镇西北 600 米。表层覆盖红壤，故名。曾名红山仔。别名赤土限、赤山限、红屿仔。《中国海洋岛屿简况》（1980）称红山仔。《中国海域地名志》（1989）、《福建省海域地名志》（1991）、《平潭县海域志》（1992）、《福建省海岛志》（1994）、《全国海岛名称与代码》（2008）记为红山屿。基岩岛。岸线长 1.02 千米，面积 0.030 7 平方千米，最高点高程 20.8 米。表土以红壤为主，南部陡峭，北面平缓，四周为岩石滩。西侧突出部与光幼屿防波堤之间为流水澳进出口门，西南面为沙滩。植被以草丛、灌木为主。

玉屿仔 (Yù Yǔzǎi)

北纬 25°34.6′，东经 119°41.5′。位于福州市平潭县平原镇民主村西南 600 米。邻近玉屿村，故名。另说古时看澳村姑娘嫁到玉屿村，娘家以屿周围的渔堰作为稼妆，随之称玉屿仔。又名当门礁。《中国海洋岛屿简况》（1980）称当门礁。《中国海域地名志》（1989）、《福建省海域地名志》（1991）、《平潭县海域志》（1992）、《福建省海岛志》（1994）、《全国海岛名称与代码》（2008）均记为玉屿仔。基岩岛。岸线长 641 米，面积 20 484 平方米。表土以黄壤为主。植被以草丛、灌木为主。

巴礁 (Bā Jiāo)

北纬 25°34.6′，东经 119°52.2′。位于福州市平潭县流水镇山边村北 1.4 千米。由白色花岗岩组成，原名白礁。因重名，1985 年由“白礁”谐音更名为巴礁。《福建省海域地名志》（1991）、《平潭县海域志》（1992）记为巴礁。岸线长 277 米，面积 4 974 平方米。基岩岛，由白色花岗岩组成。无植被。

祠堂钉礁（Cítángdīng Jiāo）

北纬 25°34.3′，东经 119°51.7′。位于福州市平潭县流水镇山边村北 800 米。曾有祠堂头村的船只在此礁沉没，故名。《福建省海域地名志》（1991）、《平潭县海域志》（1992）记为祠堂钉礁。基岩岛。面积约 8 平方米。无植被。

黄蚁屿（Huángyǐ Yǔ）

北纬 25°34.3′，东经 119°52.2′。位于福州市平潭县流水镇山边村北 700 米。曾名王爷屿，又称鱼屿。民国《平潭县志》载“黄蚁屿”，至今沿用。1:5 万海图标注鱼屿。岛体远看如黄色的巨蚁，当地群众惯称黄蚁屿。《福建省海域地名志》（1991）、《平潭县海域志》（1992）、《福建省海岛志》（1994）、《全国海岛名称与代码》（2008）记为黄蚁屿。岸线长 388 米，面积 5 161 平方米，最高点高程 17 米。基岩岛，由花岗岩组成。地势北高南低，因海蚀风化，中段地表已成壑。表层为红壤土。植被以杂草为主。岩石滩，南与海坛岛相接，低潮时可通行。

新眼屿（Xīnyǎn Yǔ）

北纬 25°34.1′，东经 119°53.2′。位于福州市平潭县流水镇山边村东北突出部外侧海域，距大陆最近点 26.77 千米。当地群众惯称新眼屿。岸线长 209 米，面积 2 859 平方米。基岩岛，由花岗岩组成。无植被。

尖山限礁（Jiānshānxiàn Jiāo）

北纬 25°34.0′，东经 119°52.1′。位于福州市平潭县流水镇山边村北 300 米。礁顶较尖，故名。《福建省海域地名志》（1991）、《福建省海岛志》（1994）、《平潭县海域志》（1992）均称尖山限礁。面积约 9 平方米。基岩岛，由几块花岗岩组成。无植被。

西枯岛（Xīkū Dǎo）

北纬 25°34.0′，东经 119°52.0′。位于福州市平潭县流水镇山边村北 100 米。位于尖山限礁西侧，且形如枯叶，当地群众惯称西枯岛。岸线长 188 米，面积 2 717 平方米。基岩岛，由花岗岩组成。表层覆盖土壤，植被以杂草、灌木为主。建有防波堤、渔业码头等。电力由海坛岛引入。

担屿 (Dàn Yǔ)

北纬 25°33.4′，东经 119°42.2′。位于福州市平潭县中楼乡芦南村西 2.4 千米。东西隆起，中部凹平，似扁担，故名。《福建省海域地名志》（1991）、《福建省海岛志》（1994）、《平潭县海域志》（1992）、《全国海岛名称与代码》（2008）均称担屿。岸线长 366 米，面积 5 185 平方米，最高点高程 9.4 米。基岩岛，由火山岩组成。低潮时与担屿西岛连为一体。地表覆盖土层，植被以杂草、灌木为主。基岩海岸，有淤泥滩。

担屿西岛 (Dànyǔ Xīdǎo)

北纬 25°33.4′，东经 119°42.1′。位于福州市平潭县中楼乡芦南村西 2.6 千米。历史上该岛与担屿、担屿仔岛统称担屿，因本岛位于担屿西侧，第二次全国海域地名普查时命今名。岸线长 99 米，面积 659 平方米。基岩岛，由火山岩组成。低潮时与担屿连为一体。长有零星植被，以杂草和低矮灌木为主。

担屿仔岛 (Dànyǔzǎi Dǎo)

北纬 25°33.4′，东经 119°42.2′。位于福州市平潭县中楼乡芦南村西 2.3 千米。历史上该岛与担屿西岛、担屿统称担屿，本岛位于担屿东南侧，因面积较小，第二次全国海域地名普查时命今名。基岩岛。面积约 6 平方米。无植被。

破碎岛 (Pòsuì Dǎo)

北纬 25°32.9′，东经 119°51.8′。位于福州市平潭县流水镇东美村南 100 米。因该岛由多块岩石组成，如大块岩石突然破裂而成，第二次全国海域地名普查时命今名。面积约 110 平方米。基岩岛，由破碎花岗岩组成。无植被。

北牛使礁 (Běiniúshǐ Jiāo)

北纬 25°32.8′，东经 119°42.2′。位于福州市平潭县中楼乡芦南村西 2.2 千米。因其形如牛粪，曾名牛屎礁。因重名，1985 年以位于大怀屿北侧，雅化得名。《福建省海域地名志》（1991）、《平潭县海域志》（1992）称北牛使礁。基岩岛。岸线长 5 米，面积 3 平方米。无植被。

大怀屿 (Dàhuái Yǔ)

北纬 25°32.7′，东经 119°42.3′。位于福州市平潭县中楼乡芦南村西 1.9 千米。

邻近小怀屿，面积较大，故名。又名怀山、柜屿。民国版《平潭县志》载“怀山”。《福建省海域地名志》（1991）、《福建省海岛志》（1994）、《平潭县海域志》（1992）、《全国海岛名称与代码》（2008）均称大怀屿。岸线长 969 米，面积 37 096 平方米，最高点高程 26.8 米。基岩岛，由火山岩组成。地势南北低，中部隆起。表层有土层。有淡水。砾石海岸。

小怀屿一岛 (Xiǎohuáiyǔ Yīdǎo)

北纬 25°32.7′，东经 119°42.0′。位于福州市平潭县中楼乡芦南村西 2.5 千米。小怀屿北侧两小岛之一，该岛居西，自西往东加序数得名。基岩岛。面积约 2 平方米。无植被。

小怀屿二岛 (Xiǎohuáiyǔ ÈrDǎo)

北纬 25°32.7′，东经 119°42.1′。位于福州市平潭县中楼乡芦南村西 2.4 千米。小怀屿北侧两小岛之一，该岛居东，自西往东加序数得名。基岩岛。面积约 1 平方米。无植被。

小怀屿 (Xiǎohuái Yǔ)

北纬 25°32.7′，东经 119°42.0′。位于福州市平潭县中楼乡芦南村西 2.5 千米。邻近大怀屿，面积较大，相对而名。又名小柜屿。《福建省海域地名志》（1991）、《福建省海岛志》（1994）、《平潭县海域志》（1992）、《全国海岛名称与代码》（2008）称小怀屿。岸线长 754 米，面积 15 427 平方米，最高点高程 18.6 米。基岩岛，由火山岩组成。表层沙土。植被以杂草和灌木为主。

上十二礵 (Shàngshí'èr Tán)

北纬 25°32.5′，东经 119°41.5′。位于福州市平潭县中楼乡芦南村西 3.4 千米。约有 12 块礁石组成，故名。《福建省海域地名志》（1991）、《平潭县海域志》（1992）均称上十二礵。基岩岛。面积约 1 平方米。无植被。

大红燕屿 (Dàhóngyàn Yǔ)

北纬 25°32.3′，东经 119°41.7′。位于福州市平潭县中楼乡芦南村西 3 千米。似燕子，表层呈红色，故名。又名峰屿。《中国海域地名志》（1989）、《福建省海域地名志》（1991）、《平潭县海域志》（1992）、《福建省海岛志》（1994）、《全国海岛名称与代码》（2008）记为大红燕屿。岸线长 318 米，面积 5 155 平方米，最高点高程 15.7 米。基岩岛，由火山岩组成。地势中部隆起，表层岩石裸露。植被以杂草、灌木为主。基岩海岸，周围礁石密布，多干出沙泥滩，低潮时与海坛岛相接。

北马腿岛 (Běimǎtuǐ Dǎo)

北纬 25°32.3′，东经 119°42.6′。位于福州市平潭县中楼乡芦南村西 1.5 千米。第二次全国海域地名普查时命今名。基岩岛。面积约 20 平方米。无植被。

小红燕礁 (Xiǎohóngyàn Jiāo)

北纬 25°32.2′，东经 119°41.5′。位于福州市平潭县中楼乡芦南村西 3.3 千米。近大红燕屿，面积较小，故名。曾名红礁仔。《福建省海域地名志》（1991）、《平潭县海域志》（1992）记为小红燕礁。基岩岛。面积约 280 平方米。无植被。

鹭鸶礃 (Lùsī Tán)

北纬 25°32.2′，东经 119°42.6′。位于福州市平潭县中楼乡芦南村西 1.5 千米。岛上常栖息鹭鸶鸟，故名。《福建省海域地名志》（1991）、《平潭县海域志》（1992）记为鹭鸶礃。基岩岛。面积约 2 平方米。无植被。

大红雁 (Dàhóngyàn)

北纬 25°32.2′，东经 119°42.4′。位于福州市平潭县中楼乡芦南村西 1.8 千米。当地群众惯称大红雁。基岩岛。面积约 320 平方米。无植被。

马仔屿 (Mǎzǎi Yǔ)

北纬 25°32.2′，东经 119°42.4′。位于福州市平潭县中楼乡芦南村西 1.4 千米。远望似马，故名。一说因邻近马腿村，面积较小而得名。《福建省海域地名志》（1991）、《福建省海岛志》（1994）、《平潭县海域志》（1992）、《全国海岛名称与代码》（2008）记为马仔屿。岸线长 531 米，面积 8 742 平方米，最高点高程 12.7 米。基岩岛，由火山岩组成。地表覆盖土层，植被以草丛、灌木为主。基岩海岸，周围有沙滩，低潮时与海坛岛相接。岛上建有 1 座测风塔。

海坛岛 (Hǎitán Dǎo)

北纬 25°32.0′，东经 119°45.9′。位于福建省东部海域，西临福清湾，东临台湾海峡，隶属于平潭县，距大陆最近点3.25千米。《中国海域地名志》（1989）载："因形似坛，兀峙海中得名。"又名平潭岛、海山。《福建省海域地名志》（1991）、《福建省海岛志》（1994）、《平潭县海域志》（1992）、《中国海岛》（2000）、《平潭县志》（2000）均记为海坛岛。

福建省第一大岛，全国第五大岛。岸线长217.13千米，面积250.125 9平方千米，最高点高程438.2米。基岩岛。地貌复杂多样，以海积平原为主，多花岗岩丘陵地貌，东北和西北侧有片麻岩裸露。地势北部、南部高。森林覆盖率高。有植物121科351属474种。植被类型有黑松林、相思树林、木麻黄林、混交林、盐生植被、沙生植被、农作物等。年均气温19.6℃，年降水量1 180.2毫米，7—9月常受台风影响。河流短而少，独流入海。

为平潭县人民政府所在海岛。有3镇8乡464个自然村，2011年户籍人口366 029人，常住人口357 760人。2009年7月成立平潭综合实验区。主要产业为海水养殖、远洋捕捞、船舶修造业和以旅游、商贸为主体的现代服务业，海洋运输业和隧道工程业发达。有平潭跨海大桥与大陆连接。岛上公路交通运输方便，村村通公路。主要港口码头有竹屿港、观音澳、苏澳港、娘宫港、流水澳、钱便澳等。供水、供电、交通、通信、教育、医疗、文化、公共服务设施齐备。水源主要来自岛上三十六脚湖，有福州—福清—平潭110/35KV输电线路。有三十六脚湖、仙人井、一片瓦、壳丘头文化遗址等名胜古迹，有龙凤头度假村及天然海滨浴场。耕地约9万亩，主要种植甘薯、花生、小麦。近海滩涂养殖紫菜、海带、贻贝等。周边海域产大黄鱼、鳓鱼、鳀、鲨鱼、鲻鱼、马鲛鱼、带鱼、丁香鱼、梭子蟹、毛虾等。

天下磹 (Tiānxià Tán)

北纬25°32.0′，东经119°42.2′。位于福州市平潭县中楼乡芦南村西2.2千米。《福建省海域地名志》（1991）、《平潭县海域志》（1992）称天下磹。基岩岛。面积约70平方米。无植被。

斜屿 (Xié Yǔ)

北纬25°32.0′，东经119°41.7′。位于福州市平潭县中楼乡芦南村西2.8千米。

呈东北—西南走向，自东向西逐渐倾斜，故名。《中国海域地名志》（1989）、《福建省海域地名志》（1991）、《福建省海岛志》（1994）、《平潭县海域志》（1992）、《全国海岛名称与代码》（2008）称斜屿。岸线长 890 米，面积 25 462 平方米，最高点高程 17.2 米。基岩岛，由火山岩组成。地表覆盖土层，植被主要为草丛，夹杂少量灌木。基岩海岸，沿岸多砾石滩。

斜屿仔岛 (Xiéyǔzǎi Dǎo)

北纬 25°31.9′，东经 119°41.6′。位于福州市平潭县中楼乡芦南村西 3.1 千米。历史上与斜屿统称斜屿。因位于斜屿东南侧，面积较小，第二次全国海域地名普查时命今名。基岩岛。面积约 220 平方米。植被以草丛为主。

金屿仔 (Jīn Yǔzǎi)

北纬 25°31.7′，东经 119°48.5′。位于福州市平潭县海坛湾中部海域，距大陆最近点 17.86 千米。相传曾有人在岛上拾到金子而得名。《中国海域地名志》（1989）、《福建省海域地名志》（1991）、《福建省海岛志》（1994）、《平潭县海域志》（1992）、《全国海岛名称与代码》（2008）记为金屿仔。基岩岛。面积约 220 平方米，最高点高程 10.7 米。岛体略呈菱形，地势西高东低。岩石裸露。无植被。低潮时与海坛岛相接。

它屿礁 (Tāyǔ Jiāo)

北纬 25°31.4′，东经 119°49.1′。位于福州市平潭县海坛湾中部海域，距大陆最近点 18.71 千米。曾名白头礁。民国版《平潭县志》载“礁上鹭鸶聚粪呈白色”，故名白头礁。因重名，1985 年改名为它屿礁。《福建省海域地名志》（1991）、《平潭县海域志》（1992）记为它屿礁。面积约 10 平方米。基岩岛，由花岗岩组成。呈椭圆形，岩石裸露。无植被。周围水深 1.2～5.8 米。岛周边长紫菜。

蛇屿 (Shé Yǔ)

北纬 25°31.1′，东经 119°50.1′。位于福州市平潭县海坛湾中部海域，距大陆最近点 19.99 千米。民国《平潭县志》载“形似长蛇，夜间常见鳞火雨点，俗传为蛇目云”，故名。《中国海洋岛屿简况》（1980）、《中国海域地名志》（1989）、《福建省海域地名志》（1991）、《平潭县海域志》（1992）、《福建省海岛志》（1994）、《全国海岛名称与代码》（2008）记为蛇屿。岸线长1.51千米，面积0.057 3平方千米，最高点高程25米。基岩岛，由火山岩组成。地势西部平缓，北、东部坡陡，南部最高。表层黄壤土，杂草丛生。基岩海岸，南部东、西岸都有小湾口，岩滩向北、西南延伸。西岸砾石滩，周围多礁石。岩滩上长紫菜。

蛇尾石岛（Shéwěishí Dǎo）

北纬25°31.1′，东经119°50.0′。位于福州市平潭县海坛湾中部海域，距大陆最近点19.97千米。历史上与蛇屿统称蛇屿，因其位于蛇屿西侧，面积较小，第二次全国海域地名普查时命今名。面积约80平方米。基岩岛，由火山岩组成。基岩裸露。无植被。

蛇屿仔礁（Shéyǔzǎi Jiāo）

北纬25°31.0′，东经119°50.0′。位于福州市平潭县海坛湾中部海域，距大陆最近点20.05千米。东侧有蛇屿，本岛面积较小，故名。《福建省海域地名志》（1991）、《平潭县海域志》（1992）称蛇屿仔礁。岸线长24米，面积45平方米。基岩岛，由火山岩组成。基岩裸露。无植被。

西屿礁（Xīyǔ Jiāo）

北纬25°30.9′，东经119°40.9′。位于福州市平潭县北厝镇北后澳村西北1.4千米。位于四屿群礁西部，故名。《福建省海域地名志》（1991）、《平潭县海域志》（1992）称西屿礁。基岩岛。面积约20平方米。基岩裸露。无植被。

中屿仔礁（Zhōngyǔzǎi Jiāo）

北纬25°30.9′，东经119°41.1′。位于福州市平潭县北厝镇北后澳村西北900米。位于群礁中部，故名。《福建省海域地名志》（1991）、《平潭县海域志》（1992）称中屿仔礁。基岩岛。面积约20平方米。基岩裸露。无植被。

北屿礁（Běyǔ Jiāo）

北纬25°30.9′，东经119°41.2′。位于福州市平潭县北厝镇北后澳村西北800米。位于群礁北部，故名。《福建省海域地名志》（1991）、《平潭县海域志》（1992）称北屿礁。基岩岛。面积约30平方米。基岩裸露。无植被。

小营礁 (Xiǎoyíng Jiāo)

北纬 25°30.9′，东经 119°49.1′。位于福州市平潭县海坛湾中部海域，距大陆最近点 18.47 千米。邻近大营屿，礁小，故名。《中国海域地名志》(1989)、《福建省海域地名志》(1991)、《平潭县海域志》(1992)、《福建省海岛志》(1994)、《全国海岛名称与代码》（2008）均称小营礁。岸线长 145 米，面积 1 044 平方米，最高点高程 7.6 米。基岩岛，由花岗岩组成。地势中段隆起，高潮时呈三角形，低潮时岩滩东北接古头礁，西南连大营屿。基岩裸露。无植被。

龟模屿 (Guīmú Yǔ)

北纬 25°30.7′，东经 119°48.7′。位于福州市平潭县海坛湾中部海域，距大陆最近点 17.67 千米。形似海龟模样，故名。曾名龟模。《中国海域地名志》(1989)、《福建省海域地名志》(1991)、《平潭县海域志》(1992)、《福建省海岛志》(1994)、《全国海岛名称与代码》（2008）称龟模屿。岸线长 628 米，面积 19 215 平方米，最高点高程 21.2 米。基岩岛，由火山岩组成。地势南高北低。表面覆盖厚土层，杂草茂盛，有零星灌木。基岩海岸，周围为岩滩，东延至大营屿，西接海坛湾沙滩，低潮时可通行。

小箩屿 (Xiǎoluó Yǔ)

北纬 25°30.7′，东经 119°40.1′。位于福州市平潭县北厝镇北后澳村西 2.7 千米。邻近大箩屿，屿小，故名。《中国海域地名志》（1989）、《福建省海域地名志》（1991）、《平潭县海域志》（1992）、《福建省海岛志》（1994）、《全国海岛名称与代码》（2008）均称小箩屿。岸线长 233 米，面积 2 784 平方米，最高点高程 10.6 米。基岩岛，由花岗岩组成。地势中部隆起。基岩裸露，表层少量土壤，有少量杂草。基岩海岸，周围砂质，南面多礁。潮流湍急，为航行危险区。

南观音礁 (Nánguānyīn Jiāo)

北纬 25°30.7′，东经 119°44.0′。位于福州市平潭县北厝镇务里村北 300 米。原名观音礁，形似观音菩萨。因重名，以其位于平潭海域南部，故名南观音礁。《中国海域地名志》(1989)、《福建省海域地名志》(1991)、《平潭县海域志》(1992)、

《福建省海岛志》（1994）、《全国海岛名称与代码》（2008）记为南观音礁。岸线长 124 米，面积 1 128 平方米。基岩岛，由花岗岩组成。表层有土层覆盖，有少量杂草。基岩海岸，北面为干出沙滩。岛上建有灯塔、小庙。

平潭观音礁（Píngtán Guānyīn Jiāo）

北纬 25°30.7′，东经 119°44.0′。位于福州市平潭县北厝镇务里村北 300 米。因岛上有座小观音庙，当地群众惯称观音礁。省内重名，以其位于平潭县，第二次全国海域地名普查时更为今名。面积约 20 平方米。基岩岛，由花岗岩组成。基岩裸露。无植被。低潮时与南观音礁相接。

大营屿（Dàyíng Yǔ）

北纬 25°30.7′，东经 119°48.9′。位于福州市平潭县海坛湾中部海域，距大陆最近点 18.09 千米。与小营礁对峙，面积较大，故名。《中国海域地名志》（1989）、《福建省海域地名志》（1991）、《福建省海岛志》（1994）、《平潭县海域志》（1992）、《全国海岛名称与代码》（2008）均称大营屿。岸线长 274 米，面积 4 479 平方米，最高点高程 11.3 米。基岩岛，由火山岩组成。地势南陡北缓，中部隆起。基岩裸露。无植被。岩石滩上长紫菜。

倒坐礁（Dàozuò Jiāo）

北纬 25°30.7′，东经 119°48.4′。位于福州市平潭县海坛湾中部海域，距大陆最近点 17.28 千米。远看形如人倒坐在海中，当地群众惯称倒坐礁。《福建省海域地名志》（1991）、《平潭县海域志》（1992）称倒坐礁。面积约 110 平方米。基岩岛，由出露的几块花岗岩组成。基岩裸露。无植被。砂质海岸，低潮时与海坛岛相接。

箩后鼻屿（Luóhòubí Yǔ）

北纬 25°30.6′，东经 119°40.2′。位于福州市平潭县北厝镇北后澳村西 2.4 千米。《中国海域地名志》（1989）、《福建省海域地名志》（1991）、《福建省海岛志》（1994）、《平潭县海域志》（1992）、《全国海岛名称与代码》（2008）均称箩后鼻屿。岸线长 440 米，面积 12 130 平方米，最高点高程 26.8 米。基岩岛，由花岗岩组成。基岩裸露，表层有薄土，杂草稀少，有零星灌木。

基岩海岸，周围多礁石，砂质底。建有一灯塔。

猪头礵 (Zhūtóu Tán)

北纬 25°30.6′，东经 119°40.0′。位于福州市平潭县北厝镇北后澳村西 2.8 千米。形似猪头，故名。《福建省海域地名志》(1991)、《平潭县海域志》(1992) 称猪头礵。面积约 3 平方米。基岩岛，由花岗岩组成。基岩裸露。无植被。

中限屿 (Zhōngxiàn Yǔ)

北纬 25°30.6′，东经 119°40.1′。位于福州市平潭县北厝镇北后澳村西 2.6 千米。位于大箩屿、箩后鼻屿中间，故名。《中国海域地名志》(1989)、《福建省海域地名志》(1991)、《福建省海岛志》(1994)、《平潭县海域志》(1992)、《全国海岛名称与代码》(2008) 均称中限屿。岸线长 295 米，面积 4 684 平方米，最高点高程 13.7 米。基岩岛，由花岗岩组成。呈椭圆形。地表覆盖土层，杂草丛生。基岩海岸，低潮时西南沿岸沙滩延伸至大箩屿。

外屿仔礁 (Wàiyǔzǎi Jiāo)

北纬 25°30.5′，东经 119°40.3′。位于福州市平潭县北厝镇北后澳村西 2.3 千米。因离海坛岛岸比中限屿远，故名。《福建省海域地名志》(1991)、《平潭县海域志》(1992) 记为外屿仔礁。基岩岛。面积约 1 平方米。基岩裸露。无植被。

大箩屿 (Dàluó Yǔ)

北纬 25°30.5′，东经 119°40.0′。位于福州市平潭县北厝镇北后澳村西 2.6 千米。《中国海域地名志》(1989)、《福建省海域地名志》(1991)、《平潭县海域志》(1992)、《福建省海岛志》(1994)、《全国海岛名称与代码》(2008) 记为大箩屿。岸线长 1 千米，面积 0.051 2 平方千米，最高点高程 18 米。基岩岛，由花岗岩组成。地势西高东低。地表覆盖土层，杂草丛生，有零星灌木。基岩海岸，南面有两个澳口和大片干出沙滩。

金蟾岛 (Jīnchán Dǎo)

北纬 25°29.8′，东经 119°48.4′。位于福州市平潭县海坛湾中部海域，距大陆最近点 16.93 千米。因表层岩石粗糙，似蟾蜍背部，第二次全国海域地名普查时命今名。基岩岛。面积约 45 平方米。无植被。基岩海岸，低潮时与海坛岛相接。建有一灯塔。

官屿 (Guān Yǔ)

北纬 25°29.6′，东经 119°49.1′。位于福州市平潭县海坛湾南部海域，距大陆最近点 18.03 千米。邻近官姜村，扼官姜澳澳口，故名。《中国海域地名志》（1989）、《福建省海域地名志》（1991）、《平潭县海域志》（1992）、《福建省海岛志》（1994）、《全国海岛名称与代码》（2008）均称官屿。岛呈月牙形，岸线长 725 米，面积 29 189 平方米，最高点高程 22.9 米。基岩岛，由火山岩组成。坡陡，表层因风化多奇岩怪石。植被稀少。基岩海岸，岩石滩长紫菜。

磻礁 (Pán Jiāo)

北纬 25°29.6′，东经 119°49.3′。位于福州市平潭县海坛湾南部海域，距大陆最近点 18.33 千米。《福建省海域地名志》（1991）载："礁石岩石不坚固，以方言谐音得名。"《平潭县海域志》（1992）亦称磻礁。面积约 45 平方米。基岩岛，由花岗岩组成。

鸟达屿礁 (Niǎodáyǔ Jiāo)

北纬 25°29.6′，东经 119°39.8′。位于福州市平潭县北厝镇娘宫村西北 1.5 千米。因海鸟多栖于此，故名。《福建省海域地名志》（1991）、《平潭县海域志》（1992）记为鸟达屿礁。基岩岛。低潮时底部礁盘南北长约 150 米，东西宽 50 米，高潮时仅灯塔周边少量岛体出露，面积约 10 平方米。基岩裸露。无植被。建有一灯塔。

内臼仔礁岛 (Nèijiùzǎijiāo Dǎo)

北纬 25°29.5′，东经 119°49.3′。位于福州市平潭县海坛湾南部海域，距大陆最近点 18.33 千米。历史上该岛与臼仔底礁统称臼仔底礁。因其位于臼仔底礁旁，比之更靠近海坛岛，第二次全国海域地名普查时命今名。基岩岛。面积约 45 平方米。基岩裸露。无植被。

鹭鸶岛 (Lùsī Dǎo)

北纬 25°29.5′，东经 119°50.7′。位于福州市平潭县海坛湾南部海域，距大陆最近点20.52千米。因鹭鸶多栖息岛上，故名。《中国海域地名志》（1989）、《福建省海域地名志》（1991）、《平潭县海域志》（1992）、《福建省海岛志》（1994）、《全国海岛名称与代码》（2008）均称鹭鸶岛。岸线长667米，面积22 227平方米，最高点高程22.8米。基岩岛，由火山岩组成。表层为黄壤土，生长杂草。基岩海岸，东北岸有岩石滩，长紫菜。

臼仔底礁 (Jiùzǎidǐ Jiāo)

北纬25°29.5′，东经119°49.3′。位于福州市平潭县海坛湾南部海域，距大陆最近点18.31千米。岛体形如小臼（舂米器具）底，故名。《福建省海域地名志》（1991）、《平潭县海域志》（1992）称臼仔底礁。基岩岛。面积约45平方米。基岩裸露。无植被。

雪礁屿 (Xuějiāo Yǔ)

北纬25°29.0′，东经119°51.1′。位于福州市平潭县海坛湾南部海域，距大陆最近点21.08千米。因邻近雪头屿，面积较小而得名。《中国海域地名志》（1989）、《福建省海域地名志》（1991）、《福建省海岛志》（1994）、《平潭县海域志》（1992）、《全国海岛名称与代码》（2008）均称雪礁屿。岸线长275米，面积5 131平方米，最高点高程8.3米。基岩岛，由火山岩组成。岛体略呈三角形，地势西高东低。表层基岩裸露。无植被。低潮时与海坛岛相接。

北分流尾岛 (Běifēnliúwěi Dǎo)

北纬25°29.0′，东经119°39.4′。位于福州市平潭县北厝镇娘宫村西1.8千米。历史上该岛与分流尾屿统称分流尾屿。因其位于苇箩水道分流末端，且该岛位于北侧，第二次全国海域地名普查时命今名。岸线长249米，面积1 940平方米。基岩岛，由花岗岩组成。表层有少量土层，植被稀少，为杂草。基岩海岸，低潮时与分流尾屿相接。

分流尾屿 (Fēnliúwěi Yǔ)

北纬25°28.9′，东经119°39.4′。位于福州市平潭县北厝镇娘宫村西1.7千米。又名分流屿。地处苇箩水道分流末端，故名。《中国海域地名志》（1989）、《福建省海域地名志》（1991）、《平潭县海域志》（1992）、《福建省海岛志》（1994）、《全国海岛名称与代码》（2008）记为分流尾屿。岸线长627米，面积15 330平方米，最高点高程21.6米。基岩岛，由花岗岩组成。呈东北—西南走向，地势北高南低。地表覆有土层，长杂草。南、北岸有岩石滩伸出，东岸有沙滩。地处海坛海峡主航道上，潮流湍急，为航行危险区。岛上有1座灯塔。

本连屿（Běnlián Yǔ）

北纬25°28.7′，东经119°41.8′。位于福州市平潭县北厝镇跨海村南部海域，距大陆最近点5.62千米。《福建省海岛志》（1994）、《全国海岛名称与代码》（2008）称本连屿。岸线长413米，面积10 155平方米，最高点高程20.4米。基岩岛，由花岗岩组成。植被稀少。有堤连接海坛岛。

大沙屿（Dàshā Yǔ）

北纬25°28.6′，东经119°52.0′。位于福州市平潭县澳前镇东星村东600米。又名大山。1:5万海图标注大山，与小沙屿相对得名。《中国海域地名志》（1989）、《福建省海域地名志》（1991）、《平潭县海域志》（1992）、《福建省海岛志》（1994）、《全国海岛名称与代码》（2008）均称大沙屿。岸线长1.93千米，面积0.108 3平方千米，最高点高程30.8米。基岩岛，由花岗岩组成。地势南高北低，自东南向西北倾斜。基岩裸露。土壤少，长少量杂草。基岩海岸，西岸有澳口，西南岩石滩延伸至蒜屿仔。岩石滩长紫菜、石花菜。建有1座简易码头。

小沙屿（Xiǎoshā Yǔ）

北纬25°28.5′，东经119°52.3′。位于福州市平潭县澳前镇东星村东1.1千米。邻近大沙屿，面积较小，故名。《中国海域地名志》（1989）、《福建省海域地名志》（1991）、《平潭县海域志》（1992）、《福建省海岛志》（1994）、《全国海岛名称与代码》（2008）均称小沙屿。岸线长668米，面积23 464平方米，最高点高程21.5米。基岩岛，由花岗岩组成。地势东部略高，向西倾斜。基岩裸露，土壤少，长少量杂草。岩石滩长紫菜、石花菜。周围海域有石斑鱼、对虾、红毛蚶、鲎等。建有1座灯塔。

蒜屿（Suàn Yǔ）

北纬25°28.4′，东经119°51.9′。位于福州市平潭县澳前镇东星村东500米。

形似大蒜，故名。《中国海域地名志》（1989）、《福建省海域地名志》（1991）、《平潭县海域志》（1992）、《福建省海岛志》（1994）、《全国海岛名称与代码》（2008）均称蒜屿。岸线长536米，面积15 419平方米。基岩岛，由花岗岩组成。地势东高西低。基岩裸露。土壤少，长少量杂草。岩石滩长紫菜、石花菜。

上茶仔头岛（Shàngcházǎitóu Dǎo）

北纬25°28.3′，东经119°41.7′。位于福州市平潭县北厝镇跨海村南1.1千米。历史上该岛与茶仔头、下茶仔头岛统称茶仔头。因位于茶仔头北部，第二次全国海域地名普查时命今名。岸线长638米，面积26 670平方米。基岩岛，由花岗岩组成。地表覆盖土层，植被茂密。有堤连接本连屿、茶仔头。

茶仔头（Cházǎitóu）

北纬25°28.2′，东经119°41.6′。位于福州市平潭县北厝镇跨海村南1.3千米。当地群众惯称茶仔头。基岩岛。岸线长595米，面积25 097平方米。地表覆盖土层，植被茂密。有堤连接上茶仔头岛、下茶仔头岛。

玉井屿仔（Yùjǐng Yǔzǎi）

北纬25°28.2′，东经119°49.4′。位于福州市平潭县澳前镇玉道村南200米。曾名屿仔。面积小，俗称屿仔。因省内重名，取邻近玉井村改今名。《中国海域地名志》（1989）、《福建省海域地名志》（1991）、《平潭县海域志》（1992）、《福建省海岛志》（1994）、《全国海岛名称与代码》（2008）记为玉井屿仔。呈椭圆形，岸线长234米，面积2 890平方米，最高点高程10.6米。基岩岛，由花岗岩组成。土壤少，长少量杂草。基岩海岸。

下茶仔头岛（Xiàcházǎitóu Dǎo）

北纬25°28.1′，东经119°41.6′。位于福州市平潭县北厝镇跨海村南1.6千米。历史上该岛与茶仔头、上茶仔头岛统称茶仔头。因其位于茶仔头南部，第二次全国海域地名普查时命今名。岸线长1.15千米，面积0.040 6平方千米。基岩岛，由花岗岩组成。地表覆盖土层，植被茂密。有堤连接茶仔头。

二礁（Èr Jiāo）

北纬25°28.1′，东经119°51.4′。位于福州市平潭县澳前镇南赖村东部海域，距大陆最近点 22.28 千米。《福建省海域地名志》（1991）、《平潭县海域志》（1992）均记为二礁。基岩岛。面积约 200 平方米。基岩裸露。无植被。

大外礁 (Dàwài Jiāo)

北纬 25°28.0′，东经 119°51.6′。位于福州市平潭县澳前镇南赖村东部海域，距大陆最近点 21.33 千米。远离海坛岛，俗称外礁。因重名，礁盘大，1985 年改今名。当地群众惯称外礁。《中国海域地名志》（1989）、《福建省海域地名志》（1991）、《平潭县海域志》（1992）、《福建省海岛志》（1994）、《全国海岛名称与代码》（2008）均称大外礁。呈三角形，岸线长 363 米，面积 5 531 平方米，最高点高程 6.8 米。基岩岛，由花岗岩组成。基岩裸露。无植被。岩滩上长紫菜。

内二礁岛 (Nèi’èrjiāo Dǎo)

北纬 25°28.0′，东经 119°51.4′。位于福州市平潭县澳前镇南赖村东部海域，距大陆最近点 21.14 千米。历史上该岛与二礁统称二礁，因位于二礁内侧，第二次全国海域地名普查时命今名。基岩岛。面积约 300 平方米。基岩裸露。无植被。

塍边礁 (Chéngbiān Jiāo)

北纬 25°27.8′，东经 119°48.7′。位于福州市平潭县澳前镇前进村南部海域，距大陆最近点 16.6 千米。因邻近长塍村，故名。《福建省海域地名志》（1991）、《平潭县海域志》（1992）称塍边礁。基岩岛。面积约 220 平方米。基岩裸露。无植被。

黄门岛 (Huángmén Dǎo)

北纬 25°27.7′，东经 119°40.9′。位于福州市平潭县海域，距大陆最近点 3.89 千米。为附近渔船进出的门户，表层有黄壤，故名。《中国海域地名志》（1989）、《福建省海域地名志》（1991）、《平潭县海域志》（1992）、《福建省海岛志》（1994）、《全国海岛名称与代码》（2008）记为黄门岛。岛略呈四边形，岸线长 1.42 千米，面积 0.071 8 平方千米，最高点高程 34.7 米。基岩岛，由花岗岩组成。表层覆盖土壤，长有杂草和灌木。岩石滩长紫菜。

轿礃 (Jiào Tán)

北纬 25°27.7′，东经 119°48.5′。位于福州市平潭县澳前镇前进村南部海域，距大陆最近点 16.23 千米。远望礁石呈轿子形，故名。《福建省海域地名志》(1991)、《平潭县海域志》（1992）记为轿礃。基岩岛。面积约 56 平方米。基岩裸露。无植被。

鼎脐礁 (Dǐngqí Jiāo)

北纬 25°27.6′，东经 119°48.5′。位于福州市平潭县澳前镇前进村南部海域，距大陆最近点 16.23 千米。礁盘似鼎脐，故名。鼎脐，即鼎腹部。《福建省海域地名志》（1991）、《平潭县海域志》（1992）称鼎脐礁。岸线长 230 米，面积 2 952 平方米。基岩岛，由花岗岩组成。基岩裸露。无植被。

冠飞角 (Guànfēijiǎo)

北纬 25°27.6′，东经 119°50.6′。位于福州市平潭县澳前镇东澳村南部海域，距大陆最近点 19.59 千米。位于澳前镇西南突出部，观音澳东，因海图注记得名。《福建省海域地名志》（1991）、《平潭县海域志》（1992）称冠飞角。基岩岛。面积约 170 平方米。无植被。

瓜屿 (Guā Yǔ)

北纬 25°27.6′，东经 119°48.0′。位于福州市平潭县澳前镇礃角底东南部海域，距大陆最近点 15.43 千米。因进出长塍下澳的船只常在此停留，方言谐音“瓜”，故名。曾名瓜屿尾。《中国海域地名志》(1989)、《福建省海域地名志》(1991)、《平潭县海域志》（1992）、《福建省海岛志》（1994）、《全国海岛名称与代码》（2008）记为瓜屿。岸线长 489 米，面积 12 462 平方米，最高点高程 22.4 米。基岩岛，由花岗岩组成。地势南高北低。表层石多土少，杂草稀少，有少量灌木。基岩海岸。

仙翁岛 (Xiānwēng Dǎo)

北纬 25°27.0′，东经 119°41.7′。位于福州市平潭县海域，距大陆最近点 5.32 千米。因其远看似仙翁垂钓，第二次全国海域地名普查时命今名。基岩岛。面积约 17 平方米。基岩裸露。无植被。

乌姜岛 (Wūjiāng Dǎo)

北纬 25°27.0′，东经 119°47.8′。位于福州市平潭县坛南湾中部海域，属姜山群岛，距大陆最近点 14.68 千米。邻近姜山岛，远望呈黑色，故名。《中国海域地名志》（1989）、《福建省海域地名志》（1991）、《平潭县海域志》（1992）、《福建省海岛志》（1994）、《全国海岛名称与代码》（2008）均称乌姜岛。岸线长 809 米，面积 27 973 平方米，最高点高程 33.7 米。基岩岛，由花岗岩组成。地势南高北低。地表覆盖土层，杂草稀少。基岩海岸，沙泥底质。西侧岩石滩长紫菜。

老鹞屿 (Lǎoyào Yǔ)

北纬 25°27.0′，东经 119°42.5′。位于福州市平潭县海域，距大陆最近点 6.23 千米。岛上栖息老鹞，故名。别名老鹞宿。《中国海域地名志》（1989）、《福建省海域地名志》（1991）、《平潭县海域志》（1992）、《全国海岛名称与代码》（2008）记为老鹞屿。岸线长 452 米，面积 10 316 平方米，最高点高程 27.7 米。基岩岛，由花岗岩组成。中部高。地表覆盖土层，植被茂密，以杂草和灌木为主。基岩海岸。

歪石岛 (Wāishí Dǎo)

北纬 25°26.9′，东经 119°42.2′。位于福州市平潭县海域，距大陆最近点 5.8 千米。因岛上有块歪斜的巨石，第二次全国海域地名普查时命今名。基岩岛。面积约 30 平方米。基岩裸露。无植被。

吉口屿仔 (Jíkǒu Yǔzǎi)

北纬 25°26.8′，东经 119°42.1′。位于福州市平潭县海域，距大陆最近点 5.57 千米。俗称屿仔。因重名，邻近吉口村，1985 年改名吉口屿仔。《中国海域地名志》（1989）、《福建省海域地名志》（1991）、《平潭县海域志》（1992）、《福建省海岛志》（1994）、《全国海岛名称与代码》（2008）均称吉口屿仔。岸线长 428 米，面积 12 096 平方米，最高点高程 25.3 米。基岩岛，由花岗岩组成。中部高。地表覆盖土层，植被茂密，以杂草和灌木为主。有堤连接海坛岛。

姜山岛 (Jiāngshān Dǎo)

北纬 25°26.6′，东经 119°48.2′。位于福州市平潭县坛南湾中部海域，属姜山群岛，距大陆最近点 15.01 千米。又名姜山。形似生姜，故名。《中国海洋岛屿简况》（1980）称姜山。《中国海域地名志》（1989）、《福建省海域地名志》（1991）、《福建省海岛志》（1994）、《平潭县海域志》（1992）、《全国海岛名称与代码》（2008）称姜山岛。岸线长 4.74 千米，面积 0.402 4 平方千米，最高点高程 68 米。基岩岛，由花岗岩组成。呈西北—东南走向，地形崎岖不平，隆起 3 个小丘，中部高。表层多碎石，覆盖少量土壤。植被以杂草为主。基岩海岸。

小姜山岛 (Xiǎojiāngshān Dǎo)

北纬 25°26.5′，东经 119°48.4′。位于福州市平潭县坛南湾中部海域，属姜山群岛，距大陆最近点 15.56 千米。因其位于姜山岛东侧，面积较小，第二次全国海域地名普查时命今名。基岩岛。岸线长 429 米，面积 12 343 平方米。无植被。

刀架屿 (Dāojià Yǔ)

北纬 25°26.4′，东经 119°41.2′。位于福州市平潭县海域，距大陆最近点 3.74 千米。形如刀架，故名。《中国海域地名志》（1989）、《平潭县海域志》（1992）、《福建省海岛志》（1994）、《全国海岛名称与代码》（2008）均称刀架屿。岸线长 620 米，面积 17 148 平方米，最高点高程 17.6 米。基岩岛，由花岗岩组成。地形东高西低。有土层，植被茂密。建有 1 座灯塔。

东珠仔礁 (Dōngzhūzǎi Jiāo)

北纬 25°26.3′，东经 119°56.3′。位于福州市平潭县牛山岛东北部海域，距大陆最近点 28.7 千米。邻近东珠，面积较小，故名。《福建省海域地名志》（1991）、《平潭县海域志》（1992）称东珠仔礁。基岩岛。面积约 100 平方米。无植被。

东珠屿 (Dōngzhū Yǔ)

北纬 25°26.3′，东经 119°56.4′。位于福州市平潭县牛山岛东北部海域，距大陆最近点 28.73 千米。该岛圆形似珠，故名。《中国海域地名志》（1989）、《福建省海域地名志》（1991）、《平潭县海域志》（1992）均称东珠屿。基岩岛。岸线长211米，面积3 386平方米，最高点高程7米。无植被。

戏台礁 (Xìtái Jiāo)

北纬25°26.3′，东经119°56.1′。位于福州市平潭县牛山岛西北部海域，距大陆最近点28.38千米。顶部平整如戏台，故名。《福建省海域地名志》（1991）、《平潭县海域志》（1992）称戏台礁。基岩岛。面积约8平方米。无植被。

外坪礁 (Wàipíng Jiāo)

北纬25°26.3′，东经119°56.1′。位于福州市平潭县牛山岛西北部海域，距大陆最近点28.38千米。原名坪礁，表面平滑，故名。因重名，1985年改今名。《福建省海域地名志》（1991）、《平潭县海域志》（1992）称外坪礁。基岩岛。面积约8平方米。无植被。

牛山岛 (Niúshān Dǎo)

北纬25°26.1′，东经119°56.2′。位于福州市平潭县澳前镇东南7.9千米。形似卧牛，故名。又因周围水产丰富，俗称“宝山”。《中国海洋岛屿简况》（1980）、《中国海域地名志》（1989）、《福建省海域地名志》（1991）、《平潭县海域志》（1992）、《福建省海岛志》（1994）、《全国海岛名称与代码》（2008）均称牛山岛。呈近南北走向，岸线长2.7千米，面积0.190 6平方千米，最高点高程70.5米。基岩岛，由火山岩组成。土壤薄，有草丛。附近海域礁石星罗棋布。特产紫菜、贻贝、藻类等。周围海域为牛山渔场，是福建省主要渔场之一，主产带鱼、鳀鳁、大黄鱼、马鲛鱼、鳀鲇鱼、丁香鱼、梭子蟹、毛虾等。

岛上建有抽水房、柴油发电房，以及3座简易码头。有清同治年间所建我国东南沿海最大灯塔，高24米，射程约45千米。为中华人民共和国公布的中国领海基点岛。设有“中国领海基点”界碑和1个国家大地控制点。2007年经福建省平潭县人民政府批准，设立牛山岛海洋特别保护区，建“牛山岛海洋特别保护区”石碑，保护区面积1平方千米，保护对象为海岛及周围海域生态系统。

白屏礁 (Báipíng Jiāo)

北纬25°26.1′，东经119°56.0′。位于福州市平潭县牛山岛西部海域，距大陆最近点 28.2 千米。白色的岛体矗立在海中，故名。曾名白冰，因重名，1985 年改今名。《福建省海域地名志》（1991）、《平潭县海域志》（1992）称白屏礁。基岩岛。面积约 10 平方米。无植被。

牛仔礁 (Niúzǎi Jiāo)

北纬 25°25.9′，东经 119°56.2′。位于福州市平潭县牛山岛东南部海域，距大陆最近点 28.43 千米。位于牛山岛南侧，面积小，故名。当地群众惯称小牛仔。《福建省海域地名志》（1991）、《平潭县海域志》（1992）称牛仔礁。基岩岛。岸线长 325 米，面积 7 012 平方米，最高点高程 6.5 米。无植被。

牛礅礁 (Niúdūn Jiāo)

北纬 25°25.9′，东经 119°55.9′。位于福州市平潭县牛山岛西南部海域，距大陆最近点 27.98 千米。位于牛山岛南侧，形似系牛的桩。当地群众惯称牛礅礁。《福建省海域地名志》（1991）、《平潭县海域志》（1992）称牛橄礁。基岩岛。面积约 110 平方米。无植被。

小牛墩岛 (Xiǎoniúdūn Dǎo)

北纬 25°25.8′，东经 119°55.9′。位于福州市平潭县牛山岛西南部海域，距大陆最近点 27.94 千米。历史上该岛与牛礅礁、牛使岛统称牛礅礁。因其位于牛礅礁附近，面积较小，第二次全国海域地名普查时命今名。基岩岛。面积约 100 平方米。无植被。

牛使岛 (Niúshǐ Dǎo)

北纬 25°25.8′，东经 119°55.9′。位于福州市平潭县牛山岛西南部海域，距大陆最近点 27.94 千米。历史上该岛与牛礅礁、小牛墩岛统称牛礅礁，因其位于牛礅礁附近，面积为三者中最小，形如牛屎，第二次全国海域地名普查时雅化为牛使岛。基岩岛。岸线长 24 米，面积 45 平方米。无植被。

下坪礁 (Xiàpíng Jiāo)

北纬 25°25.8′，东经 119°48.8′。位于福州市平潭县坛南湾中部海域，属姜山群岛，距大陆最近点 15.95 千米。曾名坪礁，表面平坦，故名。因重名，1985 年改今名。《中国海域地名志》（1989）、《福建省海域地名志》（1991）、《平潭县海域志》（1992）、《福建省海岛志》（1994）、《全国海岛名称与代码》（2008）均称下坪礁。基岩岛。岸线长 351 米，面积 5 013 平方米。无植被。

双色岛 (Shuāngsè Dǎo)

北纬 25°25.8′，东经 119°45.3′。位于福州市平潭县坛南湾南部海域，距大陆最近点 10.26 千米。岛向海侧岩石呈黑色，向陆侧岩石呈白色，第二次全国海域地名普查时命名为双色岛。基岩岛。面积约 30 平方米。无植被。

螺礁 (Luó Jiāo)

北纬 25°25.6′，东经 119°46.2′。位于福州市平潭县坛南湾南部海域，距大陆最近点 11.67 千米。该岛形似海螺，故名。《福建省海域地名志》（1991）、《平潭县海域志》（1992）称螺礁。由两块礁石呈南北排列而成。基岩岛。呈三角形，面积约 10 平方米。无植被。周围长紫菜、赤菜、壳菜等。

姜堆屿礁 (Jiāngduīyǔ Jiāo)

北纬 25°25.6′，东经 119°48.6′。位于福州市平潭县坛南湾中部海域，属姜山群岛，距大陆最近点 15.69 千米。又名姜堆屿。岛形似棕衣，俗称棕蓑，方言谐音“姜堆”，故名。《中国海域地名志》（1989）、《福建省海域地名志》（1991）、《平潭县海域志》（1992）均称为姜堆屿礁。基岩岛。面积 1 981 平方米，最高点高程 16.3 米。西北部隆起。无植被。

白姜岛 (Báijiāng Dǎo)

北纬 25°25.5′，东经 119°48.9′。位于福州市平潭县坛南湾中部海域，属姜山群岛，距大陆最近点 16.12 千米。又名白姜。邻近姜山岛，顶部呈白色，故名。《中国海洋岛屿简况》（1980）称白姜。《中国海域地名志》（1989）、《福建省海域地名志》（1991）、《平潭县海域志》（1992）、《福建省海岛志》（1994）、《全国海岛名称与代码》（2008）称白姜岛。南北长 400 米，东西宽 50 ～ 150 米，面积 0.036 7 平方千米，岸线长 1.09 千米，最高点高程 33.6 米。基岩岛，由花岗岩组成。西陡东缓。地表覆盖土层，有草丛、乔木。基岩海岸，岸线曲折。周围多礁石。大潮低潮时南岸岩石滩与白姜尾岛相接。

白姜尾岛 (Báijiāngwěi Dǎo)

北纬 25°25.4′，东经 119°48.9′。位于福州市平潭县坛南湾中部海域，属姜山群岛，距大陆最近点 16.14 千米。因地处白姜岛南端，故名。《中国海域地名志》（1989）、《福建省海域地名志》（1991）、《平潭县海域志》（1992）称白姜尾岛。南北长 150 米，东西宽 50 米，面积 7 558 平方米，岸线长 361 米，最高点高程 23.1 米。基岩岛，由花岗岩组成。北高南低。地表覆盖土层，有草丛，植被稀少。基岩海岸。大潮低潮时东北部岩石滩与白姜岛相接。建有 1 座灯塔。

孤独岩岛 (Gūdúyán Dǎo)

北纬 25°25.2′，东经 119°46.0′。位于福州市平潭县坛南湾南部海域，距大陆最近点 11.28 千米。该岛为一块屹立海中的岩石，第二次全国海域地名普查时命今名。面积约 40 平方米。基岩岛，由花岗岩组成。无植被。基岩陡峭，周围多暗礁。

丁垱礁 (Dīngdàng Jiāo)

北纬 25°25.2′，东经 119°46.1′。位于福州市平潭县坛南湾南部海域，距大陆最近点 11.37 千米。岛体形如小土堤，当地群众惯称丁垱礁。《福建省海域地名志》（1991）、《平潭县海域志》（1992）称丁垱礁。面积约 20 平方米。基岩岛，由花岗岩组成。无植被。建有防波堤。

厨屿 (Chú Yǔ)

北纬 25°25.1′，东经 119°42.6′。位于福州市平潭县敖东镇华东村南部海域，距大陆最近点 5.51 千米。该岛略似厨鱼，故名。又名白瓜屿、白瓠。因形如白色的冬瓜，当地群众又称白瓜屿。《中国海域地名志》（1989）、《福建省海域地名志》（1991）、《平潭县海域志》（1992）、《福建省海岛志》（1994）、《全国海岛名称与代码》（2008）均称厨屿。岸线长 576 米，面积 16 278 平方米，最高点高程 17.9 米。基岩岛，由花岗岩组成。长有草丛、灌木。

白腹礁 (Báifù Jiāo)

北纬 25°25.1′，东经 119°46.7′。位于福州市平潭县坛南湾南部海域，距大陆最近点 12.38 千米。岛体如鱼翻起的腹部，且远看呈白色，当地群众惯称白腹礁。

《福建省海域地名志》（1991）、《平潭县海域志》（1992）称白腹礁。基岩岛。面积约 10 平方米。无植被。

刺礁 (Cì Jiāo)

北纬 25°25.1′，东经 119°43.1′。位于福州市平潭县坛南湾南部海域，距大陆最近点 6.44 千米。岛体为一块突出海面的岩石，形如插刺，故名。《福建省海域地名志》（1991）、《平潭县海域志》（1992）称刺礁。基岩岛。面积约 30 平方米。无植被。

鲎边礁 (Hòubiān Jiāo)

北纬 25°25.1′，东经 119°45.5′。位于福州市平潭县坛南湾南部海域，距大陆最近点 10.37 千米。曾名鲎礁边。岛形如鲎，且距离海坛岛近，故名。《福建省海域地名志》（1991）、《平潭县海域志》（1992）称鲎边礁。面积约 110 平方米。基岩岛，由花岗岩组成。无植被。

横船礁 (Héngchuán Jiāo)

北纬 25°25.0′，东经 119°45.4′。位于福州市平潭县坛南湾南部海域，距大陆最近点 10.26 千米。《福建省海域地名志》（1991）、《平潭县海域志》（1992）称横船礁。面积约 20 平方米。基岩岛，由花岗岩组成。无植被。

下白礶 (Xiàbái Tán)

北纬 25°25.0′，东经 119°46.2′。位于福州市平潭县坛南湾南部海域，距大陆最近点 11.53 千米。礁石呈白色，故名白礶。因重名，1985 年定今名。《福建省海域地名志》（1991）、《平潭县海域志》（1992）记为下白礶。基岩岛。岛体为一块突出海面的岩石，面积约 17 平方米。无植被。

鸟仔石岛 (Niǎozǎishí Dǎo)

北纬 25°25.0′，东经 119°45.5′。位于福州市平潭县坛南湾南部海域，距大陆最近点 10.4 千米。因其位于鸟仔礶北侧，面积较小，第二次全国海域地名普查时命今名。基岩岛。面积约 30 平方米。无植被。

鸡髻礁 (Jījì Jiāo)

北纬 25°25.0′，东经 119°45.5′。位于福州市平潭县坛南湾南部海域，距大陆最近点 10.48 千米。岛上有石似鸡髻，故名。鸡髻，即鸡冠。《福建省海域地名志》（1991）、《平潭县海域志》（1992）称鸡髻礁。基岩岛。面积约 30 平方米。无植被。

棕蓑礁 (Zōngsuō Jiāo)

北纬 25°25.0′，东经 119°46.8′。位于福州市平潭县坛南湾南部海域，距大陆最近点 12.57 千米。岛形似棕蓑，故名。棕蓑，一种雨具。《福建省海域地名志》（1991）、《平潭县海域志》（1992）称棕蓑礁。基岩岛。面积约 1 平方米。无植被。

鸟仔礴 (Niǎozǎi Tán)

北纬 25°25.0′，东经 119°45.5′。位于福州市平潭县坛南湾南部海域，距大陆最近点 10.36 千米。曾名鸟仔礴下。岛体为远看如小鸟的一块石头，当地群众惯称鸟仔礴。《福建省海域地名志》（1991）、《平潭县海域志》（1992）称鸟仔礴。基岩岛。岸线长 214 米，面积 1 571 平方米，最高点高程 13.5 米。无植被。

坪礁仔 (Píng Jiāozǎi)

北纬 25°24.9′，东经 119°42.7′。位于福州市平潭县敖东镇华东村南部海域，距大陆最近点 5.74 千米。曾名坪礁屿，顶部较平坦，故名。因重名，1985 年更为今名。当地群众惯称小白瓜屿。《福建省海域地名志》（1991）、《平潭县海域志》（1992）记为坪礁仔。基岩岛。面积约 20 平方米，最高点高程 4.4 米。无植被。

外门礁 (Wàimén Jiāo)

北纬 25°24.6′，东经 119°46.8′。位于福州市平潭县敖东镇青冠顶村东 200 米。该岛离海坛岛岸比门仔口礁远，故名。《福建省海域地名志》（1991）载：“远离海坛岛，与门仔口礁相应得名。”《平潭县海域志》（1992）称外门礁。基岩岛。面积约 10 平方米，最高点高程 4.7 米。无植被。

石柱岛 (Shízhù Dǎo)

北纬 25°24.5′，东经 119°44.6′。位于福州市平潭县敖东镇钱便澳村西北部海域，距大陆最近点 8.91 千米。因岛上有一石柱，第二次全国海域地名普查时命今名。基岩岛。岸线长 53 米，面积 223 平方米。无植被。

卧狮石岛 (Wòshīshí Dǎo)

北纬 25°24.4′，东经 119°44.7′。位于福州市平潭县敖东镇钱便澳村西北部海域，距大陆最近点 9.09 千米。因形似躺着的狮子，第二次全国海域地名普查时命今名。基岩岛。面积约 80 平方米。无植被。

凉亭屿 (Liángtíng Yǔ)

北纬 25°24.2′，东经 119°44.5′。位于福州市平潭县敖东镇钱便澳村西部海域，距大陆最近点 8.62 千米。古时岛上建有小庙宇，渔民常到此乘凉，故名。又名西屿。《中国海域地名志》（1989）、《福建省海域地名志》（1991）、《平潭县海域志》（1992）、《福建省海岛志》（1994）、《全国海岛名称与代码》（2008）均称凉亭屿。岸线长 535 米，面积 10 623 平方米，最高点高程 16.5 米。基岩岛，由花岗岩组成。中部隆起。表面黄壤土，栽种相思树。基岩海岸，岸线曲折。

圆礴屿 (Yuántán Yǔ)

北纬 25°24.2′，东经 119°44.6′。位于福州市平潭县敖东镇钱便澳村西部海域，距大陆最近点 8.81 千米。屿上岩石略呈圆形，故名。《中国海域地名志》(1989)、《福建省海域地名志》（1991）、《平潭县海域志》（1992）、《福建省海岛志》（1994）、《全国海岛名称与代码》（2008）均称圆礴屿。基岩岛。南北长 70 米，东西宽 40 多米，面积 3 471 平方米，岸线长 243 米，最高点高程 10.7 米。表层岩石裸露。有草丛、灌木。基岩海岸。周围水深 4.4～7.8 米。附近产石斑鱼。北面有定置网，养殖海带。岛上有一国家大地测量控制点。

佛岛 (Fó Dǎo)

北纬 25°24.0′，东经 119°45.4′。位于福州市平潭县敖东镇钱便澳村南部海域，距大陆最近点 10 千米。从海侧向陆侧望，岛形似端坐的弥勒佛，第二次全国海域地名普查时命今名。基岩岛。面积约 110 平方米。无植被。

条石岛 (Tiáoshí Dǎo)

北纬 25°23.9′，东经 119°45.3′。位于福州市平潭县敖东镇钱便澳村南部海域，距大陆最近点9.94千米。岩石呈条石状，第二次全国海域地名普查时命今名。基岩岛。面积约45平方米。无植被。

粗礁 (Cū Jiāo)

北纬25°23.8′，东经119°45.4′。位于福州市平潭县敖东镇钱便澳村南部海域，距大陆最近点9.94千米。曾名粗屿。礁石表层粗糙，故名。《福建省海域地名志》（1991）、《平潭县海域志》（1992）称粗礁。基岩岛。面积约30平方米。无植被。

小粗礁岛 (Xiǎocūjiāo Dǎo)

北纬25°23.8′，东经119°45.4′。位于福州市平潭县敖东镇钱便澳村南部海域，距大陆最近点9.97千米。历史上该岛与粗礁统称粗礁。礁石表层粗糙，面积较小，第二次全国海域地名普查时命今名。基岩岛。面积约17平方米。无植被。

犯船礁 (Fànchuán Jiāo)

北纬25°23.8′，东经119°46.3′。位于福州市平潭县敖东镇大福村东北突出部外侧海域，距大陆最近点11.46千米。曾有船在此触礁沉没，当地群众惯称犯船礁。《福建省海域地名志》（1991）、《平潭县海域志》（1992）称犯船礁。基岩岛。岛体为一块岩石，面积约1平方米。无植被。

黑屿 (Hēi Yǔ)

北纬25°23.8′，东经119°45.6′。位于福州市平潭县敖东镇钱便澳村南部海域，距大陆最近点10.27千米。因岛体颜色较黑，当地群众惯称黑屿。基岩岛。面积约110平方米。无植被。

一岐屿 (Yīqí Yǔ)

北纬25°23.8′，东经119°45.8′。位于福州市平潭县敖东镇钱便澳村南部海域，距大陆最近点10.69千米。水道在此一分为二，当地群众惯称该岛为一岐屿。《中国海域地名志》（1989）、《福建省海域地名志》（1991）、《平潭县海域志》（1992）、《福建省海岛志》（1994）、《全国海岛名称与代码》（2008）均称一岐屿。呈西北—东南走向，长220米，宽50～100米，面积10 770平方米，岸线长493米，最高点高程15.4米。基岩岛，由花岗岩组成。南高北低，坡缓。

表层少土，杂草稀少。基岩海岸，岸线曲折。低潮时北岸干出砾石滩与海坛岛相接，东岸岩石滩伸出。

石牌仔礁 (Shípáizǎi Jiāo)

北纬25°23.7′，东经119°44.5′。位于福州市平潭县敖东镇钱便澳村东南1.4千米。邻近石牌礁，礁小，故名。《福建省海域地名志》（1991）、《平潭县海域志》（1992）称石牌仔礁。基岩岛。面积约3平方米。无植被。

西礁屿 (Xījiāo Yǔ)

北纬25°23.6′，东经119°44.9′。位于福州市平潭县敖东镇钱便澳村南800米。地处东礁屿、带中礁屿西，故名。又名东屿。《中国海域地名志》（1989）、《福建省海域地名志》（1991）、《平潭县海域志》（1992）、《福建省海岛志》（1994）、《全国海岛名称与代码》（2008）均称西礁屿。岛略呈椭圆形，南北长100多米，东西宽50米，面积4 634平方米，岸线长384米，最高点高程15.5米。基岩岛，由花岗岩组成。中部高，岩石裸露。无植被。基岩海岸，沿岸岩石滩四伸。

带中礁屿 (Dàizhōngjiāo Yǔ)

北纬25°23.6′，东经119°45.1′。位于福州市平潭县敖东镇钱便澳村南700米。位于西礁屿、东礁屿的中间，方言谐音“带中”，故名。《中国海域地名志》（1989）、《福建省海域地名志》（1991）、《平潭县海域志》（1992）、《福建省海岛志》（1994）、《全国海岛名称与代码》（2008）均称带中礁屿。岛略呈月牙状，南北长150米，东西宽40米，面积6 285平方米，岸线长348米，最高点高程8.2米。基岩岛，由花岗岩组成。南高北低。无植被。基岩海岸，南、北岩石滩伸出，东、西岸散布岛礁，长紫菜。岛上有1座灯塔。

东礁屿 (Dōngjiāo Yǔ)

北纬25°23.6′，东经119°45.3′。位于福州市平潭县敖东镇钱便澳村南600米。位于西礁屿、带中礁屿东，故名。当地群众惯称东礁。《中国海域地名志》（1989）、《福建省海域地名志》（1991）、《平潭县海域志》（1992）、《福建省海岛志》（1994）、《全国海岛名称与代码》（2008）均称东礁屿。略呈月牙状，南北长约220米，东西宽40米，面积6 800平方米，岸线长528米，最高点高程11.3米。基岩岛，由花岗岩组成。南高北低。岩石裸露。无植被。基岩海岸，沿岸岩石滩伸出，西面分布岛礁，东面近岸有定置网，产紫菜、石斑鱼。

磹仔礁 (Tánzǎi Jiāo)

北纬 25°22.9′，东经 119°42.7′。位于福州市平潭县南海乡北部海域，距大陆最近点 5.36 千米。岛上皆石，故名。《福建省海域地名志》（1991）、《平潭县海域志》（1992）称磹仔礁。基岩岛。面积约 160 平方米。岩石裸露。无植被。

高屿 (Gāo Yǔ)

北纬 25°22.8′，东经 119°42.6′。位于福州市平潭县南海乡北部海域，距大陆最近点 4.82 千米。为南海乡最北的一个岛屿，方言称高屿。《中国海域地名志》（1989）、《福建省海域地名志》（1991）、《平潭县海域志》（1992）、《福建省海岛志》（1994）、《全国海岛名称与代码》（2008）均称高屿。岸线长 1.75 千米，面积 0.110 6 平方千米，最高点高程 37.8 米。基岩岛，由火山岩组成。东坡陡峭，西坡稍缓，中部隆起。表有土层，杂草丛生，栽种木麻黄、相思树等。基岩海岸，岸线曲折。四周多干出砾石滩。西北侧建有 1 座灯塔。

草屿 (Cǎo Yǔ)

北纬 25°22.0′，东经 119°42.7′。位于福州市平潭县海坛岛南 3.7 千米，隶属于平潭县。岛上多坡地，杂草丛生，故名。《中国海洋岛屿简况》（1980）、《中国海域地名志》（1989）、《福建省海域地名志》（1991）、《平潭县海域志》（1992）、《福建省海岛志》（1994）、《全国海岛名称与代码》（2008）均称草屿。岸线长 16.12 千米，面积 5.400 2 平方千米，最高点高程 212.3 米。基岩岛，由火山岩、花岗岩组成。岛上杂草丛生，栽种木麻黄、相思树等。

该岛为南海乡人民政府驻地岛，有 7 个自然村，2011 年户籍人口 5 274 人、常住人口 5 300 人。有邮电所、供销社、信用社、水产站、粮店、电厂、卫生院、广播站、文化站。交通方便，公路通各自然村，客轮每日往返于海坛岛南部钱便澳。敷设海底电缆。

白线岛 (Báixiàn Dǎo)

北纬 25°21.8′，东经 119°43.6′。位于福州市平潭县草屿东南部海域，距大陆最近点 7.16 千米。该岛高潮时出露部分呈白色，且细长，第二次全国海域地名普查时命今名。基岩岛。岸线长 173 米，面积 1 888 平方米。无植被。

波波礴 (Bōbō Tán)

北纬 25°21.6′，东经 119°43.3′。位于福州市平潭县草屿东南部海域，距大陆最近点 6.62 千米。海岛周边在阳光照射下波光粼粼，当地群众惯称该岛为波波礴。《福建省海域地名志》（1991）、《平潭县海域志》（1992）、《福建省海岛志》（1994）、《全国海岛名称与代码》（2008）均称波波礴。基岩岛。面积约 70 平方米。有草丛。西北侧有防波堤与草屿相连。

落叶岛 (Luòyè Dǎo)

北纬 25°21.4′，东经 119°43.2′。位于福州市平潭县草屿南部海域，距大陆最近点 6.59 千米。岛上岩石呈淡黄色如落叶，第二次全国海域地名普查时命今名。基岩岛。面积约 78 平方米。无植被。

前岐屿 (Qiánqí Yǔ)

北纬 25°21.2′，东经 119°43.3′。位于福州市平潭县草屿南部海域，距大陆最近点 6.45 千米。位于江尾村前、江尾澳东南，故名。又名前屿。《中国海域地名志》（1989）、《福建省海域地名志》（1991）、《平潭县海域志》（1992）、《福建省海岛志》（1994）、《全国海岛名称与代码》（2008）均称前岐屿。呈西北—东南走向，长 620 米，宽 180 米，面积 0.115 2 平方千米，岸线长 2 千米，最高点高程 49.1 米。基岩岛，由花岗岩组成。表层红壤土，杂草丛生，栽种黑松、相思树。基岩海岸，岸线曲折。西岸有向北、向南两个湾口，南岸干出岩石滩向南延伸 500 米。北面海域砾石底质，散布礁石。岛上建有测风塔。

黑瀑岛 (Hēipù Dǎo)

北纬 25°21.0′，东经 119°43.4′。位于福州市平潭县草屿南 1.2 千米。岩石呈黑色，海水拍打岩石，似瀑布，第二次全国海域地名普查时命今名。基岩岛。面积约 20 平方米。无植被。

龙母屿 (Lóngmǔ Yǔ)

北纬 25°21.0′，东经 119°41.6′。位于福州市平潭县塘屿北 600 米。因“石鳞次如龙”而名龙母屿。《中国海域地名志》（1989）、《福建省海域地名志》（1991）、《平潭县海域志》（1992）、《福建省海岛志》（1994）、《全国海岛名称与代码》（2008）均称龙母屿。岛略呈半月状，东西长 240 米，南北宽 120 米，岸线长 801 米，面积 28 816 平方米，最高点高程 20.1 米。基岩岛，由花岗岩组成。地势北高南低。表面有红壤，有草丛、灌木，种植黑松、相思树。基岩海岸，岸线曲折。南岸有小澳口。

吊石 (Diào Shí)

北纬 25°21.0′，东经 119°43.4′。位于福州市平潭县草屿南 1.2 千米。远看如吊起的石头，兀立在海中，当地群众惯称吊石。《福建省海域地名志》（1991）、《平潭县海域志》（1992）称吊石。基岩岛。面积约 60 平方米，最高点高程 4.9 米。无植被。

北官屿 (Běiguān Yǔ)

北纬 25°21.0′，东经 119°41.2′。位于福州市平潭县塘屿北 900 米。该岛与南官屿呈南北排列，故名。《中国海洋岛屿简况》（1980）、《中国海域地名志》（1989）、《福建省海域地名志》（1991）、《平潭县海域志》（1992）、《福建省海岛志》（1994）、《全国海岛名称与代码》（2008）均称北官屿。岸线长 1.74 千米，面积 0.149 9 平方千米，最高点高程 40.9 米。基岩岛，由花岗岩组成。表层有红壤土，杂草茂盛，并栽种黑松、相思树等。基岩海岸，岸线曲折。东南近岸养殖紫菜、海带。建有 1 座灯塔。

井屿 (Jǐng Yǔ)

北纬 25°20.7′，东经 119°42.1′。位于福州市平潭县塘屿东北 300 米。岛上“有天泉，虽旱不涸”，故名。《中国海洋岛屿简况》（1980）、《中国海域地名志》（1989）、《福建省海域地名志》（1991）、《平潭县海域志》（1992）、《福建省海岛志》（1994）、《全国海岛名称与代码》（2008）均称井屿。岛呈长方形，南北长约 380 米，东西宽约 180 米，岸线长 1.16 千米，面积 0.072 9 平方千米，最高点高程 30.4 米。基岩岛，由花岗岩组成。中部隆起。表层多风化石，长有草丛、灌木。建有防波堤、寺庙。从塘屿引电至岛上。

南官屿（Nánguān Yǔ）

北纬 25°20.4′，东经 119°40.8′。位于福州市平潭县塘屿西北 800 米。位于北官屿南侧，故名。《中国海洋岛屿简况》（1980）、《中国海域地名志》（1989）、《福建省海域地名志》（1991）、《平潭县海域志》（1992）、《福建省海岛志》（1994）、《全国海岛名称与代码》（2008）均称南官屿。岛略呈椭圆形，南北长约 430 米，东西宽约 170 米，岸线长 1.17 千米，面积 0.081 7 平方千米，最高点高程 44 米。基岩岛，由花岗岩组成。表层覆盖黄壤，杂草丛生，栽种相思树。有淡水。

上坪礵（Shàngpíng Tán）

北纬 25°20.3′，东经 119°42.3′。位于福州市平潭县塘屿东 700 米。因顶部平坦，曾名坪礵。因重名，1985 年改今名。《福建省海域地名志》（1991）、《平潭县海域志》（1992）称上坪礵。基岩岛。面积约 30 平方米。无植被。

限礁屿（Xiànjiāo Yǔ）

北纬 25°20.3′，东经 119°42.2′。位于福州市平潭县塘屿东 200 米。曾名限山。在平潭县塘屿东北的天礁与塘屿之间，妨碍航行，故名。《中国海域地名志》（1989）、《福建省海域地名志》（1991）、《平潭县海域志》（1992）、《福建省海岛志》（1994）、《全国海岛名称与代码》（2008）均称限礁屿。岛近椭圆形，东西长 350 米，南北宽 220 米，岸线长 1.11 千米，面积 0.078 2 平方千米，最高点高程 37.5 米。基岩岛，由花岗岩组成。地势自东向西倾斜。表层覆盖土壤，栽种黑松、相思树，青草茂盛。基岩海岸，岸线曲折。岩石滩向东、西延伸，低潮时与天礁屿、塘屿连接，可通行。

天礁屿（Tiānjiāo Yǔ）

北纬 25°20.3′，东经 119°42.4′。位于福州市平潭县塘屿东 700 米。《中国海域地名志》（1989）、《福建省海域地名志》（1991）、《平潭县海域志》（1992）、《福建省海岛志》（1994）、《全国海岛名称与代码》（2008）均称天礁屿。岸线长 709 米，面积 18 099 平方米，最高点高程 11 米。基岩岛，由花岗岩组成。近椭圆形，东西长 310 米，南北宽 70 米。地势西高东低。表层岩石裸露。无植被。基岩海岸。岩石滩四伸，低潮时西面与限礁屿连接。

北鹭鸶使礁（Běilùsīshǐ Jiāo）

北纬 25°20.2′，东经 119°40.4′。位于福州市平潭县塘屿西 1.2 千米。由数块零星的礁石组成，原名鹭鸶屎。因重名，1985 年改今名。《福建省海域地名志》（1991）、《平潭县海域志》（1992）称北鹭鸶使礁。基岩岛。面积约 10 平方米。无植被。

北鹭鸶礁（Běilùsī Jiāo）

北纬 25°20.1′，东经 119°40.4′。位于福州市平潭县塘屿西 1.2 千米。位于南鹭鸶礁北侧，故名。《福建省海域地名志》（1991）、《平潭县海域志》（1992）称北鹭鸶礁。面积约 60 平方米，最高点高程 5.2 米。基岩岛，由黑色花岗岩组成。无植被。周围砂质底，产紫菜。

大礁仔岛（Dàjiāozǎi Dǎo）

北纬 25°20.1′，东经 119°45.8′。位于福州市平潭县敖东镇钱便澳村南 7.1 千米。第二次全国海域地名普查时命今名。岸线长 88 米，面积 551 平方米。基岩岛，由花岗岩组成。无植被。基岩海岸。

塘屿（Táng Yǔ）

北纬 25°19.6′，东经 119°41.4′。位于海坛岛南部 8.5 千米，隶属于福州市平潭县。古为荒岛，岛上溪流围堤成塘，供南来北往船只取水饮用，故名；又说因水产资源丰富，“民皆业渔……殷户甚多，昔号为小台湾”，含有甜蜜似糖之意，谐音取名“塘屿”。《中国海洋岛屿简况》（1980）、《中国海域地名志》（1989）、《福建省海域地名志》（1991）、《平潭县海域志》（1992）、《福建省海岛志》（1994）、《中华人民共和国地名词典（福建省）》（1995）、《全国海岛名称与代码》（2008）均称塘屿。呈南北走向，长 4.23 千米，宽约 720 米，岸线长 16.6 千米，面积 3.018 7 平方千米，最高点高程 89.2 米。基岩岛，由花岗岩组成。中部略高。基岩海岸，岸线曲折，形成 12 个澳口。

有居民海岛。有北楼、南中、猫尾下 3 个村，2011 年户籍人口 4 512 人，常住人口 4 819 人。岛上建有采石场、石材加工厂、学校。用水靠水井供应，电力从草屿引入。建有渔业码头、陆岛交通码头各 1 座，客轮往返塘屿—草屿—

钱便澳之间。

鸟尾坪礐（Niǎowěipíng Tán）

北纬 25°19.6′，东经 119°42.5′。位于福州市平潭县塘屿东部海域，距大陆最近点 6.4 千米。因近鸟尾礁，顶部平坦而得名。《福建省海域地名志》（1991）、《平潭县海域志》（1992）称鸟尾坪礐。基岩岛。面积约 22 平方米，最高点高程 9.4 米。表层无土壤。无植被。基岩海岸。

鸟尾仔礁（Niǎowěizǎi Jiāo）

北纬 25°19.5′，东经 119°42.2′。位于福州市平潭县塘屿东部海域，距大陆最近点 6.19 千米。邻近鸟尾礁，干出面积较小，故名。又名乌尾仔礁。《福建省海域地名志》（1991）、《平潭县海域志》（1992）记为鸟尾仔礁。《福建省海岛志》（1994）、《全国海岛名称与代码》（2008）称乌尾仔礁。岸线长 215 米，面积 3 184 平方米。基岩岛，由花岗岩组成。植被稀少，为草丛。基岩海岸。

东耳尾屿（Dōng'ěrwěi Yǔ）

北纬 25°19.4′，东经 119°42.5′。位于福州市平潭县塘屿东部海域，距大陆最近点 6.44 千米。岛略呈椭圆形，似耳朵，故名。《中国海域地名志》（1989）、《福建省海域地名志》（1991）、《平潭县海域志》（1992）、《福建省海岛志》（1994）、《全国海岛名称与代码》（2008）均称东耳尾屿。岸线长 648 米，面积 24 171 平方米，最高点高程 30.7 米。基岩岛，由花岗岩组成。南北长 250 米，东西宽 100 米。地势自东南向西北倾斜。有草丛。西南砂砾底质，低潮时与塘屿可通行。产紫菜。建有 1 座通信塔。

南鹭鸶礁（Nánlùsī Jiāo）

北纬 25°19.4′，东经 119°40.1′。位于福州市平潭县塘屿西部海域，距大陆最近点 3.55 千米。如鹭鸶浴于水面，位于北鹭鸶礁南，故名。《福建省海域地名志》（1991）、《平潭县海域志》（1992）称南鹭鸶礁。岛呈椭圆形，面积约 80 平方米。基岩岛，由花岗岩组成。无植被。建有 1 座灯塔。

上礁 (Shàng Jiāo)

北纬 25°18.9′，东经 119°45.6′。位于福州市平潭县东甲岛北 1.1 千米。又名上岛。位于下礁北部，当地以北为上，故名。《福建省海域地名志》(1991)、《平潭县海域志》(1992)、《福建省海岛志》(1994)、《全国海岛名称与代码》(2008)均称上礁。岛呈椭圆形，岸线长 180 米，面积 1 894 平方米，最高点高程 8.2 米。基岩岛，由花岗岩组成。

上面礁 (Shàngmiàn Jiāo)

北纬 25°18.9′，东经 119°41.1′。位于福州市平潭县塘屿西南部海域，距大陆最近点 5.42 千米。位于下面礁东北，当地群众惯称上面礁。《福建省海域地名志》(1991)、《平潭县海域志》(1992)称上面礁。基岩岛。面积约 10 平方米，最高点高程 6.9 米。无植被。

下面礁 (Xiàmiàn Jiāo)

北纬 25°18.9′，东经 119°41.0′。位于福州市平潭县塘屿西南部海域，距大陆最近点 5.27 千米。与上面礁相应得名。《福建省海域地名志》(1991)、《平潭县海域志》(1992)称下面礁。基岩岛。面积约 60 平方米，最高点高程 7.7 米。无植被。

下礁 (Xià Jiāo)

北纬 25°18.8′，东经 119°45.6′。位于福州市平潭县东甲岛北 800 米。又名下岛。位于上礁南面，当地以南为下，故名。《福建省海域地名志》(1991)、《平潭县海域志》(1992)、《福建省海岛志》(1994)、《全国海岛名称与代码》(2008)均称下礁。呈椭圆形，东北—西南走向。长 35 米，宽 15 米，岸线长 180 米，面积 1 894 平方米，最高点高程 8.2 米。基岩岛，由花岗岩组成。无植被。

上屿 (Shàng Yǔ)

北纬 25°18.7′，东经 119°41.8′。位于福州市平潭县塘屿南部海域，距大陆最近点 6.39 千米。与下屿呈南北排列，故名。《中国海域地名志》(1989)、《福建省海域地名志》(1991)、《平潭县海域志》(1992)、《福建省海岛志》(1994)、《全国海岛名称与代码》(2008)均称上屿。呈半月牙状，东西长约 300 米，南北宽 80 米，岸线长 659 米，面积 23 636 平方米，最高点高程 12.8 米。基岩岛，由花岗岩组成。东高西低。表面有薄土层，长少量杂草。基岩海岸，北岸岩石滩向北延伸。

土尾连礁 (Tǔwěilián Jiāo)

北纬 25°18.7′，东经 119°41.4′。位于福州市平潭县塘屿南部海域，距大陆最近点 6.06 千米。曾名秋尾连。礁盘与塘屿相连，当地群众惯称土尾连礁。《福建省海域地名志》（1991）、《平潭县海域志》（1992）称土尾连礁。面积约 45 平方米，最高点高程 6.6 米。基岩岛，由花岗岩组成。无植被。

西限岛 (Xīxiàn Dǎo)

北纬 25°18.5′，东经 119°45.4′。位于福州市平潭县东甲岛北 300 米。处东限岛西，故名。又名西汉。《中国海域地名志》（1989）、《福建省海域地名志》（1991）、《平潭县海域志》（1992）、《福建省海岛志》（1994）、《全国海岛名称与代码》（2008）均称西限岛。略呈椭圆形，东西长 150 米，南北宽 80 米，岸线长 485 米，面积 10 576 平方米，最高点高程 17.4 米。基岩岛，由花岗岩组成。北坡陡，南坡缓。无植被。南部岩石滩延伸至东甲岛。

跳板头礁 (Tiàobǎntóu Jiāo)

北纬 25°18.4′，东经 119°45.5′。位于福州市平潭县东甲岛北 200 米。因位于东甲岛北端，低潮时可通东甲岛，意为跳板末端，故名。《福建省海域地名志》（1991）、《平潭县海域志》（1992）称跳板头礁。基岩岛。面积约 110 平方米，最高点高程 6.8 米。无植被。

萝卜礁 (Luóbo Jiāo)

北纬 25°18.4′，东经 119°42.1′。位于福州市平潭县塘屿南 1.2 千米。礁盘南北狭长，似萝卜，故名。《福建省海域地名志》（1991）、《平潭县海域志》（1992）记为萝卜礁。面积约 56 平方米，最高点高程 6.6 米。基岩岛，由花岗岩组成。无植被。

小峻礁 (Xiǎojùn Jiāo)

北纬 25°18.4′，东经 119°45.4′。位于福州市平潭县东甲岛北 100 米。海岛山体陡峭，面积较小，故名。《福建省海域地名志》（1991）、《平潭县海域志》（1992）称小峻礁。基岩岛。面积约 110 平方米。无植被。

东限岛 (Dōngxiàn Dǎo)

北纬 25°18.1′，东经 119°46.1′。位于福州市平潭县东甲岛东 300 米。仿佛是东甲岛东面进出口的门槛（即限），故名。《中国海域地名志》（1989）、《福建省海域地名志》（1991）、《平潭县海域志》（1992）、《福建省海岛志》（1994）、《全国海岛名称与代码》（2008）均称东限岛。略呈三角形，东西长 430 米，南北宽 50～120 米，岸线长 1.12 千米，面积 0.051 1 平方千米，最高点高程 39.5 米。基岩岛，由花岗岩组成。地势自东北向西南倾斜。表层多石少土，杂草稀少。基岩海岸，岸线曲折，东岸有湾口，西部砂砾滩延伸至东甲岛。

小东限岛 (Xiǎodōngxiàn Dǎo)

北纬 25°18.0′，东经 119°46.1′。位于福州市平潭县东甲岛东 500 米。历史上该岛与东限岛统称东限岛。因邻近东限岛，面积较小，第二次全国海域地名普查时命今名。基岩岛。岸线长 235 米，面积 3 124 平方米。无植被。

东甲岛 (Dōngjiǎ Dǎo)

北纬 25°17.9′，东经 119°45.5′。位于福州市平潭县敖东镇钱便澳村南 10.4 千米。该岛是周围 5 个岛屿中面积最大的一个，且又居中，附近渔民称“中甲”，因方言谐音，自清康熙至今均名“东甲岛”。又说该岛原名“东峇”，因岛上有“东峇宫”（信奉妈祖，已废圮，现重建），故名。《中国海洋岛屿简况》（1980）、《中国海域地名志》（1989）、《福建省海域地名志》（1991）、《平潭县海域志》（1992）、《福建省海岛志》（1994）、《全国海岛名称与代码》（2008）均称东甲岛。呈南北走向，长 1.4 千米，宽 500 米，岸线长 5.17 千米，面积 0.707 5 平方千米，最高点高程 59.5 米。基岩岛，由火山岩组成。多基岩海岸，岩石滩长紫菜。岛上植被以草丛为主，种植少量木麻黄。1984 年曾开放为对台贸易岛。种有风景树，有码头、宾馆、商场、餐馆、娱乐室等。建有风力监测塔。

绗头礁 (Hángtóu Jiāo)

北纬 25°17.9′，东经 119°44.9′。位于福州市平潭县东甲岛西 600 米。《中国海域地名志》（1989）、《福建省海域地名志》（1991）、《平潭县海域志》（1992）均称绗头礁。基岩岛。面积约 10 平方米。无植被。

秤屿 (Chèng Yǔ)

北纬 25°17.9′，东经 119°44.6′。位于福州市平潭县东甲岛西 700 米。岛形似秤钩，故名。又名称屿。《中国海洋岛屿简况》（1980）记为称屿。《中国海域地名志》（1989）、《福建省海域地名志》（1991）、《平潭县海域志》（1992）、《福建省海岛志》（1994）、《全国海岛名称与代码》（2008）均称秤屿。呈东北—西南走向，长 720 米，宽 220 米，岸线长 1.79 千米，面积 0.161 4 平方千米，最高点高程 52.9 米。基岩岛，由花岗岩组成。中部高。地表有厚土层，生长杂草。基岩海岸，岸线曲折。大潮低潮时东部砂砾滩与东甲岛沙滩连接。岩石滩长紫菜。

北甲蛋礁 (Běijiǎdàn Jiāo)

北纬 25°17.8′，东经 119°46.3′。位于福州市平潭县东甲岛东 800 米。因处小甲岛北，礁圆似蛋，故名。《福建省海域地名志》（1991）、《平潭县海域志》（1992）称北甲蛋礁。面积约 20 平方米。基岩岛，由花岗岩组成。无植被。

开垱礁 (Kāidàng Jiāo)

北纬 25°17.6′，东经 119°45.7′。位于福州市平潭县东甲岛东南 200 米。处于东甲岛和小甲岛之间，取此岛将两岛分开之意，当地群众惯称开垱礁。《福建省海域地名志》（1991）、《平潭县海域志》（1992）记为开垱礁。基岩岛。面积约 10 平方米。无植被。

小甲岛 (Xiǎojiǎ Dǎo)

北纬 25°17.6′，东经 119°46.2′。位于福州市平潭县东甲岛东南 600 米。又名小甲。邻近东甲岛，面积小，故名。《中国海域地名志》（1989）、《福建省海域地名志》（1991）、《平潭县海域志》（1992）、《福建省海岛志》（1994）、《全国海岛名称与代码》（2008）均称小甲岛。岛近菱形，南北长 300 米，东西宽 50～150 米，岸线长 821 米，面积 29 498 平方米，最高点高程 30.2 米。基岩岛，由花岗岩组成。中部高。表层有土壤，长杂草。基岩海岸，岸线曲折。岩石滩长紫菜。建有 1 座灯塔。

秤锤屿（Chèngchuí Yǔ）

北纬 25°17.5′，东经 119°44.9′。位于福州市平潭县东甲岛西南 800 米。邻近秤屿，形似秤锤，故名。《中国海域地名志》（1989）、《福建省海域地名志》（1991）、《平潭县海域志》（1992）、《福建省海岛志》（1994）、《全国海岛名称与代码》（2008）均称秤锤屿。南北长 90 米，东西宽 70 米，岸线长 247 米，面积 3 796 平方米，最高点高程 15.2 米。基岩岛，由花岗岩组成。中部略高。无植被。岩石滩向北延伸 300 米，长紫菜。

北横仔岛（Běihéngzǎi Dǎo）

北纬 25°16.9′，东经 119°43.7′。位于福州市平潭县东甲岛西南 2.9 千米，属横山群岛。地处横山群岛东北部，且面积小，故名。曾名横山。又名北横岛。《中国海域地名志》（1989）、《福建省海域地名志》（1991）、《平潭县海域志》（1992）、《福建省海岛志》（1994）、《全国海岛名称与代码》（2008）均称北横仔岛。略呈圆形，最长 80 米，宽 40 米。岸线长 346 米，面积 6 670 平方米，最高点高程 17.4 米。基岩岛，由花岗岩组成。表层多石少土，杂草稀少。沿岸岩石滩向外延伸，低潮时西面与北横岛连接，长紫菜。

中横岛（Zhōnghéng Dǎo）

北纬 25°16.9′，东经 119°43.5′。位于福州市平潭县东甲岛西南 3.3 千米，属横山群岛。地处横山群岛中间，故名。又名小北横。《中国海洋岛屿简况》（1980）称小北横。《中国海域地名志》（1989）、《福建省海域地名志》（1991）、《平潭县海域志》（1992）、《福建省海岛志》（1994）、《全国海岛名称与代码》（2008）均称中横岛。岸线长 1.7 千米，面积 0.099 8 平方千米，最高点高程 44.5 米。基岩岛，由花岗岩组成。表层有土层，长杂草。沿岸岩石滩向四周延伸，低潮时东、西岩石滩与北横仔岛、南横岛相接，长紫菜。

南横岛（Nánhéng Dǎo）

北纬 25°16.7′，东经 119°43.1′。位于福州市平潭县东甲岛西南 3.7 千米，属横山群岛。地处横山群岛南部，故名。《中国海域地名志》（1989）、《福建省海域地名志》（1991）、《平潭县海域志》（1992）、《福建省海岛志》

（1994）、《全国海岛名称与代码》（2008）均称南横岛。岸线长 2.24 千米，面积 0.142 5 平方千米，最高点高程 41.8 米。基岩岛，由花岗岩组成。中部高，东西低。表层有土层，长杂草。基岩海岸，岸线曲折，岩石滩向外延，低潮时，可见北面与北横岛连接。长紫菜。南岸有小湾口，为砂砾底。建有 1 座灯塔。

龟屿山 (Guīyǔ Shān)

北纬 25°41.7′，东经 119°33.0′。位于福清湾北部海域，距大陆最近点 270 米。形如乌龟，故名。《福建省海域地名志》（1991）、《福建省海岛志》（1994）、《全国海岛名称与代码》（2008）称龟屿山。基岩岛。岸线长 681 米，面积 24 229 平方米。植被稀少，有少量草丛，人工种植榕树、龙舌兰、仙人掌等。2011 年常住人口 4 人，为鱼苗场职工。有海堤连接大陆。岛体破坏严重。淡水、电力从梁厝村引入。

吉钓岛 (Jídiào Dǎo)

北纬 25°40.3′，东经 119°34.8′，位于福州市福清市城头镇宅前村南 1.8 千米，隶属于福清市。相传旧时大年三十，附近渔民趁渔霸回家过年时急忙到该岛钓鱼过年，故名急钓，后取吉利意谐音成今名。《中国海域地名志》（1989）、《福建省海域地名志》（1991）、《福建省海岛志》（1994）、《福清市志》（1994）、《全国海岛名称与代码》（2008）均称吉钓岛。岸线长 5.05 千米，面积 0.718 5 平方千米，最高点高程 46.6 米。基岩岛，由花岗岩构成。地势北高中低南平缓。植被有灌木丛、草丛、相思树、木麻黄、剑麻等。

有居民海岛。岛上有吉钓村，2011 年户籍人口 1 446 人，常住人口 695 人。有 1 所小学。电力由陆地通过海底电缆输送。建有码头两座，1 座较大码头由轮渡和渔船共用，1 座较小码头主要供渔船使用。建有 200 米长防波堤。北端建有航标。

猫仔山 (Māozǎi Shān)

北纬 25°37.9′，东经 119°29.4′。位于福州市福清市龙田镇东营村北部海域，距大陆最近点 310 米。从北澳海堤西望，岛形似猫头，故名。《中国海域地名志》（1989）、《福建省海域地名志》（1991）、《福建省海岛志》（1994）、《全国海岛名称与代码》（2008）均称猫仔山。岸线长 373 米，面积 7 924 平方米，最高点高程 21.9 米。基岩岛，由花岗岩组成。基岩海岸，岸坡陡峭。表层覆盖少量黄壤土，长有乔木、草丛，乔木以木麻黄为主。西北、西南面有海堤与大陆相连。

鸟尾屿 (Niǎowěi Yǔ)

北纬 25°37.9′，东经 119°32.0′。位于福州市福清市东壁岛北部海域，距大陆最近点 3.93 千米。曾名鸟尾礁。东壁岛北端楔入福清湾东北的部分，形似大鸟，而本岛处于东壁岛北部，形如大鸟的鸟尾，故名。《中国海域地名志》（1989）、《福建省海域地名志》（1991）称鸟尾屿。基岩岛。岸线长 253 米，面积 2 630 平方米。植被以草丛为主。

下礁岛 (Xiàjiāo Dǎo)

北纬 25°37.9′，东经 119°30.4′。位于福州市福清市龙田镇东营村东北 1.4 千米。当地群众惯称下礁屿。因省内重名，第二次全国海域地名普查时更今名。岸线长 110 米，面积 765 平方米。基岩岛，由花岗岩组成。岸坡陡峭。无植被。

下礁屿 (Xiàjiāo Yǔ)

北纬 25°37.9′，东经 119°30.4′。位于福州市福清市龙田镇东营村东北 1.4 千米。地处上礁屿外面，故名。《中国海域地名志》（1989）、《福建省海域地名志》（1991）称下礁屿。岸线长 55 米，面积 182 平方米。基岩岛，由花岗岩组成。岸坡陡峭。无植被。

上礁屿 (Shàngjiāo Yǔ)

北纬 25°37.7′，东经 119°30.3′。位于福州市福清市龙田镇东营村东北 1.1 千米。与下礁屿相对，与下礁屿相比更靠近大陆，故名。《中国海域地名志》（1989）、《福建省海域地名志》（1991）称上礁屿。基岩岛。岸线长 649 米，面积 21 120 平方米。无植被。岛体已基本被人工推平，目前为东营砂场及码头所在地。从东营村引水电。有两座码头，分别为避风坞码头和东营砂场码头。

马尾礁 (Mǎwěi Jiāo)

北纬 25°37.6′，东经 119°30.1′。位于福州市福清市龙田镇东营村东北 600 米。

《福建省海域地名志》（1991）载：“岛呈长条形，形似马尾，故名。”面积约 20 平方米。基岩岛，由花岗岩组成。无植被。

黄官岛 (Huángguān Dǎo)

北纬 25°36.9′，东经 119°32.4′。位于福州市福清市东壁岛东部海域，距大陆最近点 3.01 千米。相传明朝有一黄姓官员北上赴任，经此遇风触礁身亡，葬于岛上，故名。《中国海域地名志》（1989）、《福建省海域地名志》（1991）、《福建省海岛志》（1994）、《全国海岛名称与代码》（2008）均称黄官岛。岸线长 926 米，面积 42 947 平方米，最高点高程 28.9 米。基岩岛，由花岗岩组成。表层覆盖黄壤土，土层较厚，背风面植被茂密，长有乔木、草丛，乔木以相思树为主。岛顶建有国家大地测绘控制点。

东壁岛 (Dōngbì Dǎo)

北纬 25°36.8′，东经 119°31.9′。位于福州市福清市龙田镇东营村东 3.3 千米，隶属于福清市。位于福清市东南端海滨，古称“瀛洲”，后因明朝戚继光将军视其为海疆东面的壁垒屏障而改称“东壁”。《中国海洋岛屿简况》（1980）、《中国海域地名志》（1989）、《福建省海域地名志》（1991）、《福建省海岛志》（1994）、《全国海岛名称与代码》（2008）均称东壁岛。岸线长 11.05 千米，面积 2.815 5 平方千米，最高点高程 85.7 米。基岩岛，由花岗岩组成。表层覆盖黄壤土，部分区域土层较厚，植被以草丛、灌木为主，西侧有少量相思树。有居民海岛。有 4 个行政村，2011 年户籍人口 5 035 人，常住人口 4 996 人。西侧有旅游度假村，西北侧有渔业码头、对台码头，东北侧有斗门码头，东南侧有山利码头及厝场码头。建有通信塔。通过围堤与大陆相连。水、电均从大陆引入。

东犬棍岛 (Dōngquǎngùn Dǎo)

北纬 25°36.6′，东经 119°32.4′。位于福州市福清市东壁岛东部海域，距大陆最近点 2.52 千米。历史上该岛与犬棍礁统称犬棍礁。因其位于犬棍礁以东，第二次全国海域地名普查时命今名。基岩岛。面积约 10 平方米。无植被。

犬棍礁 (Quǎngùn Jiāo)

北纬 25°36.6′，东经 119°32.4′。位于福州市福清市东壁岛东部海域，距大陆最近点 2.49 千米。因岛体呈长条状，似打狗棍，故名。《福建省海域地名志》（1991）称犬棍礁。基岩岛。面积约 60 平方米。无植被。

墨鱼岛 (Mòyú Dǎo)

北纬 25°35.7′，东经 119°35.9′。位于福州市福清市三山镇后洋村东北 500 米。因附近海域盛产墨鱼而得名。《中国海域地名志》（1989）、《福建省海域地名志》（1991）、《福建省海岛志》（1994）、《全国海岛名称与代码》（2008）均称墨鱼岛。面积约 20 平方米，最高点高程 3 米。基岩岛，由熔岩组成。无植被。

蛇岛 (Shé Dǎo)

北纬 25°35.6′，东经 119°36.5′。位于福州市福清市三山镇后洋村东北 1.2 千米。弯曲呈弓字形，故名。《中国海域地名志》（1989）、《福建省海域地名志》（1991）称蛇岛。面积约 20 平方米。基岩岛，由熔岩组成。岸坡较缓。无植被。

八尺岛 (Bāchǐ Dǎo)

北纬 25°35.6′，东经 119°36.0′。位于福州市福清市三山镇后洋村东北 400 米。岛两头高，中间低，陆岸旁东望，略呈八字形，故名。《中国海域地名志》（1989）、《福建省海域地名志》（1991）、《福建省海岛志》（1994）、《全国海岛名称与代码》（2008）均称八尺岛。岸线长 1.57 千米，面积 0.029 2 平方千米，最高点高程 14.1 米。基岩岛，由火山岩组成。基岩海岸，岸坡平缓。表层覆盖少量黄壤土，有乔木、草丛，乔木以木麻黄为主。

下水礁 (Xiàshuǐ Jiāo)

北纬 25°35.2′，东经 119°36.2′。位于福州市福清市三山镇后洋村东 700 米。《福建省海域地名志》（1991）载："位上水礁南，故名。"基岩岛。面积约 20 平方米。无植被。

鸬鹚屿 (Lúcí Yǔ)

北纬 25°35.1′，东经 119°36.2′。位于福州市福清市三山镇后洋村东 800 米。昔渔民养鸬鹚于此捕鱼，故名。《中国海域地名志》（1989）、《福建省海域地名志》（1991）称鸬鹚屿。岸线长 309 米，面积 4 916 平方米，最高点高程

20.5 米。基岩岛，由火山岩组成。基岩海岸，岸坡陡峭。土层稀薄，植被以灌木为主。

北丧屿岛（Běisàngyǔ Dǎo）

北纬 25°35.1′，东经 119°33.4′。位于福州市福清市三山镇嘉儒村北部海域，距大陆最近点 310 米。历史上该岛与丧屿礁统称丧屿礁。因位于丧屿礁以北，第二次全国海域地名普查时命今名。基岩岛。面积约 30 平方米。无植被。

丧屿礁（Sàngyǔ Jiāo）

北纬 25°35.1′，东经 119°33.5′。位于福州市福清市三山镇嘉儒村北部海域，距大陆最近点 240 米。曾名大屿。因有人曾在此触礁身亡，当地群众惯称丧屿礁。《福建省海域地名志》（1991）称丧屿礁。基岩岛。岸线长 205 米，面积 2 295 平方米。无植被。

壁屿（Bì Yǔ）

北纬 25°35.0′，东经 119°36.2′。位于福州市福清市三山镇后洋村东部海域，距大陆最近点 850 米。从后洋村岸旁东望，该岛横亘海上，形似一堵墙壁，故名。《中国海域地名志》（1989）、《福建省海域地名志》（1991）、《福建省海岛志》（1994）、《全国海岛名称与代码》（2008）均称壁屿。岸线长 342 米，面积 5 876 平方米，最高点高程 27.5 米。基岩岛，由熔岩组成。岸坡陡峭。土层稀薄，植被稀少，有少量灌木、草丛。

北窟石岛（Běikūshí Dǎo）

北纬 25°35.0′，东经 119°33.2′。位于福州市福清市三山镇嘉儒村北部海域，距大陆最近点 110 米。历史上该岛与窟石岛统称窟鉔礁，因位于窟石岛以北，第二次全国海域地名普查时命今名。基岩岛。面积约 20 平方米。无植被。

窟石岛（Kūshí Dǎo）

北纬 25°35.0′，东经 119°33.2′。位于福州市福清市三山镇嘉儒村北部海域，距大陆最近点 90 米。曾名窟鉔礁。《福建省海域地名志》（1991）载：“受海水侵蚀影响，多孔穴，故名。”为避用生僻字，第二次全国海域地名普查时更为今名。基岩岛。面积约 40 平方米。无植被。

明江屿（Míngjiāng Yǔ）

北纬25°34.6′，东经119°36.4′。位于福州市福清市三山镇后洋村东1.7千米。以澳内水道水清，称明江得名。又名牛母牛仔。《中国海洋岛屿简况》（1980）、《中国海域地名志》（1989）、《福建省海域地名志》（1991）、《福建省海岛志》（1994）、《全国海岛名称与代码》（2008）均称明江屿。岸线长1.85千米，面积0.086平方千米，最高点高程48.8米。基岩岛，由熔岩组成。基岩海岸，岸坡陡峭。表层覆盖黄壤土，迎风面植被稀少，以草丛为主；背风面植被茂密，以乔木为主，主要有相思树、马尾松。岛上有野兔养殖基地。山顶设有国家大地测量控制点。

上明江仔岛（Shàngmíngjiāngzǎi Dǎo）

北纬25°34.6′，东经119°36.0′。位于福州市福清市三山镇后洋村东1.1千米。历史上该岛与下明江仔岛统称为明江仔岛。因位于小明江屿西侧，面积较小，与下明江仔岛相对，第二次全国海域地名普查时命今名。面积约9平方米。基岩岛，由熔岩组成。无植被。

下明江仔岛（Xiàmíngjiāngzǎi Dǎo）

北纬25°34.6′，东经119°36.1′。位于福州市福清市三山镇后洋村东1.1千米。历史上该岛与上明江仔岛统称为明江仔岛。因位于小明江屿西侧，面积较小，与上明江仔岛相对，第二次全国海域地名普查时命今名。面积约10平方米。基岩岛，由熔岩组成。无植被。

西褐岛（Xīhè Dǎo）

北纬25°34.6′，东经119°36.0′。位于福州市福清市三山镇后洋村东1.1千米。岛呈褐色，且与中褐岛、东褐岛相对，第二次全国海域地名普查时命今名。基岩岛。面积约36平方米。无植被。

小明江屿（Xiǎomíngjiāng Yǔ）

北纬25°34.6′，东经119°36.1′。位于福州市福清市三山镇后洋村东1.2千米。位于明江水道南侧，较明江屿小，故名。因其形状如牛，当地群众又惯称牛屿。《中国海域地名志》（1989）、《福建省海域地名志》（1991）、《福建省海岛志》

（1994）、《全国海岛名称与代码》（2008）均称小明江屿。岸线长475米，面积12 595平方米，最高点高程21.1米。基岩岛，由熔岩组成。表层覆盖黄壤土，植被茂密，乔木以木麻黄为主，灌木以剑麻为主。

三屿礁（Sānyǔ Jiāo）

北纬25°34.5′，东经119°36.9′。位于福州市福清市三山镇后洋村东2.6千米。以序数排列得名。《福建省海域地名志》（1991）称三屿礁。基岩岛。面积约20平方米。无植被。

北四屿岛（Běisìyǔ Dǎo）

北纬25°34.5′，东经119°36.9′。位于福州市福清市三山镇后洋村东2.6千米。原名四屿。以序数排列得名。《中国海域地名志》（1989）、《福建省海域地名志》（1991）记为四屿。因省内重名，以其位于福清市北部，第二次全国海域地名普查时更为今名。岸线长251米，面积3 942平方米，最高点高程14.3米。基岩岛，由熔岩组成。基岩海岸，岸坡陡峭。土层稀薄，植被稀少，仅长有少量草丛。

内尾屿（Nèiwěi Yǔ）

北纬25°34.4′，东经119°35.8′。位于福州市福清市三山镇后洋村东800米。该岛与内青屿、内二屿礁呈线形排列，位于末位，曾名尾屿。因重名，1985年更名为内尾屿。《中国海域地名志》（1989）、《福建省海域地名志》（1991）、《福建省海岛志》（1994）、《全国海岛名称与代码》（2008）均称内尾屿。当地群众惯称尾礁。岸线长173米，面积1 199平方米，最高点高程6.1米。基岩岛，由熔岩组成。基岩海岸，岸坡平缓。无植被。

内二屿礁（Nèi'èryǔ Jiāo）

北纬25°34.3′，东经119°35.6′。位于福州市福清市三山镇后洋村东700米。该岛与内青屿、内尾屿呈线性排列，位于中间，故曾名二屿。因重名，1985年更名为内二屿礁。《福建省海域地名志》（1991）记为内二屿礁。岸线长97米，面积591平方米。基岩岛，由熔岩组成。无植被。

内青屿（Nèiqīng Yǔ）

北纬25°34.2′，东经119°35.3′。位于福州市福清市三山镇后洋村东南500米。

原名青屿，因重名，又位于刘垱坪澳内，1985年更名为内青屿。《中国海域地名志》（1989）、《福建省海域地名志》（1991）记为内青屿。岸线长1.05千米，面积0.057 5平方千米，最高点高程15.7米。基岩岛，由熔岩组成。表层覆盖红壤土，土层较厚，植被茂密，乔木以木麻黄为主。通过围堤与大陆相连。

尾仔礁 (Wěizǎi Jiāo)

北纬25°34.2′，东经119°36.3′。位于福州市福清市三山镇北楼村北部海域，距大陆最近点100米。位于内尾屿东南侧，面积较小，当地群众惯称尾仔礁。《福建省海域地名志》（1991）、《福建省海岛志》（1994）、《全国海岛名称与代码》（2008）均称尾仔礁。岸线长169米，面积1 898平方米。基岩岛，由熔岩组成。无植被。

柯屿 (Kē Yǔ)

北纬25°33.9′，东经119°21.6′。位于江阴半岛东侧800米，隶属于福州市福清市。《中国海洋岛屿简况》（1980）、《福建省海岛志》（1994）、《全国海岛名称与代码》（2008）均记为柯屿。岸线长4.91千米，面积1.150 4平方千米，最高点高程53.1米。基岩岛，由花岗岩组成。表层覆盖黄壤土，乔木以木麻黄为主。

有居民海岛。有柯屿村，2011年户籍人口1 422人，常住人口830人。以渔业为主，兼营小型加工业、旅游业等。渔业主要以浅海滩涂养殖为主，有少量池塘围垦养殖。有水泥路与大陆相连。水、电均由大陆引入，建有水井。与大陆相接处建有水泥预制堆场，周边为水泥仓储堆场。建有妈祖宫、陈家祠堂。迎风面建有防风林。

针鼻礁 (Zhēnbí Jiāo)

北纬25°33.7′，东经119°36.5′。位于福州市福清市三山镇北楼村东部海域，距大陆最近点60米。礁石尖小，故名。《福建省海域地名志》（1991）、《福建省海岛志》（1994）、《全国海岛名称与代码》（2008）均称针鼻礁。基岩岛。岸线长150米，面积1 678平方米。无植被。

石回屿 (Shíhuí Yǔ)

北纬 25°33.6′，东经 119°36.6′。位于福州市福清市三山镇北楼村东部海域，距大陆最近点 290 米。远看岛体颜色如白石灰，谐音得名。《中国海域地名志》（1989）、《福建省海域地名志》（1991）、《福建省海岛志》（1994）、《全国海岛名称与代码》（2008）均称石回屿。岸线长 283 米，面积 5 552 平方米，最高点高程 7.9 米。基岩岛，由熔岩组成。基岩海岸，岸坡平缓。土层稀薄，植被稀少，仅顶部长有少量草丛。岛西侧、南侧建有围堤。

江小屿 (Jiāngxiǎo Yǔ)

北纬 25°32.4′，东经 119°21.2′。位于福州市福清市江镜镇南城村西南侧海域，距大陆最近点 220 米。该岛与江大屿相邻，面积次之，故名。《中国海域地名志》（1989）、《福建省海域地名志》（1991）称江小屿。基岩岛。岸线长 167 米，面积 2 151 平方米。无植被。

江大屿 (Jiāngdà Yǔ)

北纬 25°32.3′，东经 119°21.1′。位于福州市福清市江镜镇南城村西南侧海域，距大陆最近点 410 米。原名大屿，因重名，1985 年改名为江大屿。《福建省海域地名志》（1991）称江大屿。岸线长 420 米，面积 9 626 平方米，最高点高程 20 米。基岩岛，由花岗岩组成。岸坡平缓。表层覆盖黄壤土，植被茂密，乔木以木麻黄、相思树为主。建有 1 座灯塔。

旗屿 (Qí Yǔ)

北纬 25°32.2′，东经 119°37.0′。位于福州市福清市三山镇上坤村东南部海域，距大陆最近点 230 米。北面岩壁平展，水波相映，似旗飘扬，故名。《中国海域地名志》（1989）、《福建省海域地名志》（1991）、《福建省海岛志》（1994）、《全国海岛名称与代码》（2008）均称旗屿。岸线长 306 米，面积 4 060 平方米，最高点高程 12.4 米。基岩岛，由花岗岩组成。基岩海岸，岸坡陡峭。土层稀薄，植被稀少，仅顶部长有少量草丛。岛顶建有测风塔。

北双髻仔岛 (Běishuāngjìzǎi Dǎo)

北纬 25°32.0′，东经 119°37.9′。位于福州市福清市三山镇上坤村东南 2.1

千米。因位于北双髻岛附近，面积较小，第二次全国海域地名普查时命今名。基岩岛。面积约 30 平方米。无植被。

北双髻岛 (Běishuāngjì Dǎo)

北纬 25°31.9′，东经 119°37.9′。位于福州市福清市三山镇上坤村东南 2.1 千米。历史上该岛与双髻礁统称双髻礁，因位于双髻礁以北，第二次全国海域地名普查时命今名。面积约 20 平方米。基岩岛，由花岗岩组成。无植被。

双髻礁 (Shuāngjì Jiāo)

北纬 25°31.9′，东经 119°37.9′。位于福州市福清市三山镇上坤村东南 1.9 千米。传说该岛多次遭雷击分为二，形如妇女的发髻，故名。《中国海域地名志》（1989）、《福建省海域地名志》（1991）记为双髻礁。面积约 20 平方米。基岩岛，由花岗岩组成。无植被。

鸭母岛 (Yāmǔ Dǎo)

北纬 25°31.7′，东经 119°21.0′。位于福州市福清市江阴镇高岭村东部海域，距大陆最近点 80 米。该岛陆岸突出部形似鸭头，故名。《中国海域地名志》(1989)、《福建省海域地名志》（1991）、《福建省海岛志》（1994）、《全国海岛名称与代码》（2008）均称鸭母岛。岸线长 110 米，面积 911 平方米。基岩岛，由花岗岩组成。无植被。建有“真君堂”庙宇，覆盖整岛。

浮屿子 (Fúyǔzǐ)

北纬 25°31.7′，东经 119°35.3′。位于福州市福清市三山镇海瑶村东部海域，距大陆最近点 140 米。因其位于浮屿边上，较浮屿小，当地群众惯称浮屿子。岸线长 360 米，面积 9 107 平方米。基岩岛，由花岗岩组成。表层覆盖黄壤土，植被茂密，乔木以木麻黄为主。

福清浮屿 (Fúqīng Fúyǔ)

北纬 25°31.6′，东经 119°35.1′。位于福州市福清市三山镇海瑶村东部海域，距大陆最近点 80 米。岛体从远处看如漂浮在海面上，当地群众惯称浮屿。因省内重名，以其位于福清市，第二次全国海域地名普查时更为今名。岸线长 840 米，面积 39 671 平方米。基岩岛，由花岗岩组成。表层覆盖黄壤土，植被茂密，乔木以木麻黄为主。

四屿（Sì Yǔ）

北纬25°31.2′，东经119°37.5′。位于福州市福清市三山镇白鹤村东部2.5千米，属四屿（群岛）。以序数排列得名。《中国海域地名志》（1989）、《福建省海域地名志》（1991）、《福建省海岛志》（1994）、《全国海岛名称与代码》（2008）均称四屿。岸线长636米，面积11 710平方米，最高点高程14.3米。基岩岛，由花岗岩组成。基岩海岸，岸坡陡峭。土层稀薄，植被稀少，长有少量草丛。

溪屿（Xī Yǔ）

北纬25°31.0′，东经119°37.4′。位于福州市福清市三山镇白鹤村东南2.5千米，属四屿（群岛）。《中国海域地名志》（1989）、《福建省海域地名志》（1991）、《福建省海岛志》（1994）、《全国海岛名称与代码》（2008）均称溪屿。岸线长537米，面积13 877平方米，最高点高程13.6米。基岩岛，由花岗岩组成。基岩海岸，岸坡平缓。表层覆盖黄壤土，土壤稀薄，长有草丛。建有测风塔。

楼前屿（Lóuqián Yǔ）

北纬25°30.9′，东经119°37.3′。位于福州市福清市三山镇白鹤村东南2.5千米，属四屿（群岛）。《中国海域地名志》（1989）、《福建省海域地名志》（1991）、《福建省海岛志》（1994）、《全国海岛名称与代码》（2008）均称楼前屿。岸线长369米，面积4 697平方米，最高点高程13.1米。基岩岛，由花岗岩组成。基岩海岸，岸坡平缓。表层覆盖黄壤土，土壤稀薄，长有草丛。

马屿（Mǎ Yǔ）

北纬25°30.9′，东经119°37.2′。位于福州市福清市三山镇白鹤村东南2.3千米，属四屿（群岛）。该岛高潮面时形似马头，故名。《中国海域地名志》（1989）、《福建省海域地名志》（1991）、《福建省海岛志》（1994）、《全国海岛名称与代码》（2008）均称马屿。岸线长246米，面积2 675平方米，最高点高程11.2米。基岩岛，由熔岩组成。基岩海岸，岸坡陡峭。土层稀薄，植被稀少，长有草丛。

龙门山 (Lóngmén Shān)

北纬 25°30.6′，东经 119°34.9′。位于福州市福清市三山镇白鹤村南部海域，距大陆最近点 310 米。因处于澳口，形如龙头，故名。《福建省海域地名志》(1991)、《福建省海岛志》(1994)、《全国海岛名称与代码》(2008) 均称龙门山。岸线长 110 米，面积 820 平方米。基岩岛，由花岗岩组成。无植被。

上鸟礁 (Shàngniǎo Jiāo)

北纬 25°30.4′，东经 119°20.5′。位于福州市福清市江阴镇北郭村东南部海域，距大陆最近点 360 米。原名鸟礁，因重名，1985 年更今名。《福建省海域地名志》(1991) 记为上鸟礁。基岩岛。面积约 20 平方米。无植被。

白沙屿 (Báishā Yǔ)

北纬 25°30.2′，东经 119°20.6′。位于福州市福清市江阴镇北郭村东南部海域，距大陆最近点 690 米。浪击岩体，白点四射，故名。又名白沙。《中国海洋岛屿简况》(1980) 称白沙。《中国海域地名志》(1989)、《福建省海域地名志》(1991) 记为白沙屿。面积约 20 平方米。基岩岛，由花岗岩组成。无植被。

南下礁 (Nánxià Jiāo)

北纬 25°30.1′，东经 119°36.2′。位于福州市福清市高山镇北垞村东部海域，距大陆最近点 120 米。原名下礁，因重名，1985 年以方位更今名。《福建省海域地名志》(1991) 记为南下礁。面积约 20 平方米。基岩岛，由花岗岩组成。无植被。

东地屿 (Dōngdì Yǔ)

北纬 25°29.8′，东经 119°37.2′。位于福州市福清市高山镇北垞村东南 1.9 千米。曾名大礁。因位于大陆东侧，且距大陆较近，当地群众惯称东地屿。《中国海洋岛屿简况》(1980) 称大礁。《中国海域地名志》(1989)、《福建省海域地名志》(1991) 称东地屿。岸线长 270 米，面积 3 160 平方米，最高点高程 8.4 米。基岩岛，由花岗岩组成。基岩海岸，岸坡平缓。基岩裸露。植被稀少，长有少量草丛。

孤岩岛 (Gūyán Dǎo)

北纬 25°29.8′，东经 119°19.9′。位于福州市福清市江阴镇岭口村北部海域，距大陆最近点 30 米。因岛体仅为一块孤立的岩石，第二次全国海域地名普查时命今名。面积约 20 平方米。基岩岛，由花岗岩组成。无植被。

鲁鲁岛 (Lǔlǔ Dǎo)

北纬 25°28.9′，东经 119°14.1′。位于福州市福清市新厝镇江兜村南部海域，距大陆最近点 440 米。《中国海洋岛屿简况》（1980）、《中国海域地名志》（1989）、《福建省海域地名志》（1991）、《福建省海岛志》（1994）、《全国海岛名称与代码》（2008）均称鲁鲁岛。岸线长 91 米，面积 545 平方米，最高点高程 13.8 米。基岩岛，由火山岩组成。岸坡陡峭。表层覆盖少量红壤土，植被稀少，长有少量乔木、草丛。

北青屿 (Běiqīng Yǔ)

北纬 25°28.3′，东经 119°38.7′。位于福州市福清市东瀚镇赤表村东北突出部外侧海域，距大陆最近点 440 米。该岛因海水映衬呈青蓝色，且位于赤表村北面，故名。《中国海洋岛屿简况》（1980）、《中国海域地名志》（1989）、《福建省海岛志》（1994）、《全国海岛名称与代码》（2008）均称北青屿。岸线长 199 米，面积 2 645 平方米，最高点高程 14.8 米。基岩岛，由火山岩组成。无植被。

牛母岛 (Niúmǔ Dǎo)

北纬 25°28.3′，东经 119°36.9′。位于福州市福清市东瀚镇门头村东部海域，距大陆最近点 540 米。因岛形似牛，周围礁石似牛崽而得名。《中国海域地名志》（1989）、《福建省海域地名志》（1991）称牛母岛。岸线长 131 米，面积 1 064 平方米，最高点高程 11.9 米。基岩岛，由花岗岩组成。基岩海岸，岸坡陡峭。植被稀少，长有少量草丛。

鹅蛋屿 (Édàn Yǔ)

北纬 25°28.2′，东经 119°20.1′。位于福州市福清市江阴镇门口村东部海域，距大陆最近点 280 米。曾名鹅蛋礁。岛呈圆形，似鹅蛋，故名。《中国海洋岛屿简况》（1980）称鹅蛋礁。《中国海域地名志》（1989）、《福建省海域地名志》（1991）称鹅蛋屿。岸线长 124 米，面积 1 024 平方米。基岩岛，由花岗岩组成。无植被。

大板岛 (Dàbǎn Dǎo)

北纬 25°28.1′，东经 119°36.7′。位于福州市福清市东瀚镇门头村东 500 米。因顶部较平且面积比周边小岛大，第二次全国海域地名普查时命今名。面积约 60 平方米。基岩岛，由花岗岩组成。无植被。

乌岩岛 (Wūyán Dǎo)

北纬 25°28.1′，东经 119°20.0′。位于福州市福清市江阴镇门口村东部海域，距大陆最近点 160 米。因从远处看岩石颜色较黑，第二次全国海域地名普查时命今名。面积约 20 平方米。基岩岛，由花岗岩组成。无植被。

小雷礁岛 (Xiǎoléijiāo Dǎo)

北纬 25°28.1′，东经 119°36.5′。位于福州市福清市东瀚镇门头村东部海域，距大陆最近点 240 米。历史上该岛与雷礁屿统称雷礁屿。因位于雷礁屿附近，面积较小，第二次全国海域地名普查时命今名。面积约 10 平方米。基岩岛，由火山岩组成。无植被。

雷礁屿 (Léijiāo Yǔ)

北纬 25°28.1′，东经 119°36.5′。位于福州市福清市东瀚镇门头村东部海域，距大陆最近点 80 米。该岛顶部有凹坑，传为雷击，故名。《中国海域地名志》（1989）、《福建省海域地名志》（1991）、《福建省海岛志》（1994）、《全国海岛名称与代码》（2008）均称雷礁屿。岸线长 279 米，面积 4 966 平方米，最高点高程 20.5 米。基岩岛，由火山岩组成。岸坡陡峭。土层稀薄，长有少量草丛。

南青屿 (Nánqīng Yǔ)

北纬 25°27.7′，东经 119°38.5′。位于福州市福清市东瀚镇赤表村南部海域，距大陆最近点 300 米。与北青屿相对而称。《中国海洋岛屿简况》（1980）、《中国海域地名志》（1989）、《福建省海域地名志》（1991）、《福建省海岛志》（1994）、《全国海岛名称与代码》（2008）均称南青屿。岸线长 331 米，面积 6 879 平方米，最高点高程 21.3 米。基岩岛，由火山岩组成。表层覆盖黄壤土，迎风面植被稀少，以草丛为主；背风面植被茂密，以乔木为主，主要为相思树、木麻黄。

大盘礋（Dàpán Tán）

北纬 25°26.9′，东经 119°25.5′。位于福州市福清市三山镇前薛村西 1.7 千米。底盘大而圆，故名。当地群众惯称大盘礁。《中国海域地名志》（1989）、《福建省海域地名志》（1991）记为大盘礋。岸线长 146 米，面积 1 598 平方米。基岩岛，由花岗岩组成。无植被。

北牛屿（Běiniú Yǔ）

北纬 25°26.9′，东经 119°33.9′。位于福州市福清市高山镇长安村南 1 千米。原名牛屿，因重名，以地处高山港北，1985 年更今名。《中国海域地名志》（1989）、《福建省海域地名志》（1991）记为北牛屿。岸线长 1.49 千米，面积 0.106 6 平方千米，最高点高程 17.5 米。基岩岛，由火山岩组成。岸坡平缓，东侧为基岩海岸，其余为沙泥岸。表层覆盖黄壤土，土层厚，植被茂密，乔木以相思树为主。

小麦屿（Xiǎomài Yǔ）

北纬 25°26.4′，东经 119°23.4′。位于江阴半岛东侧 3.9 千米，距大陆最近点 3.52 千米。隶属于福州市福清市。以岛似麦穗而得名。《中国海洋岛屿简况》（1980）、《中国海域地名志》（1989）、《福建省海域地名志》（1991）、《福建省海岛志》（1994）、《福清市志》（1994）、《全国海岛名称与代码》（2008）均称小麦屿。基岩岛。岸线长 4.52 千米，面积 0.409 3 平方千米，最高点高程 31.1 米。东北高，向西南倾斜。表层覆盖黄壤土、砂质土，植被茂密，乔木多为相思树、木麻黄。有居民海岛。岛上有小麦村，2011 年户籍人口 731 人，常住人口 580 人。岛上建有学校、灯塔、通信塔、庙、教堂等。淡水靠地下水供应，电力由江阴半岛通过海底电缆接入。建有 1 个陆岛交通码头。

宁核礁（Nínghé Jiāo）

北纬 25°26.3′，东经 119°24.1′。位于福州市福清市江阴镇赤厝村东 5.6 千米。曾名虎屿。《福建省海域地名志》（1991）、《福建省海岛志》（1994）、《全国海岛名称与代码》（2008）均称宁核礁。岸线长 176 米，面积 1 807 平方米。基岩岛，由花岗岩组成。岸坡陡峭。土层稀薄，顶部长有少量草丛。

北虎屿仔岛 (Běihǔyǔzǎi Dǎo)

北纬 25°26.1′，东经 119°22.5′。位于福州市福清市江阴镇赤厝村东 2.9 千米。第二次全国海域地名普查时命今名。面积约 20 平方米。基岩岛，由花岗岩组成。无植被。

南虎屿仔岛 (Nánhǔyǔzǎi Dǎo)

北纬 25°26.0′，东经 119°22.4′。位于福州市福清市江阴镇赤厝村东 2.7 千米。第二次全国海域地名普查时命今名。面积约 10 平方米。基岩岛，由花岗岩组成。无植被。

红屿仔岛 (Hóngyǔzǎi Dǎo)

北纬 25°26.0′，东经 119°38.2′。位于福州市福清市东瀚镇后营村西 300 米。第二次全国海域地名普查时命今名。基岩岛。面积约 3 平方米。无植被。

板头礁 (Bǎntóu Jiāo)

北纬 25°26.0′，东经 119°32.5′。位于福州市福清市沙埔镇东部海域，距大陆最近点 730 米。《福建省海域地名志》（1991）载："呈长方形，顶平，故名。"基岩岛。面积约 20 平方米。基岩裸露。无植被。

北大三礁岛 (Běidàsānjiāo Dǎo)

北纬 25°26.0′，东经 119°32.6′。位于福州市福清市沙埔镇东部海域，距大陆最近点 830 米。历史上该岛与大三礁统称大三礁。因位于大三礁北侧，第二次全国海域地名普查时命今名。基岩岛。面积约 2 平方米。无植被。

福清老鼠礁 (Fúqīng Lǎoshǔ Jiāo)

北纬 25°26.0′，东经 119°17.0′。位于福州市福清市江阴镇西部海域，距大陆最近点 60 米。因位于老鼠山边上，当地群众惯称老鼠礁。因省内重名，以其位于福清市，第二次全国海域地名普查时更为今名。岸线长 191 米，面积 2 360 平方米。基岩岛，由花岗岩组成。表层覆盖红壤土，高处植被茂密，有灌木、草丛，以灌木为主。岛顶设有一个国家大地测量控制点标志。

大三礁（Dàsān Jiāo）

北纬 25°26.0′，东经 119°32.6′。位于福州市福清市沙埔镇东部海域，距大陆最近点820米。原名三礁，因重名，1985年更今名。《福建省海域地名志》（1991）记为大三礁。基岩岛。面积约 20 平方米。无植被。

福清大坪礁（Fúqīng Dàpíng Jiāo）

北纬 25°25.9′，东经 119°32.3′。位于福州市福清市沙埔镇东部海域，距大陆最近点430米。岛体顶部扁平，原名坪礁，因重名，1985年更名为大坪礁。《福建省海域地名志》（1991）记为大坪礁。因省内重名，以其位于福清市，第二次全国海域地名普查时更为今名。基岩岛。面积约 20 平方米。无植被。

马头屿（Mătóu Yŭ）

北纬 25°25.7′，东经 119°34.9′。位于福州市福清市东瀚镇南浔村南部海域，距大陆最近点 170 米。又名马头寺。岛体形如马头，故名。《中国海洋岛屿简况》（1980）称马头寺。《福建省海域地名志》（1991）记为马头屿。基岩岛。岸线长 204 米，面积 2 371 平方米。无植被。

担礁（Dàn Jiāo）

北纬 25°25.5′，东经 119°33.1′。位于福州市福清市高山湾中部海域，距大陆最近点 1.24 千米。岛体形如扁担，当地群众惯称担礁。《福建省海域地名志》（1991）记为担礁。基岩岛。面积约 20 平方米。无植被。

左圆石仔岛（Zuŏyuánshízăi Dăo）

北纬 25°25.1′，东经 119°34.0′。位于福州市福清市高山湾中部海域，距大陆最近点180米。高潮时露出3块圆形岩石，面积较小，此岛位于西边，以西为左，第二次全国海域地名普查时命今名。基岩岛。面积约 20 平方米。无植被。

右圆石仔岛（Yòuyuánshízăi Dăo）

北纬 25°25.1′，东经 119°34.1′。位于福州市福清市高山湾中部海域，距大陆最近点160米。高潮时露出3块圆形岩石，面积较小，该岛位于东边，以东为右，第二次全国海域地名普查时命今名。基岩岛。面积约 1 平方米。无植被。

牛鼻洞礁 (Niúbídòng Jiāo)

北纬 25°25.1′，东经 119°32.8′。位于福州市福清市高山湾中部海域，距大陆最近点 860 米。《福建省海域地名志》（1991）载：“形似牛，西侧有一小洞，称牛鼻洞。”面积约 20 平方米。基岩岛，由火山岩组成。覆盖少量红壤土，有少量灌木。

中圆石仔岛 (Zhōngyuánshízǎi Dǎo)

北纬 25°25.1′，东经 119°34.0′。位于福州市福清市高山湾中部海域，距大陆最近点 150 米。高潮时露出 3 块圆形岩石，面积较小，该岛位于中间，第二次全国海域地名普查时命今名。基岩岛。面积约 1 平方米。无植被。

北牛屿岛 (Běiniúyǔ Dǎo)

北纬 25°25.1′，东经 119°21.6′。位于福州市福清市江阴镇赤厝村东南 2.2 千米。第二次全国海域地名普查时命今名。基岩岛。岸线长 119 米，面积 710 平方米。无植被。

一礁 (Yī Jiāo)

北纬 25°25.1′，东经 119°34.2′。位于福州市福清市高山湾中部海域，距大陆最近点 200 米。《福建省海域地名志》（1991）称一礁，“以排列序数得名”。基岩岛。岸线长 198 米，面积 2 724 平方米。无植被。

青屿 (Qīng Yǔ)

北纬 25°25.0′，东经 119°32.8′。位于福州市福清市高山湾中部海域，距大陆最近点 270 米。该岛植被茂密，故名。《中国海域地名志》（1989）、《福建省海域地名志》（1991）、《福建省海岛志》（1994）、《福清市志》（1994）、《全国海岛名称与代码》（2008）均称青屿。岸线长 10.32 千米，面积 1.648 2 平方千米。基岩岛，由火山岩组成。表层覆盖红壤土，土层较厚。植被茂密，乔木以木麻黄为主。有居民海岛。有青屿村，2011 年户籍人口 1 596 人，常住人口 850 人，以渔业、农业为主。有水泥围堤与大陆相连。岛上建有小学、通信发射站、庙宇等。有水井供应淡水。电力从大陆接入。

小东进岛 (Xiǎodōngjìn Dǎo)

北纬25°25.0′，东经119°40.5′。位于福州市福清市东瀚镇大坵村东2.1千米。因位于东进岛东侧，面积比东进岛小，第二次全国海域地名普查时命今名。基岩岛。岸线长589米，面积20 671平方米。植被以草丛为主。建有1座白色灯塔。

鹰石屿 (Yīngshí Yǔ)

北纬25°24.9′，东经119°33.2′。位于福州市福清市高山湾中部海域，距大陆最近点360米。附近陆上有岩石称老鹰石，由此得名。《中国海域地名志》（1989）、《福建省海域地名志》（1991）、《福建省海岛志》（1994）、《全国海岛名称与代码》（2008）均称鹰石屿。岸线长409米，面积8 710平方米，最高点高程7.6米。基岩岛，由变质岩组成。表层覆盖少量黄壤土，长有乔木、草丛，以草丛为主。

东进岛 (Dōngjìn Dǎo)

北纬25°24.9′，东经119°40.3′。位于福州市福清市东瀚镇大坵村东1.6千米。《福建省海域地名志》（1991）载："为福清最东的一个岛屿，故名。"《中国海洋岛屿简况》（1980）、《中国海域地名志》（1989）、《福建省海岛志》（1994）、《全国海岛名称与代码》（2008）均称东进岛。岸线长1.36千米，面积0.086 7平方千米，最高点高程52.2米。基岩岛，由火山岩组成。基岩海岸，岸坡陡峭。表层覆盖黄壤土，植被茂密，乔木以木麻黄为主。

桃仁岛 (Táorén Dǎo)

北纬25°24.9′，东经119°27.5′。位于福州市福清市沙埔镇前薛村南3.1千米。岛形似桃状，故名。又名排宁岛。《中国海洋岛屿简况》（1980）称排宁岛。《中国海域地名志》（1989）、《福建省海域地名志》（1991）、《福建省海岛志》（1994）、《全国海岛名称与代码》（2008）均称桃仁岛。面积约20平方米。基岩岛，由花岗岩组成。表层覆盖黄壤土，植被茂密，长有乔木、草丛，以草丛为主。

南牛屿岛 (Nánniúyǔ Dǎo)

北纬25°24.8′，东经119°21.6′。位于福州市福清市江阴镇赤厝村东南2.7千米。第二次全国海域地名普查时命今名。基岩岛。面积约1平方米。

无植被。

垱礁 (Dàng Jiāo)

北纬 25°24.7′，东经 119°33.2′。位于福州市福清市高山湾中部海域，距大陆最近点 90 米。岛体表面沟壑纵横，如土垅，当地群众惯称垱礁。《福建省海域地名志》（1991）记为垱礁。基岩岛。面积约 20 平方米。土层稀薄，长有少量草丛。有围堤与大陆相连。

小牛屿 (Xiǎoniú Yǔ)

北纬 25°24.7′，东经 119°21.6′。位于福州市福清市江阴镇赤厝村东南 2.8 千米。《中国海洋岛屿简况》（1980）、《中国海域地名志》（1989）、《福建省海域地名志》（1991）、《福建省海岛志》（1994）、《全国海岛名称与代码》（2008）均称小牛屿。岸线长 590 米，面积 13 592 平方米，最高点高程 17.3 米。基岩岛，由花岗岩组成。基岩海岸，岸坡陡峭。表层覆盖黄壤土，土层稀薄，长有灌木、草丛，以草丛为主。

北圆岩岛 (Běiyuányán Dǎo)

北纬 25°24.6′，东经 119°39.2′。位于福州市福清市东瀚镇大坵南部海域，距大陆最近点 40 米。因其位于圆岩西北侧，第二次全国海域地名普查时命今名。基岩岛。面积约 1 平方米。无植被。

圆岩 (Yuán Yán)

北纬 25°24.6′，东经 119°39.2′。位于福州市福清市东瀚镇大坵南部海域，距大陆最近点 60 米。《福建省海域地名志》（1991）载："形圆，故名。"基岩岛。面积约 20 平方米。无植被。

西圆岩岛 (Xīyuányán Dǎo)

北纬 25°24.6′，东经 119°39.2′。位于福州市福清市东瀚镇大坵南部海域，距大陆最近点 60 米。历史上该岛与圆岩统称圆岩。因其位于圆岩西侧，第二次全国海域地名普查时命今名。基岩岛。面积约 1 平方米。无植被。

北带屿 (Běidài Yǔ)

北纬 25°24.3′，东经 119°34.9′。位于福州市福清市高山湾湾口，距大陆最近点600米。位于小文关岛正北，原名北礁，因重名，1985年改今名。又名北带。《中国海洋岛屿简况》（1980）称北带。《中国海域地名志》（1989）、《福建省海域地名志》（1991）、《福建省海岛志》（1994）、《全国海岛名称与代码》（2008）称北带屿。岸线长172米，面积1 565平方米，最高点高程8.8米。基岩岛，由火山岩组成。基岩海岸。无植被。

沙屿 (Shā Yǔ)

北纬25°24.1′，东经119°26.2′。位于福州市福清市沙埔镇龙洋村西6.8千米。该岛周围为砂质滩，运输船多集此取沙外售，故名。当地群众惯称沙礁、线岛。《中国海洋岛屿简况》（1980）称沙礁。《中国海域地名志》（1989）、《福建省海域地名志》（1991）记为沙屿。面积约20平方米，最高点高程2米。基岩岛，由花岗岩组成。无植被。

小文关岛 (Xiǎowénguān Dǎo)

北纬25°24.0′，东经119°34.8′。位于福州市福清市高山湾湾口，距大陆最近点700米。与原文关岛相邻，面积次之，故名。《中国海域地名志》（1989）、《福建省海域地名志》（1991）、《福建省海岛志》（1994）、《全国海岛名称与代码》（2008）均称小文关岛。当地群众惯称小文关、青屿。岸线长812米，面积30 077平方米，最高点高程26.4米。基岩岛，由火山岩组成。表层有黄壤土，植被有木麻黄、草丛。

大王马屿 (Dàwángmǎ Yǔ)

北纬25°23.8′，东经119°39.9′。位于福州市福清市。向东南望，该岛似马头高仰，故名。《中国海洋岛屿简况》（1980）称王马屿。《中国海域地名志》（1989）、《福建省海域地名志》（1991）、《福建省海岛志》（1994）、《全国海岛名称与代码》（2008）称大王马屿。岸线长1.78千米，面积148 359平方米，最高点高程65.8米。基岩岛，由花岗岩组成。表层为黄壤土，植被茂密，覆盖率约90%，以松树为主。部分岬角侵蚀严重，多礁石。

王马仔岛 (Wángmǎzǎi Dǎo)

北纬25°23.7′，东经119°39.8′。位于福州市福清市。历史上该岛与大王马屿统称大王马屿。因其位于大王马屿南侧，面积较小，第二次全国海域地名普查时命今名。基岩岛。面积约 6 平方米。无植被。

南王马屿 (Nánwángmǎ Yǔ)

北纬 25°23.6′，东经 119°39.8′。位于福州市福清市。在大王马屿南，故名。又名龟屿尾。《中国海洋岛屿简况》（1980）称龟屿尾。《中国海域地名志》（1989）、《福建省海域地名志》（1991）、《福建省海岛志》（1994）、《全国海岛名称与代码》（2008）称南王马屿。岸线长 163 米，面积 1 987 平方米，最高点高程 14.8 米。基岩岛，由花岗岩组成。基岩裸露。无植被。

王马南屿 (Wángmǎ Nányǔ)

北纬 25°23.5′，东经 119°39.8′。位于福州市福清市。位于南王马屿南面，故名。《中国海域地名志》（1989）、《福建省海域地名志》（1991）称王马南屿。岸线长 189 米，面积 2 640 平方米。基岩岛，由花岗岩组成。基岩裸露。植被稀少，以草丛为主。

北点石岛 (Běidiǎnshí Dǎo)

北纬 25°22.9′，东经 119°39.2′。位于福州市福清市东瀚镇海亮村南部海域，距大陆最近点 30 米。高潮时仅有一小块石头露出，与南侧南点石岛相对，第二次全国海域地名普查时命今名。基岩岛。面积约 20 平方米。无植被。

文关岛 (Wénguān Dǎo)

北纬 25°22.6′，东经 119°35.2′。位于福州市福清市高山湾湾口南部海域，距大陆最近点 510 米。该岛为湾口天然屏障，有防御关隘之意，“防”同福清方言“黄”，方言称“黄关”，中华人民共和国成立后更名“文关岛”。《中国海洋岛屿简况》（1980）、《福建省海岛志》（1994）、《全国海岛名称与代码》（2008）均称文关岛。岸线长 8.07 千米，面积 1.570 5 平方千米，最高点高程 61.1 米。基岩岛，由花岗岩组成。基岩海岸。植被覆盖率较高。有居民海岛。岛上有文关村，2011 年户籍人口 1 173 人，常住人口 820 人。有围堤与大陆相连。淡水靠水井供应，电力从大陆引入。西侧建有 1 座引航码头。

大礁山 (Dàjiāo Shān)

北纬 25°22.5′，东经 119°39.3′。位于福州市福清市东瀚镇海亮村南部海域，距大陆最近点 110 米。该岛在海域中显得高大，故名。《中国海域地名志》(1989)、《福建省海域地名志》（1991）、《福建省海岛志》（1994）、《全国海岛名称与代码》（2008）均称大礁山。岸线长 5.04 千米，面积 0.438 1 平方千米，最高点高程 55.5 米。基岩岛，由花岗岩组成。两侧高，中部低。地表为黄壤土，土层厚，植被茂密，南北两侧主要为乔木、灌木，以相思树为主，中部主要为草丛，植被覆盖率约 90%。西、北部砂质岸，东、南部岩石岸陡峭。东侧有 1 个采石场。西侧建有海堤与大陆相连。

三塔屿 (Sāntǎ Yǔ)

北纬 25°22.4′，东经 119°27.9′。位于福州市福清市沙埔镇牛峰村西部海域，距大陆最近点 1.81 千米。曾名楞锥岛。《福建省海域地名志》（1991）载：“屿有三处凸起，故名。八省海图注为楞锥岛。”《中国海洋岛屿简况》（1980）、《中国海域地名志》（1989）、《福建省海岛志》（1994）、《全国海岛名称与代码》（2008）均称三塔屿。岸线长 816 米，面积 19 732 平方米，最高点高程 17.8 米。基岩岛，由花岗岩组成。植被茂密，以草丛为主，有少量低矮灌木。原有 3 座石塔，目前仅剩两座。

积连山岛 (Jīliánshān Dǎo)

北纬 25°22.3′，东经 119°32.7′。位于福州市福清市沙埔镇锦城村东南部海域，距大陆最近点 560 米。北有积连山，因称积连山仔，1985 年定今名。又名积莲山岛。《中国海域地名志》（1989）、《福建省海域地名志》（1991）称积连山岛。《福建省海岛志》（1994）、《全国海岛名称与代码》（2008）称积莲山岛。基岩岛。岸线长 167 米，面积 1 695 平方米，最高点高程 10.1 米。岛顶有少量草皮覆盖。低潮时碎石堤与陆地相连。

南塔仔岛 (Nántǎzǎi Dǎo)

北纬 25°22.3′，东经 119°27.9′。位于福州市福清市沙埔镇牛峰村西部海域，距大陆最近点 1.84 千米。历史上该岛与三塔屿统称三塔屿。位于三塔屿南侧，面积较小，第二次全国海域地名普查时命今名。基岩岛。面积约 20 平方米。无植被。

桃屿 (Táo Yǔ)

北纬 25°22.3′，东经 119°39.1′。位于福州市福清市东瀚镇海亮村南部海域，距大陆最近点 370 米。岛形似桃，故名。《中国海洋岛屿简况》（1980）、《中国海域地名志》（1989）、《福建省海域地名志》（1991）、《福建省海岛志》（1994）、《全国海岛名称与代码》（2008）均称桃屿。岸线长 231 米，面积 3 588 平方米，最高点高程 10.4 米。基岩岛，由花岗岩组成。有少量植被，以灌木和松树为主。

牛母屿 (Niúmǔ Yǔ)

北纬 25°22.2′，东经 119°31.7′。位于福州市福清市沙埔镇锦城村西南部海域，距大陆最近点 540 米。岛形似牛，周围礁石似牛崽，故名。当地群众惯称牛母。《中国海洋岛屿简况》（1980）称牛母。《中国海域地名志》（1989）、《福建省海域地名志》（1991）、《福建省海岛志》（1994）、《全国海岛名称与代码》（2008）称牛母屿。岸线长 220 米，面积 3 312 平方米，最高点高程 7.3 米。基岩岛，由火山岩组成。基岩裸露。有少量草丛。

小湾礁 (Xiǎowān Jiāo)

北纬 25°22.2′，东经 119°30.1′。位于福州市福清市沙埔镇牛峰村南部海域，距大陆最近点 440 米。《福建省海域地名志》（1991）载："位中湾礁东侧，面积小，故名。"基岩岛。面积约 20 平方米。无植被。

外湾屿 (Wàiwān Yǔ)

北纬 25°22.1′，东经 119°30.1′。位于福州市福清市沙埔镇牛峰村南部海域，距大陆最近点 490 米。因处村东海湾深、浅水交界处外侧，故名。又名额湾。《中国海洋岛屿简况》（1980）称额湾。《中国海域地名志》（1989）、《福建省海域地名志》（1991）、《福建省海岛志》（1994）、《全国海岛名称与代码》（2008）称外湾屿。岸线长 299 米，面积 3 608 平方米，最高点高程 12.4 米。基岩岛，由花岗岩组成。植被以草丛为主。

下礁仔（Xià Jiāozǎi）

北纬 25°22.0′，东经 119°32.4′。位于福州市福清市沙埔镇锦城村南部海域，距大陆最近点 870 米。《福建省海域地名志》（1991）称下礁仔。基岩岛。面积约 20 平方米。无植被。

锅底岛（Guōdǐ Dǎo）

北纬 25°22.0′，东经 119°30.1′，位于福州市福清市沙埔镇牛峰村南部海域，距大陆最近点 800 米。岛形如锅底，第二次全国海域地名普查时命今名。基岩岛。面积约 1 平方米。无植被。

中湾礁（Zhōngwān Jiāo）

北纬 25°21.9′，东经 119°30.1′。位于福州市福清市沙埔镇牛峰村南部海域，距大陆最近点 820 米。在小湾礁与外湾屿之间，故名。又名中湾。《福建省海域地名志》（1991）记为中湾礁。《福建省海岛志》（1994）、《全国海岛名称与代码》（2008）称中湾。岸线长 251 米，面积 3 564 平方米，最高点高程 16.1 米。基岩岛，由花岗岩组成，球状风化发育。植被以草丛为主。

碎石岛（Suìshí Dǎo）

北纬 25°21.9′，东经 119°35.7′。位于福州市福清市东瀚镇西安村西南部海域，距大陆最近点 560 米。位于围垦区内，远看如碎石堆积，第二次全国海域地名普查时命今名。基岩岛。面积约 430 平方米。无植被。

外湾（Wàiwān）

北纬 25°21.9′，东经 119°30.2′。位于福州市福清市沙埔镇牛峰村南部海域，距大陆最近点 870 米。在附近岛屿中，该岛最为靠近外海，故名。又名底湾。《中国海洋岛屿简况》（1980）称底湾。《福建省海岛志》（1994）、《全国海岛名称与代码》（2008）称外湾。基岩岛。岸线长 596 米，面积 14 087 平方米，最高点高程 15.2 米。顶部有草丛覆盖。

圆礁（Yuán Jiāo）

北纬 25°21.8′，东经 119°29.6′。位于福州市福清市沙埔镇牛峰村南部海域，距大陆最近点 70 米。《福建省海域地名志》（1991）称圆礁，“以形得名”。

基岩岛。岸线长 124 米，面积 1 103 平方米。无植被。

赤门礁 (Chìmén Jiāo)

北纬 25°21.8′，东经 119°28.8′。位于福州市福清市沙埔镇牛峰村西南部海域，距大陆最近点 580 米。位于牛头门水道内，岛体颜色呈红色，当地群众惯称赤门礁。又名赤礁。《福建省海域地名志》（1991）称赤门礁、赤礁。基岩岛。面积约 20 平方米。基岩裸露。无植被。

开湾礁 (Kāiwān Jiāo)

北纬 25°21.8′，东经 119°30.2′。位于福州市福清市沙埔镇牛峰村南部海域，距大陆最近点 980 米。《福建省海域地名志》（1991）载："位牛华港拐弯处，故名。"基岩岛。面积约 20 平方米。基岩裸露。无植被。

山屿 (Shān Yǔ)

北纬 25°21.7′，东经 119°31.5′。位于福州市福清市沙埔镇锦城村西南 1.4 千米。曾名山礁，1985 年定名山屿。《中国海洋岛屿简况》（1980）称山礁。《中国海域地名志》（1989）、《福建省海域地名志》（1991）、《福建省海岛志》（1994）、《全国海岛名称与代码》（2008）称山屿。岸线长 307 米，面积 4 336 平方米，最高点高程 9.7 米。基岩岛，由火山岩组成。表层有薄土，植被稀少，以草丛为主。高潮时大部分被淹没。

牛耳屿 (Niú'ěr Yǔ)

北纬 25°21.7′，东经 119°27.9′。位于福州市福清市沙埔镇牛峰村西南 2.1 千米。又名牛耳。以形似牛耳得名。《中国海洋岛屿简况》（1980）称牛耳。《中国海域地名志》（1989）、《福建省海域地名志》（1991）、《福建省海岛志》（1994）、《全国海岛名称与代码》（2008）称牛耳屿。岸线长 188 米，面积 1 953 平方米，最高点高程 21 米。基岩岛，由花岗岩组成。植被稀少，只有少量草丛。基岩海岸。岛顶建有一座黑白相间的灯塔。

南牛耳岛 (Nánniú'ěr Dǎo)

北纬 25°21.6′，东经 119°27.9′。位于福州市福清市沙埔镇牛峰村西南 2.1 千米。历史上该岛与牛耳屿统称牛耳屿。因位于牛耳屿南侧，第二次全国海域地名普查时命今名。岸线长155米，面积897平方米。基岩岛，由花岗岩组成。基岩海岸。无植被。

小蛋屿 (Xiǎodàn Yǔ)

北纬25°21.2′，东经119°30.9′。位于福州市福清市沙埔镇牛峰村南2.9千米。大潮高潮时岛呈椭圆形，故名。又称小蛋礁。《中国海洋岛屿简况》（1980）称小蛋礁。《中国海域地名志》（1989）、《福建省海域地名志》（1991）、《福建省海岛志》（1994）、《全国海岛名称与代码》（2008）称小蛋屿。岸线长310米，面积4 782平方米，最高点高程9.7米。基岩岛，由花岗岩组成。基岩裸露，无植被。周边多礁石。

腿屿 (Tuǐ Yǔ)

北纬25°21.2′，东经119°27.7′。位于福州市福清市沙埔镇牛峰村西南2.7千米。曾名退屿。形如巨人大腿立于海中，故名。《中国海洋岛屿简况》（1980）称退屿。《中国海域地名志》（1989）、《福建省海域地名志》（1991）、《福建省海岛志》（1994）、《全国海岛名称与代码》（2008）称腿屿。岸线长856米，面积47 852平方米，最高点高程25米。基岩岛，由火山岩组成。北侧有山体滑坡。表层有红土，植被以灌木、乔木为主。基岩海岸。

赤山屿 (Chìshān Yǔ)

北纬25°21.1′，东经119°30.8′。位于福州市福清市沙埔镇牛峰村南2.9千米。岛以色泽而得名。《中国海域地名志》（1989）、《福建省海域地名志》（1991）、《福建省海岛志》（1994）、《全国海岛名称与代码》（2008）均称赤山屿。岸线长353米，面积4 831平方米，最高点高程17.1米。基岩岛，由花岗岩组成。基岩裸露，有少量草丛覆盖。岛顶有1座红白相间的灯塔。

白礁屿 (Báijiāo Yǔ)

北纬25°21.0′，东经119°30.2′。位于福州市福清市沙埔镇牛峰村南2.6千米。浪击岛上，水花四溅，一片白雾，故名。《中国海域地名志》（1989）、《福建省海域地名志》（1991）、《福建省海岛志》（1994）、《全国海岛名称与代码》（2008）均称白礁屿。岸线长362米，面积8 652平方米，最高点高程

19.1 米。基岩岛，由花岗岩组成。岛顶覆盖草丛。岩石岸。岛顶有 1 座白色灯塔。

目屿 (Mù Yǔ)

北纬 25°20.6′，东经 119°28.5′。位于福州市福清市沙埔镇牛峰村南 1.3 千米，隶属于福清市。因该岛古代曾为监海哨位，故称目屿。又名野马岛、野马屿。因岛形平面为一匹骏马，东部山峰海拔 106 米，形如马头高昂破浪游向陆岸，故称野马岛。《中国海洋岛屿简况》（1980）称野马屿。《中国海域地名志》（1989）、《福建省海域地名志》（1991）、《福建省海岛志》（1994）称目屿。岸线长 11.43 千米，面积 3.029 9 平方千米，最高点高程 106.2 米。基岩岛，由花岗岩组成。植被茂密。岸线曲折。周围海域产石斑鱼、鳗鱼、鲳鱼、墨鱼、黄鱼、马鲛鱼、梭子蟹、黄虾等。有居民海岛。岛上有两个村，2011 年户籍人口 543 人，常住人口 502 人。西北部有两条防波堤，形成目屿渔港。东北部有 1 个陆岛交通码头。淡水靠地下水供应，电力通过海底电缆从沙埔镇引入。岛上有风动石、海狮浴日、石猫窥印、乌龟迎客等景点和东田沙滩、南大奥沙滩。

新城下礁 (Xīnchéng Xiàjiāo)

北纬 25°20.4′，东经 119°35.9′。位于福州市福清市东瀚镇莲峰村南部海域，距大陆最近点 110 米。原名新城下鼻尾，1985 年定今名。《福建省海域地名志》（1991）记为新城下礁。基岩岛。岸线长 143 米，面积 1 223 平方米。无植被。

仁屿 (Rén Yǔ)

北纬 25°20.0′，东经 119°35.8′。位于福州市福清市东瀚镇莲峰村南部海域，距大陆最近点 400 米。岛体形如人卧于水面，谐音得名。《中国海洋岛屿简况》（1980）、《中国海域地名志》（1989）、《福建省海域地名志》（1991）、《福建省海岛志》（1994）、《全国海岛名称与代码》（2008）均称仁屿。岸线长 2.8 千米，面积 0.23 平方千米，最高点高程 44.6 米。基岩岛，由花岗岩组成。东南陡峭，西北平缓。表层有沙土，长有松树、相思树、木麻黄，植被覆盖率较高。基岩海岸，有乱石滩外伸。

东箭屿 (Dōngjiàn Yǔ)

北纬 25°19.9′，东经 119°37.9′。位于福州市福清市东瀚镇莲峰村南 1.2 千米。

曾名红屿仔。相传明清时，万安守城将士练习射箭以此屿为的（箭靶），故名。《中国海洋岛屿简况》（1980）、《中国海域地名志》（1989）、《福建省海域地名志》（1991）、《福建省海岛志》（1994）、《全国海岛名称与代码》（2008）均称东箭屿。岸线长 477 米，面积 13 239 平方米，最高点高程 17.6 米。基岩岛，由花岗岩组成。少量红土覆盖，植被较少，有少量草丛。岩石岸。

鸟尾岛 (Niǎowěi Dǎo)

北纬 25°19.7′，东经 119°36.2′。位于福州市福清市东瀚镇莲峰村南 1.6 千米。岛形弯曲，似鸟尾，故名。曾名鼠尾。《中国海洋岛屿简况》（1980）称鼠尾。《中国海域地名志》（1989）、《福建省海域地名志》（1991）、《福建省海岛志》（1994）、《全国海岛名称与代码》（2008）称鸟尾岛。岸线长 229 米，面积 3 089 平方米，最高点高程 12.8 米。基岩岛，由花岗岩组成。基岩裸露。少量草皮覆盖。

麻笼屿 (Málóng Yǔ)

北纬 25°19.6′，东经 119°36.1′。位于福州市福清市东瀚镇莲峰村南 1.7 千米。该岛受海潮冲刷，高低不平，呈锯状，如麻笼，故名。《中国海域地名志》（1989）、《福建省海域地名志》（1991）、《福建省海岛志》（1994）、《全国海岛名称与代码》（2008）均称麻笼屿。岸线长 371 米，面积 8 626 平方米，最高点高程 20.9 米。基岩岛，由花岗岩组成。植被以草丛和灌木为主。基岩裸露。北侧分布砾石滩。

路岛 (Lù Dǎo)

北纬 25°19.5′，东经 119°28.6′。位于福州市福清市沙埔镇牛峰村南 4.5 千米。位于目屿南部，经此岛可达南面各岛，故名。《中国海洋岛屿简况》（1980）、《中国海域地名志》（1989）、《福建省海域地名志》（1991）、《福建省海岛志》（1994）、《全国海岛名称与代码》（2008）均称路岛。岸线长 1 375 米，面积 46 460 平方米，最高点高程 31.7 米。基岩岛，由花岗岩组成。有一处海蚀穴。表层有黄土，植被稀少，有少量草丛及低矮灌木。基岩海岸，岸线曲折陡峭。建有 1 个国家大地测量控制点。

路屿南礁 (Lùyǔ Nánjiāo)

北纬25°19.3′，东经119°28.7′。位于福州市福清市沙埔镇牛峰村南4.9千米。《福建省海域地名志》(1991)记为小马礁，“位于路岛(小野马)西南角，故名”。岛上灯塔奠基石记载该岛名为路屿南礁。基岩岛。面积约60平方米。岩石裸露。无植被。顶部建有1座红白相间灯塔。

鸡蛋岛 (Jīdàn Dǎo)

北纬25°19.0′，东经119°29.1′。位于福州市福清市沙埔镇牛峰村南5.4千米。又名鸡蛋屿。《中国海域地名志》(1989)、《福建省海域地名志》(1991)称鸡蛋岛。《福建省海岛志》(1994)、《全国海岛名称与代码》(2008)称鸡蛋屿。岸线长365米，面积9 175平方米，最高点高程35.4米。基岩岛，由花岗岩组成。表层有黄壤土，植被稀少，以草丛为主。基岩海岸。东部有1座灯塔。

小鸡蛋岛 (Xiǎojīdàn Dǎo)

北纬25°18.9′，东经119°29.1′。位于福州市福清市沙埔镇牛峰村南5.6千米。历史上该岛与鸡蛋岛统称鸡蛋岛。因其位于鸡蛋岛旁，面积较小，第二次全国海域地名普查时命今名。面积约330平方米。基岩岛，由花岗岩组成。基岩裸露。无植被。

东钟屿 (Dōngzhōng Yǔ)

北纬25°18.9′，东经119°29.1′。位于福州市福清市沙埔镇牛峰村南5.6千米。鸡蛋岛两侧各有一个岛礁呈圆形似钟，此岛位东，故名。《中国海域地名志》(1989)、《福建省海域地名志》(1991)、《福建省海岛志》(1994)均称东钟屿。岸线长185米，面积724平方米。基岩岛，由花岗岩组成。基岩裸露。无植被。

小蛇岛 (Xiǎoshé Dǎo)

北纬25°18.6′，东经119°29.0′。位于福州市福清市沙埔镇牛峰村南5.9千米。位于大蛇岛东，面积小，故名。《中国海洋岛屿简况》(1980)、《中国海域地名志》(1989)、《福建省海域地名志》(1991)、《福建省海岛志》(1994)、

《全国海岛名称与代码》（2008）均称小蛇岛。岸线长 1.44 千米，面积 0.047 7 平方千米，最高点高程 23.4 米。基岩岛，由花岗岩组成。植被较少，主要为草丛及低矮灌木。基岩海岸，西侧乱石滩延伸至大蛇岛。

大蛇岛 (Dàshé Dǎo)

北纬 25°18.6′，东经 119°28.6′。位于福州市福清市沙埔镇牛峰村南 6 千米。岛岸弯曲似蛇，故名。又名水道岛。《中国海洋岛屿简况》（1980）、《中国海域地名志》（1989）、《福建省海域地名志》（1991）、《福建省海岛志》（1994）、《全国海岛名称与代码》（2008）均称大蛇岛。八省区海图注记为“水道岛”。岸线长 2.22 千米，面积 0.160 2 平方千米，最高点高程 33.2 米。基岩岛，由花岗岩组成。表层有黄壤土，植被以草丛为主。岩石岸。

立桩礁 (Lìzhuāng Jiāo)

北纬 26°04.5′，东经 119°43.4′。位于福州市长乐区梅花镇东北 7.62 千米。形似柱子挺立，故名。相传古为居民地，取名立村，后闽江口地震，礁下沉。故有“沉立桩浮壶江”之说。《福建省海域地名志》(1991)、《福建省海岛志》(1994)、《全国海岛名称与代码》（2008）记为立桩礁。基岩岛。岸线长 127 米，面积 1 226 平方米，最高点高程 9.7 米。无植被。海岸为基岩岸滩，周围水深 1～3 米。建有 1 座助航标志。

蝙蝠洲 (Biānfú Zhōu)

北纬 26°04.0′，东经 119°32.5′。位于福州市长乐区猴屿乡东北 1.01 千米。又名蝙蝠洲岛。原形如蝙蝠，故名。《中国海域地名志》(1989)记为蝙蝠洲岛。《中国海域地名图集》（1991）、《福建省海域地名志》（1991）记为蝙蝠洲。沙泥岛。呈东南—西北走向，岸线长 6.69 千米，面积 2.177 1 平方千米。由泥沙淤积而成，形状多变，洪水季节常被淹没。植被以草丛为主。岛上有地瓜种植，以及大范围养殖池塘。通过路堤与大陆相连。

蝙蝠洲南岛 (Biānfúzhōu Nándǎo)

北纬 26°03.3′，东经 119°33.1′。位于福州市长乐区猴屿乡东南 1.01 千米。历史上该岛与蝙蝠洲统称蝙蝠洲。因位于蝙蝠洲南侧，第二次全国海域地名普查时命今名。沙泥岛。岸线长 3.27 千米，面积 5.362 7 平方千米。植被以草丛为主。有大范围养殖池塘和农业种植地瓜等。通过路堤与大陆相连。

汶母顶岛 (Wènmǔdǐng Dǎo)

北纬 26°01.7′，东经 119°38.5′。位于福州市长乐区梅花镇西北 3.95 千米。又名汶母顶。四周皆为浅滩，浅滩之顶在方言中称为汶母顶，故名。《中国海洋岛屿简况》（1980）、《长乐市志》（2001）称汶母顶。《中国海域地名志》（1989）、《福建省海域地名志》（1991）、《福建省海岛志》（1994）和《全国海岛名称与代码》（2008）称汶母顶岛。沙泥岛。岸线长 4.37 米，面积 0.103 2 平方千米，最高点高程 6.3 米。地势低平，长有席草。

草塘岛 (Cǎotáng Dǎo)

北纬 26°01.4′，东经 119°40.1′。位于福州市长乐区梅花镇西北 1.21 千米。因位于草塘村东北侧，第二次全国海域地名普查时命今名。沙泥岛。岸线长 3.19 千米，面积 0.170 9 平方千米。无植被。有养殖池塘。

波洲岛 (Bōzhōu Dǎo)

北纬 25°58.6′，东经 119°43.1′。位于福州市长乐区文岭镇东南 7.34 千米。《中国海洋岛屿简况》（1980）、《中国海域地名志》（1989）、《中国海域地名图集》（1991）、《福建省海域地名志》（1991）、《福建省海岛志》（1994）、《长乐市志》（2001）和《全国海岛名称与代码》（2008）均称波洲岛。岸线长 248 米，面积 3 602 平方米，最高点高程 13.4 米。基岩岛，由花岗岩构成。表层岩石裸露。植被以草丛为主。基岩岸滩。建有 1 座助航标志。

北猫山 (Běimāo Shān)

北纬 25°58.6′，东经 119°42.6′。位于福州市长乐区文岭镇东南 6.55 千米。因岛形如猫，原称猫山。因重名，位于南猫山之北，1985 年改为北猫山。《中国海域地名志》（1989）、《中国海域地名图集》（1991）、《福建省海域地名志》（1991）、《福建省海岛志》（1994）、《长乐市志》（2001）、《全国海岛名称与代码》（2008）均称北猫山。基岩岛。岸线长 295 米，面积 4 904 平方米，最高点高程 29.8 米。地表多岩石，少泥土，中间高，向四周倾斜，周围皆浅滩，落潮干出。无植被。通过路堤与青蛙礁相连。

桃核岛 (Táohé Dǎo)

北纬 25°58.1′，东经 119°42.4′。位于福州市长乐区湖南镇东 5.98 千米。因形如桃核而得名。基岩岛。岸线长 166 米，面积 1591 平方米。无植被。

小块石岛 (Xiǎokuàishí Dǎo)

北纬 25°58.1′，东经 119°42.4′。位于福州市长乐区湖南镇东 6 千米。因高潮时仅出露一小块石，第二次全国海域地名普查时命今名。基岩岛。面积约 150 平方米。无植被。

大块石岛 (Dàkuàishí Dǎo)

北纬 25°58.0′，东经 119°42.4′。位于福州市长乐区湖南镇东 6.08 千米。位于小块石岛旁，面积较大，第二次全国海域地名普查时命今名。基岩岛。面积约 280 平方米。无植被。

牛头礁 (Niútóu Jiāo)

北纬 25°56.2′，东经 119°41.4′。位于福州市长乐区漳港镇东北 6.41 千米。《福建省海域地名志》（1991）记为牛头礁，“形如牛头，故名”。基岩岛。面积约 250 平方米。无植被。

南猫山 (Nánmāo Shān)

北纬 25°56.0′，东经 119°41.3′。位于福州市长乐区漳港镇东北 6.23 千米。岛形如猫，原称猫山，因重名，1985 年以其与北猫山相对，改今名。《中国海洋岛屿简况》（1980）称猫山。《中国海域地名志》（1989）、《福建省海域地名志》（1991）、《福建省海岛志》（1994）、《长乐市志》（2001）、《全国海岛名称与代码》（2008）称南猫山。岸线长 422 米，面积 8 433 平方米，最高点高程 21.5 米。基岩岛，由花岗岩构成。地表多石少土，植被以草丛为主。海岸为沙石浅滩，落潮时基部与陆地相连，人可徒涉。

小石湖岛 (Xiǎoshíhú Dǎo)

北纬 25°55.0′，东经 119°41.1′。位于福州市长乐区漳港镇西部海域，距大陆最近点 270 米。因位于石湖岛旁，面积比石湖岛小，第二次全国海域地名普查时命今名。基岩岛。岸线长 275 米，面积 3 530 平方米。植被以草丛为主。

石湖岛 (Shíhú Dǎo)

北纬 25°55.0′，东经 119°41.3′。位于福州市长乐区漳港镇东部海域，距大陆最近点 320 米。岛形似狐狸，曾名石狐，谐音为石湖。《中国海洋岛屿简况》（1980）称石湖。《中国海域地名志》（1989）、《福建省海域地名志》（1991）、《福建省海岛志》（1994）、《长乐市志》（2001）、《全国海岛名称与代码》（2008）称石湖岛。岸线长 578 米，面积 15 137 平方米，最高点高程 23.5 米。基岩岛，由花岗岩构成。岸陡峭，地表土层薄。少植被，以草丛为主。

皇冠岛 (Huángguān Dǎo)

北纬 25°54.9′，东经 119°41.0′。位于福州市长乐区漳港镇东部海域，距大陆最近点 90 米。因形似皇冠，第二次全国海域地名普查时命今名。基岩岛。岸线长 223 米，面积 2 912 平方米。无植被。

小南澳岛 (Xiǎonán'ào Dǎo)

北纬 25°54.4′，东经 119°40.4′。位于福州市长乐区漳港镇东南 4.75 千米。因位于南澳山旁，面积较小，第二次全国海域地名普查时命今名。基岩岛。面积约 300 平方米。无植被。

凤母礁 (Fèngmǔ Jiāo)

北纬 25°48.9′，东经 119°36.8′。位于福州市长乐区江田镇东 3.87 千米。当地群众惯称凤母礁。又名风母礁。《中国海洋岛屿简况》（1980）称风母礁。《福建省海岛志》（1994）、《全国海岛名称与代码》（2008）称凤母礁。岸线长 312 米，面积 6 047 平方米。基岩岛，由花岗岩构成，基岩裸露。植被以草丛为主。地势低平。砂质岸滩。有路堤与陆地相连。

双脾岛 (Shuāngpí Dǎo)

北纬 25°46.9′，东经 119°39.5′。位于福州市长乐区松下镇东北 6.49 千米。属东洛列岛。为相距约 5 米的两个椭圆形岛体，如脾脏，故名。又名双脾、双脾岛（1）、双牌岛。《福建省海域地名志》（1991）称双脾岛。《中国海洋岛屿简况》（1980）称双脾。《中国海域地名志》（1989）、《长乐市志》（2001）

称双牌岛。《福建省海岛志》（1994）、《全国海岛名称与代码》（2008）称双脾岛（1）。岸线长 290 米，面积 5 656 平方米，最高点高程 24.6 米。基岩岛，由变质岩构成。基岩裸露。无植被。顶部地形较平坦，四周岸壁陡峭。设有灯桩 1 个。

南双脾岛 (Nánshuāngpí Dǎo)

北纬 25°46.9′，东经 119°39.5′。位于福州市长乐区松下镇东北 6.43 千米。属东洛列岛。《福建省海域地名志》（1991）记为双脾岛，“为相距约 5 米的两个椭圆形岛体，如脾脏，故名”。《中国海洋岛屿简况》（1980）称双脾。《中国海域地名志》（1989）、《长乐市志》（2001）称双牌岛。《福建省海岛志》（1994）、《全国海岛名称与代码》（2008）称双脾岛（2）。因位于双脾岛南侧，第二次全国海域地名普查时更为今名。岸线长 260 米，面积 4 541 平方米，最高点高程 24.6 米。基岩岛，由变质岩构成。基岩裸露，植被以草丛为主。地形较平坦。基岩海岸。

大仑北岛 (Dàlún Běidǎo)

北纬 25°46.6′，东经 119°41.2′。位于福州市长乐区松下镇东北 9.05 千米。属东洛列岛。《中国海洋岛屿简况》（1980）称大嵛。《中国海域地名志》（1989）、《福建省海域地名志》（1991）、《长乐市志》（2001）均称大仑岛。《福建省海岛志》（1994）记为大仑岛（北屿）。《全国海岛名称与代码》（2008）记为大仑岛（北）。因位于大仑岛北侧，第二次全国海域地名普查时更为今名。岸线长 740 米，面积 33 205 平方米，最高点高程 38.7 米。基岩岛，由变质岩构成。基岩裸露，少土壤，植被以草丛、灌木为主。地势南高北低。基岩海岸。南有助航标志。

大仑岛 (Dàlún Dǎo)

北纬 25°46.6′，东经 119°41.1′。位于福州市长乐区松下镇东北 8.76 千米。属东洛列岛。因与小仑岛成二字形排列，面积稍大而得名。又名大嵛、大仑岛（南屿 1）、大仑岛（南）（1）。《中国海洋岛屿简况》（1980）称大嵛。《中国海域地名志》（1989）、《福建省海域地名志》（1991）、《长乐市志》（2001）称大仑岛。《福建省海岛志》（1994）记为大仑岛（南屿 1）。《全国海岛名称与代码》（2008）记为大仑岛（南）（1）。岸线长950米，面积35 924平方米，最高点高程26.6米。基岩岛，由花岗岩构成。地形中间高、两端低。地表多石少土，植被以草丛、灌木为主。基岩海岸。

大仑南岛 (Dàlún Nándǎo)

北纬25°46.5′，东经119°41.2′。位于福州市长乐区松下镇东北9.01千米。属东洛列岛。《中国海洋岛屿简况》(1980)称大嵛。《中国海域地名志》(1989)、《福建省海域地名志》（1991）、《长乐市志》（2001）均称大仑岛。《福建省海岛志》(1994)记为大仑岛(南屿2)。《全国海岛名称与代码》(2008)记为大仑岛(南)(2)。因其位于大仑岛南侧，第二次全国海域地名普查时更今名。岸线长309米，面积6 561平方米。基岩岛，由花岗岩构成。地形中间高、四周低。基岩裸露，少土壤，植被以草丛、灌木为主。基岩海岸。

小仑岛 (Xiǎolún Dǎo)

北纬25°46.3′，东经119°41.0′。位于福州市长乐区松下镇东8.62千米。属东洛列岛。因面积小，故名。又名小嵛。《中国海洋岛屿简况》（1980）称小嵛。《中国海域地名志》（1989）、《福建省海域地名志》（1991）、《长乐市志》（2001）、《全国海岛名称与代码》（2008）称小仑岛。岸线长473米，面积11 825平方米，最高点高程26.5米。基岩岛，由变质岩构成。基岩裸露，少土壤，植被以草丛、灌木为主。基岩海岸。

小洛岛 (Xiǎoluò Dǎo)

北纬25°46.0′，东经119°40.2′。位于福州市长乐区松下镇东7.22千米。属东洛列岛。因位于长乐东洛岛北侧浅水湾内，面积小，第二次全国海域地名普查时命今名。基岩岛。岸线长343米，面积5 972平方米。植被以草丛、灌木为主。

东银岛 (Dōngyín Dǎo)

北纬25°45.9′，东经119°41.3′。位于福州市长乐区松下镇东9.05千米。属东洛列岛。该岛因形如银锭而得名。《中国海洋岛屿简况》（1980）、《中国海域地名志》（1989）、《福建省海域地名志》（1991）、《福建省海岛志》

（1994）、《长乐市志》（2001）、《全国海岛名称与代码》（2008）均称东银岛。岸线长 1.35 千米，面积 0.066 7 平方千米，最高点高程 28.2 米。基岩岛，由花岗岩构成，地势南部高，西部渐低平。岸线较平直，多基岩海岸。地表多土壤，植被以杂草、灌木为主。东北部有一助航标志。

大祉小屿 (Dàzhǐ Xiǎoyǔ)

北纬 25°43.0′，东经 119°36.1′。位于福州市长乐区松下镇东 5.26 千米。原名小屿，因重名，1985 年以其所在行政村更今名。《中国海洋岛屿简况》（1980）称小屿。《中国海域地名志》（1989）、《福建省海域地名志》（1991）、《长乐市志》（2001）、《全国海岛名称与代码》（2008）称大祉小屿。岸线长 392 米，面积 4 671 平方米，最高点高程 17.3 米。基岩岛，由花岗岩构成。海岸陡峭。地表多石少土，杂草稀少。西北有防风堤坝与大陆相连。

石莲山 (Shílián Shān)

北纬 25°42.8′，东经 119°36.5′。位于福州市长乐区松下镇东南 5.54 千米。因形如莲花而得名。别名祠堂山、上前山。《中国海洋岛屿简况》（1980）、《中国海域地名志》（1989）、《福建省海域地名志》（1991）、《福建省海岛志》（1994）、《长乐市志》（2001）、《全国海岛名称与代码》（2008）均称石莲山。岸线长 1.67 千米，面积 0.118 5 平方千米，最高点高程 28.2 米。基岩岛，由花岗岩构成。地势较平坦。基岩海岸。地表为红土壤，土层薄，杂草及相思树等稀疏生长。

人屿 (Rén Yǔ)

北纬 25°42.2′，东经 119°37.4′。位于福州市长乐区松下镇东南 7.01 千米。因岛中部凸起形如人字，故名。《中国海洋岛屿简况》（1980）、《中国海域地名志》（1989）、《福建省海域地名志》（1991）、《福建省海岛志》（1994）、《长乐市志》（2001）、《全国海岛名称与代码》（2008）均称人屿。岸线长 1.48 千米，面积 0.111 9 平方千米，最高点高程 35.8 米。基岩岛，由花岗岩构成。地表岩石裸露，植被少，以草丛为主。基岩海岸。有淡水。

小乌猪岛 (Xiǎowūzhū Dǎo)

北纬 25°41.7′，东经 119°40.1′。位于福州市长乐区松下镇东南 10.42 千米。因邻近乌猪岛，面积较小，第二次全国海域地名普查时命今名。基岩岛。面积约 300 平方米。无植被。

乌猪岛 (Wūzhū Dǎo)

北纬 25°41.6′，东经 119°39.9′。位于福州市长乐区松下镇东南 10.33 千米。岛形似猪，且岛表层呈黑色，故名。《中国海洋岛屿简况》（1980）、《中国海域地名志》（1989）、《福建省海域地名志》（1991）、《福建省海岛志》（1994）、《长乐市志》（2001）、《全国海岛名称与代码》（2008）均称乌猪岛。岸线长 1.57 千米，面积 0.054 5 平方千米，最高点高程 36.1 米。基岩岛，由火山岩构成。低丘陵，中间低，两头高，海岸为陡峭基岩岸滩。植被以草丛、灌木为主。

荔枝屿 (Lìzhī Yǔ)

北纬 25°41.3′，东经 119°35.7′。位于福州市长乐区松下镇南 8.25 千米。该岛因形如荔枝而得名。又名松下小屿。《中国海域地名志》（1989）、《福建省海域地名志》（1991）、《福建省海岛志》（1994）、《长乐市志》（2001）、《全国海岛名称与代码》（2008）均称荔枝屿。岸线长 273 米，面积 2 704 平方米，最高点高程 15.1 米。基岩岛，由花岗岩构成。地表岩石裸露。无植被。砂砾质海岸。

糖尾岛 (Tángwěi Dǎo)

北纬 25°41.3′，东经 119°39.5′。位于福州市长乐区松下镇东南 10.34 千米。因在长屿岛（原名糖屿）之尾端，故名。又名糖尾。俗称乌猪仔。《中国海洋岛屿简况》（1980）称糖尾。《中国海域地名志》（1989）、《福建省海域地名志》（1991）、《福建省海岛志》（1994）、《长乐市志》（2001）、《全国海岛名称与代码》（2008）称糖尾岛。岸线长 201 米，面积 2 118 平方米，最高点高程 11.7 米。基岩岛，由火山岩构成，地表基岩裸露。无植被。基岩海岸陡峭。

长屿岛（Chángyǔ Dǎo）

北纬 25°40.7′，东经 119°38.6′。位于福州市长乐区松下镇南 10.21 千米，小练岛西北 620 米。岛呈长条形，曾名糖屿，又名塘屿、塘屿岛、长屿。因与平潭塘屿岛重名，1985 年长乐岛礁地名普查中改名为长屿岛。《中国海洋岛屿简况》(1980)称塘屿岛。《中国海域地名志》(1989)、《福建省海域地名志》(1991)、《福建省海岛志》（1994）、《全国海岛名称与代码》（2008）称长屿岛。《长乐市志》（2001）称长屿。岸线长 6.3 千米，面积 0.655 9 平方千米，最高点高程 61.4 米。基岩岛，由火山岩构成，上部为凝灰岩，下部为安山岩。地表系红壤土，土质贫瘠，树木稀少。地形两头高，中间低。岸线曲折，北面悬崖陡壁。有澳口 4 个，均为砂砾滩，涨潮时可停靠 50 吨以下船只。

有居民海岛。2011 年户籍人口 1 690 人，常住人口 500 人。村落近澳，呈梯式分布。以渔业为主。有民房、小学、医疗站、庙宇、村道、海底电缆及耕地。水源为自挖水井。有电力设施，用电来自平潭。西部及南部各有 1 个码头。

厦门岛（Xiàmén Dǎo）

北纬 24°29.5′，东经 118°07.7′。隶属于厦门市，距大陆最近点 710 米。因地处海道下方，名下门，谐音雅化为厦门，一作夏门。古称嘉禾屿，别称鹭岛。宋太平兴国年间，因岛上盛产水稻且“一茎数穗”，故又名“嘉禾屿”。早在 3 000 多年前新石器时代，已有人类生活在厦门岛上，传说古时常有成群的白鹭栖息岛上，因此又称鹭岛。《福建省海岛志》（1994）、《中国海岛》（2000）、《厦门市志》（2004）、《全国海岛名称与代码》（2008）称厦门岛。《厦门市地名志》（2001）称厦门半岛。岸线长 66.5 千米，面积 135.605 7 平方千米，最高点洪济山高程 339.6 米。基岩岛。岩性多为中生代白垩纪花岗岩，有侏罗纪酸性火山岩。一般海拔 150～200 米。岛略呈菱形，地势由南向北倾斜，钟宅港、筼筜湖分别从东北和西南向岛腹地切入。西北低平，海蚀阶地孤丘零星分布，东南高阜丘陵起伏，四围分布海蚀堆积地形海侵滩。属南亚热带湿润区，年均气温 20.8℃，年均降雨量约 1 200 毫米，7 — 9 月为台风季节。

该岛为厦门市人民政府驻地。2011 年户籍人口 830 444 人，常住人口

1 861 289 人。岛上设思明、湖里两个行政区，主要产业为工业和旅游业，市中心区在西南部。与大陆有高集海堤、厦门大桥、海沧大桥、集美大桥、杏林大桥及翔安海底隧道 6 大交通通道。岛上主要交通有南北向的成功大道、环岛干道、环岛路、嘉禾路和东西向的仙岳路、湖里大道等，以及第一码头到同安、集美的快速公交。鹰厦铁路、福厦公路经高集海堤和厦门大桥至岛西南部，设火车站和长途汽车站。西岸、西南岸建有客、货运码头，五通海空联运码头是距金门最近的客运码头，西北有高崎国际机场。

大尖礁 (Dàjiān Jiāo)

北纬 24°29.1′，东经 118°12.2′。位于厦门岛东面 700 米处海域，距大陆最近点 6.45 千米。原名笔礁，与礁东、西南侧 3 个干出礁组成文房四宝，该礁形如笔，故名。后因岩石风化变形，变成上小下大，遂改为大尖礁。又名橛子礁、赤娜礁。《中国海域地名志》（1989）、《福建省海域地名志》（1991）、《福建省海岛志》（1994）、《厦门市地名志》（2001）、《厦门市海域重点岩礁名录》（2004）、《全国海岛名称与代码》（2008）均称大尖礁。基岩岛。岸线长 186 米，面积 2 438 平方米。无植被。

龟抬头石岛 (Guītáitóushí Dǎo)

北纬 24°27.4′，东经 118°03.7′。位于鼓浪屿北侧岸边，距大陆最近点 1.95 千米。因高潮时仅有一块小礁石出露，且其南侧相连的大块礁盘若龟壳隐约浮现，第二次全国海域地名普查时命今名。基岩岛。面积约 20 平方米。无植被。西侧建有助航标志。

土屿 (Tǔ Yǔ)

北纬 24°27.2′，东经 118°11.4′。位于厦门岛东南 1.5 千米处海域，距大陆最近点 700 米。曾名上屿。附近渔民习惯称土屿，据说该屿表层为土质，故名，旧图上原有名称上屿应为土屿之误，1984 年更名为土屿。土层厚，故名。《中国海域地名志》（1989）、《福建省海域地名志》（1991）、《厦门市地名志》（2001）称土屿。《福建省海岛志》（1994）、《全国海岛资源综合调查报告（海岛名录）》（1996）、《厦门市志》（2004）、《厦门市海域无居民岛屿名录》（2004）、

《全国海岛名称与代码》（2008）称上屿。基岩岛。岸线长 173 米，面积 2 013 平方米，最高点高程 11.3 米。无淡水，码头附近修有水塘蓄水，有小型风力发电设备。简易码头年久失修，部分已损坏。东北端有 1 座航标塔。最高处有妈祖雕像。有石质护坡，护坡内种植木麻黄、榕树、龙舌兰、夹竹桃等。

鼓浪屿 (Gǔlàng Yǔ)

北纬 24°26.9′，东经 118°03.7′。隶属于厦门市思明区，位于厦门岛西南 500 米处海域。旧称圆沙洲、圆洲仔，明朝雅化为今名。岛西南一礁石，有海蚀洞，受浪冲击，声如擂鼓，有“鼓浪石”之称，岛因石名。《中国海域地名志》（1989）、《福建省海域地名志》（1991）、《厦门市地名志》（2001）、《厦门市志》（2004）、《全国海岛名称与代码》（2008）均称鼓浪屿。基岩岛。岸线长 7.52 千米，面积 1.885 5 平方千米，最高点高程 92.6 米。东部多人工岸，西岸多沙滩，南部和北部以基岩海岸为主。

该岛为厦门市思明区鼓浪屿街道驻地。2011 年户籍人口 13 847 人，常住人口 14 242 人。以旅游业为主，是国家 5A 级旅游区，有“海上花园”“万国建筑博览会”“钢琴之岛”之美称。建有中小学、大学、医院、卫生所、疗养所、教堂、海洋环境监测站等。水、电、通信、交通等设施齐全。食用淡水靠从岛外敷设海底涵管供给，用电由岛外供给。建有厦门鼓浪屿码头、黄家渡码头、三丘田码头、鼓浪屿环卫码头、鼓浪屿内厝澳码头 5 个码头，与大陆往来便利，每天有通往厦门、海沧嵩屿的班轮。

鹿耳礁 (Lù'ěr Jiāo)

北纬 24°26.8′，东经 118°04.3′。位于鼓浪屿东侧岸边，距大陆最近点 3.1 千米。岛形似鹿耳，故名。《厦门市地名志》（2001）记为鹿耳礁。基岩岛。面积 56 平方米。无植被。位于鼓浪屿风景区内，顶部部分叠石被台风吹落。有石条砌成的小径与鼓浪屿连接。

牛蹄礁 (Niútí Jiāo)

北纬 24°26.7′，东经 118°04.3′。位于鼓浪屿东侧 120 米处海域，距大陆最近点 3.3 千米。其礁石裂开，形如牛蹄，故名。《福建省海域地名志》（1991）、

《厦门市地名志》（2001）称牛蹄礁。基岩岛。面积约 20 平方米。无植被。

和尚坩礁 (Héshanggān Jiāo)

北纬 24°26.7′，东经 118°09.4′。位于厦门岛东南岸边，距大陆最近点 10 千米。《福建省海域地名志》（1991）载：“因其形状如闽南人盛食物的土火锅，故名。”基岩岛。面积约 30 平方米。无植被。

护国石岛 (Hùguóshí Dǎo)

北纬 24°26.7′，东经 118°04.3′。位于鼓浪屿东侧岸边，距大陆最近点 3.3 千米。为纪念民族英雄郑成功，第二次全国海域地名普查时命今名。基岩岛。岸线长 80 米，面积 305 平方米。植被以草丛、灌木为主。位于鼓浪屿风景区皓月园内。筑有凉亭和观景台，有曲折石桥与鼓浪屿相连。

黄礁 (Huáng Jiāo)

北纬 24°26.6′，东经 118°04.4′。位于鼓浪屿东面 130 米处海域。该岛因岛体颜色而得名。《福建省海域地名志》（1991）、《厦门市地名志》（2001）称黄礁。基岩岛。面积约 20 平方米，最高点高程 8 米。无植被。建有 1 座灯桩。

印斗石 (Yìndǒu Shí)

北纬 24°26.4′，东经 118°04.2′。位于鼓浪屿东南 100 米处海域。礁石呈四方形，如印章（印斗），故名。又名印斗礁、沉底礁。《福建省海域地名志》（1991）、《厦门市地名志》（2001）记为印斗石。《厦门市志》（2004）、《厦门市海域重点岩礁名录》（2004）记为印斗礁。《福建省海岛志》（1994）、《全国海岛名称与代码》（2008）称沉底礁。基岩岛。岸线长 234 米，面积 3 161 平方米，最高点高程 22.9 米。植被以草丛、灌木为主。位于鼓浪屿风景区内。有景观照明设施和简易导航设施。

小寿杯岛 (Xiǎoshòubēi Dǎo)

北纬 24°26.3′，东经 118°04.3′。位于鼓浪屿东南 370 米处海域。因位于寿杯礁附近，面积较小，第二次全国海域地名普查时命今名。基岩岛。面积约 10 平方米。无植被。

寿杯礁（Shòubēi Jiāo）

北纬 24°26.3′，东经 118°04.3′。位于鼓浪屿东南 300 米处海域。有两块礁石形状像寺庙内供善男信女使用的神器（叫神爻），当地渔民以闽南语称为寿杯礁。《福建省海域地名志》（1991）、《厦门市地名志》（2001）记为寿杯礁。基岩岛。面积约 20 平方米。无植被。

外剑礁（Wàijiàn Jiāo）

北纬 24°26.3′，东经 118°04.0′。位于鼓浪屿东南 80 米处海域。自南面的印斗石看，此礁石形状像一把剑柄，故名。《福建省海域地名志》（1991）、《厦门市地名志》（2001）、《厦门市志》（2004）均称外剑礁。基岩岛。面积约 10 平方米。无植被。

雷劈石（Léipī Shí）

北纬 24°26.3′，东经 118°09.0′。位于厦门岛东南 200 米处海域。据传说该石曾被雷电击裂，故名。《福建省海域地名志》（1991）、《厦门市地名志》（2001）、《厦门市海域重点岩礁名录》（2004）称雷劈石。基岩岛。面积约 30 平方米。无植被。

加北礁（Jiāběi Jiāo）

北纬 24°26.3′，东经 118°09.0′。位于厦门岛东南 200 米处海域。因礁石周围有一种鱼，闽南语方言称为加北鱼，故以鱼名，命名为加北礁。《福建省海域地名志》（1991）、《厦门市地名志》（2001）称加北礁。基岩岛。面积约 3 平方米。无植被。

屏风石岛（Píngfēngshí Dǎo）

北纬 24°25.8′，东经 118°08.4′，位于厦门岛南侧 10 米处海域。因岛体为若干礁石层叠，如屏风排列于海中，第二次全国海域地名普查时命今名。基岩岛。面积约 100 平方米。无植被。

石桥礁（Shíqiáo Jiāo）

北纬 24°25.7′，东经 118°06.7′。位于厦门岛南面 200 米处海域。因其礁石状如桥，故名。《福建省海域地名志》（1991）、《厦门市地名志》（2001 年）

称石桥礁。基岩岛。面积约 30 平方米。无植被。

杯信石 (Bēixìn Shí)

北纬 24°25.6′，东经 118°06.7′。位于厦门岛南面 300 米处海域。其形如庙寺中祈求神明保佑的两块信木，故名。《福建省海域地名志》（1991）、《厦门市地名志》（2001）、《厦门市志》（2004）、《厦门市海域重点岩礁名录》（2004）均称杯信石。基岩岛。面积约 40 平方米。无植被。

蟹爪石岛 (Xièzhuǎshí Dǎo)

北纬 24°25.5′，东经 118°07.2′。位于厦门岛南侧岸边，距大陆最近点 5.7 千米。礁石颜色为金黄色，且礁石上分布有几条形状如螃蟹爪的突出物，第二次全国海域地名普查时命今名。基岩岛。面积约 20 平方米。无植被。建有木栈道与厦门岛连接。

西赤礁 (Xīchì Jiāo)

北纬 24°32.0′，东经 118°03.4′。位于厦门市海沧区东北部海域，距大陆最近点 600 米。礁体呈红色，且地处厦门岛西部，故名。又名虾屿。《福建省海域地名志》（1991）、《厦门市地名志》（2001）称西赤礁。《福建省海岛志》（1994）、《厦门市志》（2004）、《厦门市海域无居民岛屿名录》（2004）、《全国海岛名称与代码》（2008）称虾屿。基岩岛。面积约 10 平方米。无植被。建有养殖围塘。

英礁 (Yīng Jiāo)

北纬 24°31.6′，东经 118°03.7′。位于厦门市海沧区东北部海域，距大陆最近点 500 米。曾名鹰礁。据说该礁为鹰的落脚点，故名鹰礁，为便于书写，改“鹰”字为“英”。《福建省海域地名志》（1991）称鹰礁。《厦门市地名志》（2001）、《厦门市志》（2004）称英礁。基岩岛。面积约 10 平方米。无植被。

猫屿 (Māo Yǔ)

北纬 24°31.1′，东经 118°03.7′。位于厦门市海沧区东北部海域，距大陆最近点 300 米。岛屿形状像猫头，故名。《厦门市地名志》（2001）、《厦门市海域无居民岛屿名录》（2004）、《厦门市志》（2004）均称猫屿。基岩岛。

岸线长 186 米，面积 2 065 平方米。无植被。

镜台屿 (Jìngtái Yǔ)

北纬 24°30.7′，东经 118°04.1′。位于厦门市海沧区东北部海域，距大陆最近点 200 米。其状如海面升起的高台，台上有一石，远望如梳妆台，故名。《中国海域地名志》（1989）、《厦门市地名志》（2001）、《厦门市海域无居民岛屿名录》（2004）、《全国海岛名称与代码》（2008）均称镜台屿。基岩岛。岸线长 174 米，面积 1 738 平方米。

火烧屿 (Huǒshāo Yǔ)

北纬 24°29.6′，东经 118°03.7′。位于厦门市海沧区西部海域，距大陆最近点 300 米。岩石呈褐色如火烧状，故名火烧屿。又因其蜿蜒海面，曾名蛇屿。《中国海域地名志》（1989）、《福建省海域地名志》（1991）、《厦门市地名志》（2001）、《厦门市志》（2004）、《厦门市海域无居民岛屿名录》（2004）、《全国海岛名称与代码》（2008）均称火烧屿。岸线长 2.75 千米，面积 0.265 8 平方千米，最高点高程 34.8 米。基岩岛，由火山岩构成，表层多沉积岩。东北岸陡峭，西南部、南部较平缓。东南海岸峭壁色彩瑰丽；南部山脊沿地势递降，呈现色彩各异的流纹，蔚为奇观。植被覆盖较好，人工栽植相思树、木麻黄与黑松等。

该岛为厦门市最大的无居民海岛，开发程度较高。海沧大桥西塔立于岛北端。西北端建有靠泊码头，东南建有一公务码头，西南侧有两个简易码头。西侧建有户外拓展基地。建有跨海高压输电架线铁塔两座。水、电均从厦门市海沧区引入。建有中华白海豚繁育基地、福建省水生野生动物厦门救护中心与厦门濒危物种保护中心。曾被开发为生态旅游岛，建有厦门市青少年科技馆、生态乐园、户外拓展基地、游乐广场、烧烤营地和旅游小木屋，现多已废弃不用。

大兔屿 (Dàtù Yǔ)

北纬 24°29.3′，东经 118°03.3′。位于厦门市海沧区西部海域，距大陆最近点 400 米。其以形似兔，且面积较大而得名，又名大土屿。《中国海域地名志》（1989）、《福建省海域地名志》（1991）、《厦门市地名志》（2001）、《厦门市志》(2004)、《厦门市海域无居民岛屿名录》(2004)、《全国海岛名称与代码》(2008)均称大兔屿。岸线长 1.22 千米,面积 60 157 平方米,最高点高程 41.8 米。基岩岛,由火山岩与沉积岩构成。东陡西缓。基岩海岸。种植相思树、少量木麻黄和马尾松。西岸有泥滩,长有红树林。东南端建有 1 座简易码头。水、电均从海沧区引入。有 1 座航标塔。

小兔屿 (Xiǎotù Yǔ)

北纬 24°29.0′,东经 118°03.1′。位于厦门市海沧区西部海域,距大陆最近点 700 米。位于大兔屿下方,且面积较小,故名。又名小土屿。《中国海域地名志》(1989)、《福建省海域地名志》(1991)、《福建省海岛志》(1994)、《厦门市地名志》(2001)、《厦门市志》(2004)、《厦门市海域无居民岛屿名录》(2004)、《全国海岛名称与代码》(2008)均称小兔屿。基岩岛。岸线长 193 米,面积 1 722 平方米,最高点高程 9.8 米。植被以草丛、灌木为主。四周为滩涂,生长红树林。

兔仔岛 (Tùzǎi Dǎo)

北纬 24°28.9′,东经 118°03.1′。位于厦门市海沧区西部海域,距大陆最近点 690 米。曾名小屿。因形似刚出生的兔仔,第二次全国海域地名普查时更为今名。基岩岛。岸线长 225 米,面积 2 486 平方米。植被以草丛、灌木为主。四周为滩涂,生长红树林。

白兔屿 (Báitù Yǔ)

北纬 24°28.8′,东经 118°02.9′。位于厦门市海沧区西部海域,距大陆最近点 700 米。其以形肖得名。曾名白土屿。《中国海域地名志》(1989)、《福建省海域地名志》(1991)、《厦门市地名志》(2001)、《厦门市志》(2004)、《厦门市海域无居民岛屿名录》(2004)、《全国海岛名称与代码》(2008)均称白兔屿。基岩岛。岸线长 359 米,面积 6 408 平方米,最高点高程 19.2 米。植被以草丛、灌木为主。大潮低潮时,周围为大片滩涂。岛上栖息大量鹭科鸟类。建有蓄水池。

猴屿（Hóu Yǔ）

北纬 24°28.1′，东经 118°03.4′。位于厦门市海沧区西部海域，距大陆最近点 1.8 千米。以形肖得名。《中国海域地名志》（1989）、《福建省海域地名志》（1991）、《厦门市地名志》（2001）、《厦门市志》（2004）、《厦门市海域无居民岛屿名录》（2004）、《全国海岛名称与代码》（2008）均称猴屿。基岩岛。岸线长 518 米，面积 13 085 平方米，最高点高程 20.3 米。高处栽植相思树、马尾松，低处岩石裸露，绿化覆盖率约 40%。西侧建有一处简易码头，设立 1 座灯桩。建有灯塔、跨海高压输电塔。

鸡屿（Jī Yǔ）

北纬 24°26.0′，东经 118°00.3′。位于厦门市海沧区南部海域，距大陆最近点 1.1 千米。以形肖得名，曾名圭屿、龟屿。《中国海域地名志》（1989）、《福建省海域地名志》（1991）、《厦门市地名志》（2001）、《厦门市海域无居民海岛名录》（2004）、《厦门市志》（2004）、《厦门市海域无居民岛屿名录》（2004）、《全国海岛名称与代码》（2008）均称鸡屿。基岩岛，由侏罗纪火山岩构成。岸线长 3.64 千米，面积 0.403 7 平方千米，最高点高程 64.4 米。西南部较高，东岸、南岸、西岸多峭壁，北面较缓。东南岸为基岩海岸，西南岸为沙滩。栽种马尾松、相思树、木麻黄、芒萁骨、桃金娘。西北侧有 1 处养殖围塘，西南侧有 1 处简易码头。山顶有几处残留塔基。岛上无电，有 1 口水井。该岛在厦门珍稀海洋物种国家级自然保护区白鹭保护区内。

大离浦屿（Dàlípǔ Yǔ）

北纬 24°33.5′，东经 118°09.2′。位于厦门岛北部海域，距大陆最近点 3.8 千米。离浦屿即离开薛浦之地（厦门岛北部滨海地带，原有地名薛浦），且面积较大，故名。因音讹，亦作二亩屿。名称来由同小离浦屿，因岛屿面积大，故名大离浦屿，曾名大离亩屿，1984 年改今名。《中国海域地名志》（1989）、《福建省海域地名志》（1991）、《福建省海岛志》（1994）、《厦门市地名志》（2001）、《厦门市志》（2004）、《全国海岛名称与代码》（2008）称大离浦屿。《厦门市海域无居民岛屿名录》（2004）称大离亩屿。基岩岛。岸线长 698 米，面积 18 323 平方米，最高点高程 16.8 米。沿海多沙滩，部分为岩石滩。种植剑麻、相思树。建有海水实验站，有 1 座码头。岛顶建有监测站。水、电均由厦门岛引入，有风力发电机。

大石虎礁 (Dàshíhǔ Jiāo)

北纬 24°32.4′，东经 118°10.5′。位于厦门市湖里区东北五缘湾内，距大陆最近点 3.5 千米。礁石处在钟宅港外湾口中部，犹如水上拦路虎，且露出水面面积较大，故名。《福建省海域地名志》（1991）、《厦门市地名志》（2001）记为大石虎屿。基岩岛。面积约 50 平方米。无植被。礁石上建有 8 米高“启航”铜雕。

宝珠屿 (Bǎozhū Yǔ)

北纬 24°32.4′，东经 118°04.0′。位于厦门市集美区西南海域，距大陆最近点 1.7 千米。海中沙屿，周围皆石，中有一丘，土赤，屿上草短，遥望如翡翠之珠，呈隆起半球形，故名宝珠屿。因形状似金龟，亦称金龟屿。《中国海域地名志》（1989）、《福建省海域地名志》（1991）、《福建省海岛志》（1994）、《厦门市地名志》（2001）、《厦门市志》（2004）、《厦门市海域无居民岛屿名录》（2004）、《全国海岛名称与代码》（2008）均称宝珠屿。岸线长 294 米，面积 6 304 平方米，最高点高程 19.5 米。基岩岛，由花岗岩构成。东、西、北岸较陡，南部岩石平缓伸入水中。以人工植被为主，种植夹竹桃、相思树、木麻黄、三角梅、刺桐等。西南岸有斜坡式简易码头，码头登临处建有 1 座灯塔，并立有厦门中华白海豚省级自然保护区界碑、宝珠屿岛碑。高处建有 4 层高 18 米锥顶圆柱塔，南部临海处修有石砌平台，平台与石塔基座有石阶相连。

乌贼屿 (Wūzéi Yǔ)

北纬 24°32.4′，东经 118°04.1′。位于厦门市集美区西南海域，距大陆最近点 1.9 千米。该岛因形状似乌贼而得名。《中国海域地名志》（1989）、《福建省海域地名志》（1991）、《厦门市地名志》（2001）均称乌贼屿。基岩岛。岸线长 181 米，面积 1 987 平方米。无植被。

屿头礁 (Yǔtóu Jiāo)

北纬 24°35.4′，东经 118°10.5′。位于鳄鱼屿北侧岸边，距大陆最近点 1.6

千米。因在鳄鱼屿北端，故名。《福建省海域地名志》（1991）、《厦门市地名志》（2001）称屿头礁。基岩岛。面积约 10 平方米。无植被。

鳄鱼屿 (Èyú Yǔ)

北纬 24°35.2′，东经 118°10.4′。位于厦门市翔安区西部海域，距大陆最近点 1.4 千米。其形似两条鳄鱼连尾横卧海面，故名。《中国海域地名志》（1989）、《福建省海域地名志》（1991）、《福建省海岛志》（1994）、《厦门市地名志》（2001）、《厦门市志》（2004）、《厦门市海域无居民岛屿名录》（2004）、《全国海岛名称与代码》（2008）均称鳄鱼屿。基岩岛。岸线长 1.58 千米，面积 78 845 平方米，最高点高程 17.6 米。植被茂盛。在厦门珍稀海洋物种国家级自然保护区文昌鱼保护区实验区内。

大嶝岛 (Dàdèng Dǎo)

北纬 24°33.6′，东经 118°19.3′。位于厦门市翔安区东南海域，距大陆最近点 470 米。从金门海面看同安大陆，此岛似一大台阶，故名。《中国海域地名志》（1989）、《福建省海域地名志》（1991）、《厦门市地名志》（2001）、《厦门市志》（2004）、《全国海岛名称与代码》（2008）均称大嶝岛。基岩岛。岸线长 18.83 千米，面积 13.052 2 平方千米，最高点高程 41.8 米。呈西北—东南走向，表层为第四系残积及现代冲积物，偶有花岗岩裸露，多红壤，有潮土和盐土。植被茂盛。

该岛为翔安区大嶝街道办事处所在地。辖 9 个行政村，2011 年户籍人口 18 898 人，常住人口 17 000 人。以商贸、旅游业为主，兼营渔业。建有中学、小学、卫生所等。拥有全国唯一的“厦门市对台小额商品交易市场”、英雄三岛战地观光园。水、电、通信、交通等设施齐全。拥有 1 座 35kV 变电站，自来水厂日供水能力 9 000 吨。以环岛路为主干形成纵横交错的交通网络，西侧有大嶝大桥与新店镇相连。有码头 16 个，东北部有交通码头 4 个，其余 12 个环绕大嶝岛岸线分布。程控电话、移动通信网络覆盖全岛。

小嶝岛 (Xiǎodèng Dǎo)

北纬 24°33.5′，东经 118°22.9′。隶属于厦门市翔安区，位于大嶝岛东部 2.5

千米处海域，距大陆最近点2.84千米。因面积小于大嶝岛，故名。又名小嶝屿。《中国海域地名志》（1989）、《福建省海域地名志》（1991）、《厦门市地名志》（2001）、《厦门市志》（2004）称小嶝岛。《全国海岛名称与代码》（2008）记为小嶝屿。基岩岛，由花岗岩构成。岸线长5.77千米，面积0.971 8平方千米，最高点高程28米。岛呈东西走向。多红壤。植被茂盛。年均气温20.9℃，年降水量1 059.8毫米，夏秋之交多受台风影响。

有居民海岛。岛上有小嶝村，2011年户籍人口3 055人，常住人口2 200人。主要从事养殖与捕捞业，开发以战地旅游观光和渔家乐休闲为主的旅游业。理学名贤邱葵曾隐居于此。岛上建有卫生所、小学等。水、电均由大嶝岛经海底引入，交通与通信设施完善，建有多座民用码头及军用码头1座。立有文昌鱼保护碑与沿海国家特殊保护林带碑。

角屿 (Jiǎo Yǔ)

北纬24°33.2′，东经118°24.2′。位于厦门市翔安区东南海域，距大陆最近点4.91千米。该岛多岬角，故名。《中国海域地名志》（1989）、《福建省海域地名志》（1991）、《厦门市地名志》（2001）、《厦门市志》（2004）、《全国海岛名称与代码》（2008）均称角屿。基岩岛。岸线长3.71千米，面积0.206 2平方千米，最高点高程24.9米。植被茂盛。

双鱼石岛 (Shuāngyúshí Dǎo)

北纬24°33.1′，东经118°24.3′。位于角屿中部东侧10米处海域。因形似两条鱼出没水面，第二次全国海域地名普查时命今名。基岩岛。面积20平方米。无植被。

小鱼石岛 (Xiǎoyúshí Dǎo)

北纬24°33.0′，东经118°24.2′。位于角屿中部东侧10米处海域。因形似小鱼，第二次全国海域地名普查时命今名。基岩岛。面积约80平方米。无植被。

外灶礁 (Wàizào Jiāo)

北纬24°33.0′，东经118°24.3′。位于角屿东部300米处海域。形似灶台且位于内灶礁外海一侧，故名。《福建省海域地名志》（1991）记为外灶礁。基岩岛。

面积约 20 平方米。无植被。

大冇头礁 (Dàmǎotóu Jiāo)

北纬 24°32.9′，东经 118°24.0′。位于角屿南部海域近岸处，距大陆最近点 5.3 千米。礁石光秃裸露，以闽南方言音意而名。《福建省海域地名志》（1991）记为大冇头礁。基岩岛。岸线长 63 米，面积 313 平方米。无植被。

白哈礁 (Báihā Jiāo)

北纬 24°31.8′，东经 118°22.2′。位于小嶝岛南部 2.7 千米处海域，距大陆最近点 5.9 千米。又名白哈、白哈岛、白虾。原名陛下礁，传说南宋端宗南逃途中在此落水被人救起，故名陛下礁。当地语“陛下”与“白哈”“白虾”同音，谐音而为今名。因礁形似兔，呈灰白色，又名白兔礁、白兔仔。《福建省海域地名志》（1991）、《厦门市地名志》（2001）、《厦门市海域重点岩礁名录》（2004）记为白哈礁。《福建省海岛志》（1994）记为白哈。《全国海岛名称与代码》（2008）记为白哈岛。基岩岛，由花岗岩组成。岸线长 443 米，面积 3 030 平方米。有零星杂草分布，生于背风石缝中。建有凉亭，名为归来亭。北端最高点修建佛塔 1 座。有石桥。

塔仔屿 (Tǎzǎi Yǔ)

北纬 25°23.8′，东经 119°09.9′。位于莆田市荔城区北高镇东北部，兴化湾西侧，涵江港口外海域，距大陆最近点 1.18 千米。原以土石皆赤色而名赤屿，明万历十三年（1585 年）在此建石塔，因成今名。又名草屿塔。《中国海域地名志》（1989）、《福建省海域地名志》（1991）、《福建省海岛志》（1994）、《莆田县志》（1994）称塔仔屿。《全国海岛名称与代码》（2008）记为草屿塔。基岩岛。岸线长 181 米，面积 1 353 平方米，最高点高程 12.3 米。生长草丛。中部有 1 座四角形石塔，共 5 级，高 15 米，在古代起航标作用，为县级文物保护单位。周围水深 1～2 米。

龙头山 (Lóngtóu Shān)

北纬 25°23.1′，东经 119°08.5′。位于莆田市荔城区黄石镇东部，涵江港南部海域，距大陆最近点 260 米。因岛状似龙头，故名。《中国海域地名志》（1989）、

《福建省海域地名志》（1991）、《福建省海岛志》（1994）、《全国海岛名称与代码》（2008）均称龙头山。基岩岛。岸线长 124 米，面积 995 平方米，最高点高程 13.4 米。地表有土层，生长草丛、灌木。退潮时西侧养殖区围堤可与大陆相连。北面为涵江港水道，周边均为滩涂。

赛屿（Sài Yǔ）

北纬 25°22.3′，东经 119°12.3′。位于莆田市荔城区北高镇东北部，兴化湾西部海域，距大陆最近点 660 米。当地群众惯称赛屿。《中国海域地名志》（1989）、《福建省海域地名志》（1991）、《福建省海岛志》（1994）、《全国海岛名称与代码》（2008）均称赛屿。基岩岛。岸线长 215 米，面积 2 517 平方米，最高点高程 19.3 米。生长草丛、乔木。东、北侧附近水深 1.9～4 米，西、南侧为滩涂。

网具头岛（Wǎngjùtóu Dǎo）

北纬 25°22.1′，东经 119°12.7′。位于莆田市荔城区北高镇以东，兴化湾西部海域，距大陆最近点 570 米。因渔船多停靠此处晒网具，故名。因方言谐音，又称文仪头。《中国海域地名志》（1989）、《福建省海域地名志》（1991）记为网具头岛。《福建省海岛志》（1994）、《全国海岛名称与代码》（2008）称文仪头。基岩岛。岸线长 764 米，面积 14 678 平方米，最高点高程 16.8 米。地表土层薄，生长草丛、乔木，乔木以木麻黄为主。南侧为滩涂，北侧近岸水深 4 米左右。低潮时经屿仔顶岛可与大陆相通。

鸡澳屿礁（Jī'àoyǔ Jiāo）

北纬 25°22.0′，东经 119°12.4′。位于莆田市荔城区北高镇东部，兴化湾西侧海域，距大陆最近点 110 米。因岛上有石形如鸡冠，故名。《中国海域地名志》（1989）、《福建省海域地名志》（1991）称鸡澳屿礁。基岩岛。岸线长 150 米，面积 1 569 平方米。植被以草丛为主。周边有围塘养殖及蛏埕。低潮时与大陆相连。

屿仔顶岛（Yǔzǎidǐng Dǎo）

北纬 25°21.9′，东经 119°12.7′。位于莆田市荔城区北高镇东部，兴化湾西侧海域，距大陆最近点 180 米。因岛面积比网具头岛小，得名屿仔，又因位于小半岛北端，故名。《中国海域地名志》（1989）、《福建省海域地名志》（1991）、《福建省海岛志》（1994）及《全国海岛名称与代码》（2008）均称屿仔顶岛。基岩岛。岸线长 640 米，面积 11 137 平方米，最高点高程 10.2 米。植被以草丛为主。海岸西侧为沙滩，其余为滩涂。南侧有旱地，已抛荒，周边有围塘养殖及蛏埕。低潮时与大陆相连。

北高石岛 (Běigāoshí Dǎo)

北纬 25°21.8′，东经 119°13.3′。位于莆田市荔城区北高镇东部，兴化湾西侧海域，距大陆最近点 860 米。因全岛皆石，故称石岛，又因岛附近产蚝而称蚝屿。《福建省海域地名志》（1991）、《全国海岛名称与代码》（2008）均称石岛。《福建省海岛志》（1994）记为蚝屿。因石岛市内重名，以其位处北高镇，第二次全国海域地名普查时更为今名。基岩岛。岸线长 148 米，面积 1 647 平方米。无植被。西北侧海岸有围塘养殖，周边有牡蛎养殖及定置网。

小乌屿 (Xiǎowū Yǔ)

北纬 25°21.3′，东经 119°13.1′。位于莆田市荔城区北高镇东部，兴化湾西侧海域，距大陆最近点 320 米。因岛上石头呈黑色，且面积比大乌屿小，故名。《中国海域地名志》（1989）、《福建省海域地名志》（1991）、《福建省海岛志》（1994）及《全国海岛名称与代码》（2008）均称小乌屿。基岩岛。岸线长 419 米，面积 9 526 平方米。地表为红壤土，植被以草丛为主。周围为滩涂。低潮时与大陆相连。

大乌屿 (Dàwū Yǔ)

北纬 25°21.2′，东经 119°13.3′。位于莆田市荔城区北高镇东部，兴化湾西侧海域，距大陆最近点 610 米。该岛形圆石黑，比小乌屿大，故名。《中国海域地名志》（1989）、《福建省海域地名志》（1991）、《中国海域地名图集》（1991）、《福建省海岛志》（1994）及《全国海岛名称与代码》（2008）均称大乌屿。基岩岛。岸线长 566 米，面积 18 233 平方米，最高点高程 27.8 米。地表为红壤土，植被以草丛为主，少量乔木。周围为滩涂，有定置网及牡蛎养殖。低潮时与大陆连接。

后鹅屿 (Hòu'é Yǔ)

北纬 25°19.2′，东经 119°14.0′。位于莆田市荔城区北高镇东部，兴化湾西侧海域，距大陆最近点 740 米。《中国海域地名志》（1989）、《福建省海域地名志》（1991）、《福建省海岛志》（1994）称后鹅屿。《全国海岛名称与代码》（2008）记为鹅山。基岩岛。岸线长 490 米，面积 15 941 平方米，最高点高程 20.6 米。植被以草丛为主。西、南侧为石滩、沙滩，北侧为垦区，东侧为滩涂。围垦海堤从西北侧绕过，与大陆相连。南端建有 1 座小亭。

西筶杯岛 (Xīgàobēi Dǎo)

北纬 25°21.4′，东经 119°15.3′。位于莆田市秀屿区埭头镇东北部，兴化湾南侧海域，距大陆最近点 2.17 千米，隶属于莆田市秀屿区。因与东筶杯岛并列海上，相隔仅 1 千米，形如寺庙中占卜用具筶杯状，而此岛在西，故名。《中国海域地名志》（1989）、《福建省海域地名志》（1991）、《福建省海岛志》（1994）、《全国海岛名称与代码》（2008）均称西筶杯。基岩岛。岸线长 2.81 千米，面积 0.390 5 平方千米，最高点高程 86.2 米。植被茂盛，乔木以木麻黄、相思树为主。东、北部为陡崖，西、南侧为滩涂。周边海域水深 4～17 米，产三角鱼、虾等。

有居民海岛。岛上有西筶杯自然村，2011 年户籍人口 489 人，常住人口 413 人，以渔业和海上运输为主。西北侧有一所小学，已停用。供电由海底电缆从大陆接入，北侧中部有 1 座变电站。东北侧有集中供水的高位水池，岛顶中部偏北有集中水源地，有多口水井，东侧有水管向东筶杯岛供水。岛顶有 1 座航标灯塔和一处气象观测站。东南端有 1 座灯塔，西北侧有移动通信发射塔。西南侧有 1 座重力式陆岛交通码头，北侧建简易小码头，用于养殖辅助船停靠。

东筶杯岛 (Dōnggàobēi Dǎo)

北纬 25°21.2′，东经 119°16.0′。位于莆田市秀屿区埭头镇东北部，兴化湾西南侧海域，距大陆最近点 2.36 千米，隶属于莆田市秀屿区。该岛与西筶杯岛相隔 1 千米，并列海中，形似寺庙中筶杯状，且此岛在东，故名。《中国海域地名志》（1989）、《福建省海域地名志》（1991）、《福建省海岛志》（1994）、

《全国海岛名称与代码》（2008）均称东箬杯岛。基岩岛。岸线长 2.62 千米，面积 0.274 1 平方千米，最高点高程 80.1 米。生长草丛、灌木，乔木以木麻黄、相思树为主。北侧为石滩、沙滩。

有居民海岛。岛上有东箬杯自然村，2011 年户籍人口 2 090 人，常住人口 1 919 人。有一所小学。供电由海底电缆从大陆经西箬杯岛接入，设有变压器房。有少量水井，大部分用水由西箬杯岛引入，西北侧高处有 1 座水塔。东北部建有陆岛交通码头，有定期班轮往返大陆码头。边上有三级渔港。

东峤山 (Dōngqiáo Shān)

北纬 25°20.9′，东经 119°16.0′。位于莆田市秀屿区埭头镇东北部海域，距大陆最近点 2.32 千米。古代称海中山为峤，而此岛位于西箬杯岛东南，故名。《中国海域地名志》（1989）、《福建省海域地名志》（1991）、《福建省海岛志》（1994）、《全国海岛名称与代码》（2008）均称东峤山。基岩岛。岸线长 503 米，面积 14 723 平方米，最高点高程 31.5 米。地表土多石少，植被以草丛为主。西侧中部有 1 座庙宇，名“仙女洞”。

小硋屿岛 (Xiǎo'àiyǔ Dǎo)

北纬 25°20.8′，东经 119°22.1′。位于莆田市秀屿区埭头镇东部，兴化水道西侧海域，紧挨硋屿东侧，距大陆最近点 7.45 千米。因位处硋屿前，且矮小，第二次全国海域地名普查时命今名。基岩岛。面积约 700 平方米。无植被。低潮时与硋屿相连。

硋屿 (Ài Yǔ)

北纬 25°20.8′，东经 119°22.1′。位于莆田市秀屿区埭头镇东北部，兴化湾西南侧海域，距大陆最近点 7.36 千米。该岛形如巨瓮，碍（“硋”古同“碍”）于航道之中，故名。《中国海域地名志》（1989）、《福建省海域地名志》（1991）、《福建省海岛志》（1994）及《全国海岛名称与代码》（2008）均称硋屿。基岩岛。岸线长 193 米，面积 2 299 平方米，最高点高程 15.2 米。地表基岩裸露，生长草丛。山顶有 1 座灯塔，为附近海域重要航行标志。

黑礵 (Hēi Duō)

北纬 25°20.6′，东经 119°15.7′ 。位于莆田市秀屿区埭头镇东部，筶杯岛以西海域，距大陆最近点 1.67 千米。该岛岩石裸露，颜色乌黑，故名。《中国海域地名图集》（1991）标注为黑礵。基岩岛。面积约 170 平方米。无植被。

黑礵仔 (Hēi Duōzǎi)

北纬 25°20.5′，东经 119°16.5′。位于莆田市秀屿区埭头镇东部，筶杯岛以西海域，距大陆最近点 1.94 千米。因岩石乌黑，且面积较小，故名。《中国海域地名图集》（1991）标注为黑礵仔。基岩岛。面积约 70 平方米。无植被。

赤礵 (Chì Duō)

北纬 25°20.5′，东经 119°22.5′。位于莆田市秀屿区埭头镇东部海域，距大陆最近点 7.41 千米。因岛在阳光照耀下呈赤色，故名。《中国海域地名志》（1989）、《福建省海域地名志》（1991）及《中国海域地名图集》（1991）均称赤礵。基岩岛。面积约 100 平方米。周围多暗礁。

塔屿仔礁 (Tǎyǔzǎi Jiāo)

北纬 25°20.1′，东经 119°16.9′。位于莆田市秀屿区埭头镇东部，兴化湾西侧海域，距大陆最近点 880 米。岛上有石塔，故名。又称塔屿仔。《中国海域地名志》（1989）、《福建省海域地名志》（1991）、《福建省海岛志》（1994）称塔屿仔礁。《全国海岛名称与代码》（2008）记为塔屿仔。基岩岛。岸线长 457 米，面积 7 160 平方米，最高点高程 7.2 米。地表裸露。无植被。岛顶建有 1 座石砌方形古塔，约有 400～500 年历史。

鼎板礵 (Dǐngbǎn Duō)

北纬 25°20.1′，东经 119°23.0′。位于莆田市秀屿区埭头镇东部海域，距大陆最近点 7.12 千米。岛顶平坦呈圆形似锅板，当地人称锅为“鼎”，故名。《中国海域地名志》（1989）、《福建省海域地名志》（1991）称鼎板礵。基岩岛。岸线长 143 米，面积 1 017 平方米。无植被。

后青屿 (Hòuqīng Yǔ)

北纬 25°19.9′，东经 119°21.8′。位于莆田市秀屿区埭头镇东面海域，距大陆最近点 5.67 千米。因地处黄瓜屿后，且岛上草木青翠，故名。《中国海域地名志》（1989）、《福建省海域地名志》（1991）、《福建省海岛志》（1994）及《全国海岛名称与代码》（2008）均称后青屿。基岩岛。岸线长 4.38 千米，面积 0.380 5 平方千米，最高点高程 52.5 米。地表为红壤土，植被茂盛，以乔木为主。东北、南部海岸礁石密布。西侧中部有一护林用房。有一口水井，有自备柴油发电机供电。岛顶设有 1 个国家大地控制点。建有鲍鱼养殖场及紫菜育苗场，西侧海域有大面积鲍鱼及海带养殖。

赤盘岛（Chìpán Dǎo）

北纬 25°19.8′，东经 119°22.2′。位于莆田市秀屿区埭头镇后青屿以东，距大陆最近点 6.17 千米。因岩石呈赤色，岛顶平坦如盘状，第二次全国海域地名普查时命今名。基岩岛。面积约 20 平方米。无植被。

黄岐青屿（Huángqí Qīngyǔ）

北纬 25°19.8′，东经 119°17.1′。位于莆田市秀屿区埭头镇东部，兴化湾西南侧海域，距大陆最近点 330 米。因岛上草木茂盛，故名青屿。因与汀港村青屿重名，故加村名，称黄岐青屿。又称黄岐青。《中国海域地名志》（1989）、《福建省海域地名志》（1991）及《福建省海岛志》（1994）称黄岐青屿。《全国海岛名称与代码》（2008）记为黄岐青。基岩岛。岸线长 375 米，面积 8 645 平方米，最高点高程 20.8 米。地表土层厚，生长草丛、乔木，草木茂盛。海岸南、西侧为泥滩，东侧为沙滩，北侧为岩滩。西北侧顺岛建有养殖池。

赤青尾岛（Chìqīngwěi Dǎo）

北纬 25°19.7′，东经 119°22.3′。位于莆田市秀屿区埭头镇东部，后青屿南面海域，距大陆最近点 6.05 千米。为后青屿岩石延伸入海高出海面部分，且岩石呈赤色，第二次全国海域地名普查时命今名。基岩岛。面积约 300 平方米。无植被。海岸陡峭。

赤青尾小岛（Chìqīngwěi Xiǎodǎo）

北纬 25°19.7′，东经 119°22.3′。位于莆田市秀屿区埭头镇东部，后青屿南面海域，距大陆最近点 5.99 千米。为赤青尾岛边上小岛，第二次全国海域地名普查时命今名。基岩岛。面积约 30 平方米。无植被。

西安硶 (Xī'ān Duō)

北纬 25°19.5′，东经 119°17.1′。位于莆田市秀屿区埭头镇北部，兴化湾西侧海域，距大陆最近点 110 米。因岛在村庄西边，取吉祥意，当地人称西安硶。基岩岛。面积约 20 平方米。无植被。低潮时与大陆相连。

蚮硶 (Dài Duō)

北纬 25°19.3′，东经 119°15.1′。位于莆田市秀屿区埭头镇鹅头村西南澳内，兴化湾西侧海域，距大陆最近点 290 千米。因岛附近盛产蚮（海蛎之古称），故名。《中国海域地名图集》（1991）标注为蚮硶。基岩岛。面积约 160 平方米。无植被。

草鞋硶 (Cǎoxié Duō)

北纬 25°19.2′，东经 119°22.1′。位于莆田市秀屿区埭头镇东北部，兴化湾西南侧海域，距大陆最近点 5.1 千米。因岛形如草鞋，故名。又称草屿。《中国海域地名图集》（1991）标注为草鞋硶。基岩岛。面积约 120 平方米。无植被。

卫尾礁 (Wèiwěi Jiāo)

北纬 25°19.1′，东经 119°20.0′。位于莆田市秀屿区埭头镇东北部海域，距大陆最近点 3.12 千米。当地群众惯称卫尾礁。《中国海域地名图集》（1991）标注为卫尾礁。基岩岛。面积约 60 平方米。无植被。低潮时与黄瓜岛相连。

里龟屿 (Lǐguī Yǔ)

北纬 25°19.1′，东经 119°20.1′。位于莆田市秀屿区埭头镇以东，黄瓜岛西北部海域，低潮时与黄瓜岛相连，距大陆最近点 3.16 千米。因岛形如龟，比外龟屿相对较靠近黄瓜岛而得名。基岩岛。岸线长 162 米，面积 1 408 平方米。无植被。

黄瓜岛 (Huángguā Dǎo)

北纬 25°19.1′，东经 119°20.4′。位于莆田市秀屿区埭头镇东部，兴化湾西南侧海域，隶属于莆田市秀屿区，距大陆最近点 2.66 千米。清《莆田县志》记为黄竿屿，为有别于湄洲湾的黄竿屿，改称上黄竿，近代以方言谐音，称为黄瓜岛，又称黄瓜屿。《中国海域地名志》（1989）、《全国海岛名称与代码》（2008）

称黄瓜屿。《福建省海域地名志》（1991）、《福建省海岛志》（1994）称黄瓜岛。基岩岛。岸线长 4.85 千米，面积 0.488 9 平方千米，最高点高程 24.6 米。地表为红壤土，植被种类丰富。东部、西北部为基岩陡岸，东北部、西南部为人工海岸，南部、西部皆滩涂，北部为砂质海岸，周围礁石密布。附近海域产大黄鱼、带鱼、石斑鱼、三角鱼等。

有居民海岛，岛上黄瓜行政村由 5 个自然村组成，2011 年户籍人口 6 295 人，常住人口 5 028 人。供电由海底电缆从大陆引入，用水由水井供应，有水井 30 口。西南部有避风港，有渡船往返大陆淇泸村。

汀港青屿（Tīnggǎng Qīngyǔ）

北纬 25°18.8′，东经 119°18.4′。位于莆田市秀屿区埭头镇汀港村东部海域，距大陆最近点 320 米。因植被茂盛，四季常青，且位处汀港村海域，故名。又称汀港青。《中国海域地名志》（1989）、《福建省海域地名志》（1991）、《福建省海岛志》（1994）称汀港青屿。《全国海岛名称与代码》（2008）记为汀港青。基岩岛。岸线长 797 米，面积 30 809 平方米，最高点高程 27.4 米。地表土层厚，植被茂盛。四周为沙滩。低潮时与大陆相连。

南桥礁（Nánqiáo Jiāo）

北纬 25°18.1′，东经 119°20.8′。位于莆田市秀屿区埭头镇东部，兴化湾西侧海域，距大陆最近点 2.22 千米。因处黄瓜岛南侧海域中，位于黄瓜岛与大陆之间，似黄瓜岛与大陆的桥梁，故名。《中国海域地名志》（1989）、《福建省海域地名志》（1991）及《福建省海岛志》（1994）均称南桥礁。基岩岛。面积约 20 平方米。四周礁石密布。无植被。

浮砣（Fú Duō）

北纬 25°17.5′，东经 119°20.1′。位于莆田市秀屿区埭头镇汀港村以东，兴化湾水道西侧海域，距大陆最近点 620 米。因岛平坦，四周平缓，且似浮于海面，故名，又称浮礁。《福建省海域地名志》（1991）、《福建省海岛志》（1994）称浮砣，《全国海岛名称与代码》（2008）记为浮礁。基岩岛。岸线长 120 米，面积 867 平方米。无植被。

白面屿 (Báimiàn Yǔ)

北纬 25°17.1′，东经 119°13.3′。位于莆田市秀屿区埭头镇东面海域后海垦区内，距大陆最近点470米。因岛呈白色，故名。《中国海域地名志》(1989)、《福建省海域地名志》(1991)、《福建省海岛志》(1994)及《全国海岛名称与代码》(2008)均称白面屿。基岩岛。岸线长 1.38 千米，面积 0.081 4 平方千米，最高点高程 23.3 米。地表土壤较厚，植被茂盛。四周为后海垦区。水、电为渔民从后海垦区管网中引入，有简易环岛公路与垦区公路相连。附近海域有虾养殖池，西侧中部建有 1 座养殖管理房。

牛头屿岛 (Niútóuyǔ Dǎo)

北纬 25°16.9′，东经 119°23.8′。位于莆田市秀屿区埭头镇东南部，兴化湾南日水道西侧海域，距大陆最近点 2.85 千米。因岛在牛屿端部，第二次全国海域地名普查时命今名。基岩岛。岸线长 110 米，面积 826 平方米。无植被。

鸡嘴岛 (Jīzuǐ Dǎo)

北纬 25°16.9′，东经 119°28.0′。位于莆田市秀屿区南日岛东北部海域，与鸡屿相隔 50 米，属南日群岛。《全国海岛名称与代码》(2008)记为无名岛。因处鸡屿西北端突出部，似鸡嘴，第二次全国海域地名普查时命今名。基岩岛。面积约 80 平方米。无植被。

月合岛 (Yuèhé Dǎo)

北纬 25°16.9′，东经 119°34.7′。位于莆田市秀屿区南日岛东北部海域，距大陆最近点 6.59 千米，属南日群岛。因岛形如半月状果盒，以方言谐音命名。《中国海域地名志》(1989)、《福建省海域地名志》(1991)、《福建省海岛志》(1994)、《全国海岛名称与代码》(2008)均称月合岛。基岩岛。岸线长 151 米，面积 1 681 平方米，最高点高程 11.7 米。地表为红壤土，植被以草丛为主。

北土龟礁 (Běitǔguī Jiāo)

北纬 25°16.7′，东经 119°32.4′。位于莆田市秀屿区南日岛北部海域，距大陆最近点 8.56 千米，属南日群岛。因岛形似龟，较南土龟礁距南日岛偏北，故名。《中国海域地名志》(1989)、《福建省海域地名志》(1991)及《中国海域地名图集》（1991）均称北土龟礁。基岩岛。面积约 40 平方米。无植被。

青屿仔礁 (Qīngyǔzǎi Jiāo)

北纬 25°16.5′，东经 119°21.1′。位于莆田市秀屿区埭头镇淇泸村北侧海域，距大陆最近点 30 米。因岩石呈青色，且面积较小，故名。《福建省海域地名志》（1991）、《中国海域地名图集》（1991）均称青屿仔礁。基岩岛。面积约 5 平方米。无植被。

小日岛 (Xiǎorì Dǎo)

北纬 25°16.5′，东经 119°31.0′。位于莆田市秀屿区南日岛东北部海域，距大陆最近点 9.31 千米。属南日群岛，隶属于莆田市秀屿区。因岛的面积在南日群岛中仅小于主岛南日岛，故名。《中国海域地名志》（1989）、《福建省海域地名志》（1991）、《福建省海岛志》（1994）均称小日岛。基岩岛。岸线长 7.38 千米，面积 1.375 平方千米，最高点高程 102.2 米。地表有红壤土，植被茂盛。海岸为基岩海岸，东北侧为磊石滩，附近有多处干出礁和暗礁。有居民海岛。岛上小日行政村 2011 年户籍人口 2 535 人，常住人口 1 566 人。有一所小学。东侧有 1 座通信塔。供电由海底电缆从南日岛接入，有水井供水。南侧有一陆岛交通码头，每天有渡船通南日岛。

青屿仔岛 (Qīngyǔzǎi Dǎo)

北纬 25°16.4′，东经 119°21.3′。位于莆田市秀屿区埭头镇石城村东部海域，距大陆最近点 180 米。因岩石呈青色，且面积较小，第二次全国海域地名普查时命今名。基岩岛。岸线长 119 米，面积 1 058 平方米。无植被。有一简易石堤与寮后岛相连，北侧海域有牡蛎养殖及定置网。低潮时与大陆相连。

寮后岛 (Liáohòu Dǎo)

北纬 25°16.4′，东经 119°21.5′。位于莆田市秀屿区埭头镇石城村东部海域，距大陆最近点 210 米。因汛期渔民多在此搭草寮居住，故名。又因岩石呈青色，又称青屿。《中国海域地名志》（1989）、《福建省海域地名志》（1991）、《福建省海岛志》（1994）称寮后岛。《全国海岛名称与代码》（2008）记为青屿。基岩岛。岸线长 309 米，面积 4 299 平方米，最高点高程 10.2 米。地表有土层，生长草丛。北侧有石堤与青屿仔岛相连，高潮时淹没，南侧有简易石堤围塘。附近海域为莆田市网箱养殖示范点。低潮时与大陆相连。

鳌脚岛 (Áojiǎo Dǎo)

北纬 25°16.3′，东经 119°34.4′。位于莆田市秀屿区南日岛北部海域，距大陆最近点 7.87 千米，属南日群岛。因位于大鳌屿附近，似鳌之脚，第二次全国海域地名普查时命今名。基岩岛。面积约 200 平方米。无植被。

南土龟礁 (Nántǔguī Jiāo)

北纬 25°16.2′，东经 119°32.5′。位于莆田市秀屿区南日镇小日岛东侧海域，处兴化水道南侧，距大陆最近点 9.2 千米，属南日群岛。因岛形如龟，且处北土龟礁以南，故名。《中国海域地名志》（1989）、《福建省海域地名志》（1991）及《中国海域地名图集》（1991）均称南土龟礁。基岩岛。面积约 170 平方米。无植被。

鳌齿岛 (Áochǐ Dǎo)

北纬 25°16.2′，东经 119°33.9′。位于莆田市秀屿区南日岛北部海域，距大陆最近点 8.13 千米，属南日群岛。因处大鳌屿附近，为一块独立礁石，形如鳌齿，第二次全国海域地名普查时命今名。基岩岛。面积约 300 平方米。无植被。

鳌屿仔岛 (Áoyǔzǎi Dǎo)

北纬 25°16.2′，东经 119°34.0′。位于莆田市秀屿区南日岛东北部海域，距大陆最近点 8.05 千米，属南日群岛。因位于大鳌屿附近，且面积较小，第二次全国海域地名普查时命今名。基岩岛。岸线长 692 米，面积 22 981 平方米。生长草丛。

马鲛礁 (Mǎjiāo Jiāo)

北纬 25°16.1′，东经 119°29.3′。位于莆田市秀屿区南日镇小日岛西侧海域，属南日群岛，距大陆最近点 10.57 千米。因岛上整块礁石形似马鲛鱼，故名。《中国海域地名志》（1989）、《福建省海域地名志》（1991）及《中国海域地名图集》（1991）均称马鲛礁。基岩岛。面积约 40 平方米。无植被。

大鳌屿（Dà'áo Yǔ）

北纬 25°16.1′，东经 119°34.3′。位于莆田市秀屿区南日岛东北部海域，距大陆最近点 7.95 千米。属南日群岛，隶属于莆田市秀屿区。因该岛西岸突出部有石如金鳌状，又有别于小鳌屿，故名。当地人将海中大岛称为“山”，故又俗称“鳌山”。《中国海域地名志》（1989）、《福建省海域地名志》（1991）及《福建省海岛志》（1994）均称大鳌屿。基岩岛。岸线长 3.55 千米，面积 0.382 3 平方千米，最高点高程 47 米。乔木以相思树、木麻黄为主。海岸为岩岸，除岛南侧砂质底外，其余皆为泥质底。

有居民海岛。岛上大鳌行政村，2011 年户籍人口 1 894 人，常住人口 1 391 人。有一所小学。供电由海底电缆从南日岛接入，有水井供水。建有 1 座陆岛交通码头，有渡船通南日岛、石城等地。

圆连砣（Yuánlián Duō）

北纬 25°16.0′，东经 119°31.7′。位于莆田市秀屿区南日镇小日岛东南部海域，距大陆最近点 10.35 千米，属南日群岛。当地渔民原称覆鼎砣，因岛呈圆形，与小日岛相连，故改名为圆连砣。《中国海域地名志》（1989）、《福建省海域地名志》（1991）均称圆连砣。基岩岛。面积约 30 平方米。无植被。

梅花砣（Méihuā Duō）

北纬 25°15.9′，东经 119°28.9′。位于莆田市秀屿区南日岛北部海域，距大陆最近点 11 千米，属南日群岛。原因岩石乌黑，名乌砣，因重名，1985 年后取名梅花砣。因岛由五六块岩石组成，形似梅花，故名。《中国海域地名志》（1989）、《福建省海域地名志》（1991）、《全国海岛名称与代码》（2008）记为梅花砣。基岩岛。岸线长 192 米，面积 2 353 平方米。地表裸露，生长草丛。海岸为基岩岸滩。

乌砣礁（Wūduō Jiāo）

北纬 25°15.9′，东经 119°22.4′。位于莆田市秀屿区埭头镇东南部，石城村南部海域，距大陆最近点 380 米。因该岛岩石乌黑，故名。曾名乌沙、乌砣。《福建省海域地名志》（1991）记为乌砣礁。基岩岛。岸线长 313 米，面积

5 522 平方米。无植被。低潮时与大陆相连。

鸡母屿 (Jīmǔ Yǔ)

北纬 25°15.8′，东经 119°35.1′。位于莆田市秀屿区南日岛北部海域，距大陆最近点8.44千米，属南日群岛。因岛形如母鸡，故名。《中国海域地名志》(1989)、《福建省海域地名志》（1991）、《福建省海岛志》（1994）及《全国海岛名称与代码》（2008）均称鸡母屿。基岩岛。岸线长 900 米，面积 42 904 平方米，最高点高程 36 米。地表为红壤土，生长草丛。建有电力测风塔。

虎硑 (Hǔ Duō)

北纬 25°15.8′，东经 119°23.6′。位于莆田市秀屿区埭头镇石城村东南部海域，距大陆最近点2.31千米。因本岛较小，似虎头，当地群众称其为虎硑。基岩岛。面积约 20 平方米。无植被。海岸陡峭近直立、湿滑。

虎狮礁 (Hǔshī Jiāo)

北纬 25°15.7′，东经 119°23.7′。位于莆田市秀屿区埭头镇东南部海域，距大陆最近点 2.38 千米。因岛上两石并立，形似虎狮，故名。又名狮球礁。《中国海域地名志》(1989）记为狮球礁。《福建省海域地名志》(1991）记为虎狮礁。基岩岛。面积约 120 平方米。无植被。

小月屿 (Xiǎoyuè Yǔ)

北纬 25°15.7′，东经 119°39.7′。位于莆田市秀屿区南日岛东北部海域，距大陆最近点 9.45 千米，属南日群岛。因其与南面的东月屿相比，面积较小，故名。《中国海域地名志》(1989)、《福建省海域地名志》(1991)、《福建省海岛志》(1994）及《全国海岛名称与代码》(2008）均称小月屿。基岩岛。岸线长 767 米，面积 24 900 平方米，最高点高程 28.5 米。地表为红壤土，植被以草丛为主。北侧有 1 座灯塔。

月尾屿岛 (Yuèwěiyǔ Dǎo)

北纬 25°15. 7′，东经 119°39.6′。位于莆田市秀屿区南日岛东北部海域，距大陆最近点 9.45 千米，属南日群岛。《全国海岛名称与代码》（2008）记为无名岛。因处小月屿南端，且呈细长形，第二次全国海域地名普查时命今名。

基岩岛。岸线长 274 米，面积 4 625 平方米。无植被。

马鲛屿（Mǎjiāo Yǔ）

北纬 25°15.6′，东经 119°28.9′。位于莆田市秀屿区南日岛东北部海域，距大陆最近点 10.98 千米，属南日群岛。因岛形如马鲛鱼尾，原名马鲛尾，简化为马鲛屿。又因位于横屿西头，曾名横屿头，以方言谐音又名化屿头。《中国海域地名志》（1989）、《福建省海域地名志》（1991）及《全国海岛名称与代码》（2008）称马鲛屿。《福建省海岛志》（1994）称化屿头。基岩岛。岸线长 577 米，面积 9 802 平方米，最高点高程 16.9 米。地表石多土少，生长草丛。

马鲛蛋岛（Mǎjiāodàn Dǎo）

北纬 25°15.6′，东经 119°28.9′。位于莆田市秀屿区南日岛附近海域，距大陆最近点 11.05 千米，属南日群岛。《全国海岛名称与代码》（2008）记为无名岛。因位于马鲛屿南侧，由较多散乱岩石组成，第二次全国海域地名普查时命今名。基岩岛。面积约 200 平方米。无植被。

大屿角岛（Dàyǔjiǎo Dǎo）

北纬 25°15.6′，东经 119°23.9′。位于莆田市秀屿区埭头镇东南部，南日水道西侧，石城大屿北面海域，距大陆最近点 2.86 千米。《全国海岛名称与代码》（2008）记为无名岛。因处大屿附近，靠角落，第二次全国海域地名普查时命今名。基岩岛。岸线长 191 米，面积 2 315 平方米。生长草丛。

眉屿（Méi Yǔ）

北纬 25°15.6′，东经 119°27.2′。位于莆田市秀屿区南日岛西北部海域，距大陆最近点 8.24 千米，属南日群岛。因岛形似眉状，故名。又名泌屿。《中国海域地名志》（1989）、《福建省海域地名志》（1991）及《福建省海岛志》（1994）称眉屿。《全国海岛名称与代码》（2008）称泌屿。基岩岛。岸线长 191 米，面积 2 543 平方米，最高点高程 11.8 米。地表石多土少，生长草丛。

赤山（Chì Shān）

北纬 25°15.6′，东经 119°37.5′。位于莆田市秀屿区南日岛东北部海域，距大陆最近点 9 千米。属南日群岛，隶属于莆田市秀屿区。因岛上土石皆呈赤色，故名。又名赤山岛。《中国海域地名志》（1989）、《福建省海域地名志》（1991）及《福建省海岛志》（1994）称赤山。《全国海岛名称与代码》（2008）记为赤山岛。基岩岛。岸线长 3.17 千米，面积 0.278 4 平方千米，最高点高程 56.2 米。植被以草丛为主。有居民海岛。岛上有一自然村名赤山村，2011 年户籍人口 523 人，常住人口 415 人。有一所小学。主要由柴油发电机供电，有 3 口水井可供水。建有 1 座陆岛交通码头，南部有一个三级渔港。

大屿尾岛（Dàyǔwěi Dǎo）

北纬 25°15.5′，东经 119°24.0′。位于莆田市秀屿区埭头镇石城村东南部海域，距大陆最近点 3.05 千米。因地处大屿东南端部，第二次全国海域地名普查时命今名。基岩岛。面积约 10 平方米。无植被。

小鳌屿（Xiǎo'áo Yǔ）

北纬 25°15.5′，东经 119°33.9′。位于莆田市秀屿区南日岛东北侧海域，距大陆最近点 9.26 千米，属南日群岛。因处大鳌屿以南，且面积较小，故名。又名鳌仔。《中国海洋岛屿简况》（1980）称鳌仔。《中国海域地名志》（1989）、《福建省海域地名志》（1991）、《福建省海岛志》（1994）称小鳌屿。基岩岛。岸线长 1.42 千米，面积 0.083 5 平方千米，最高点高程 46.3 米。地表为红壤土，植被以草丛为主。

三帆屿（Sānfān Yǔ）

北纬 25°15.5′，东经 119°23.5′。位于莆田市秀屿区埭头镇东部，兴化湾南日水道西侧海域，距大陆最近点 2.33 千米。岛上有 3 峰，形似帆，故名。又名三蓬屿。《中国海域地名志》（1989）、《福建省海域地名志》（1991）及《福建省海岛志》（1994）称三帆屿。《全国海岛名称与代码》（2008）记为三蓬屿。此处原系两岛组成，高潮时相隔约 30 米。因此岛位北，且较高大，第二次全国海域地名普查时直接认定为三帆屿。其南侧较小的岛命名为小三帆屿岛。基岩岛。岸线长 232 米，面积 3 143 平方米，最高点高程 24 米。地表石多土少，有少量草丛。

东都屿（Dōngdōu Yǔ）

北纬 25°15.5′，东经 119°39.9′。位于莆田市秀屿区南日岛东北部海域，距大陆最近点 9.93 千米，属南日群岛。因处东月屿以东，故名。《中国海域地名志》（1989）、《福建省海域地名志》（1991）、《福建省海岛志》（1994）及《全国海岛名称与代码》（2008）均称东都屿。基岩岛。岸线长 521 米，面积 14 986 平方米，最高点高程 15 米。地表为红壤土，生长草丛。

小三帆屿岛（Xiǎosānfānyǔ Dǎo）

北纬 25°15.4′，东经 119°23.5′。位于莆田市秀屿区埭头镇东部，兴化湾南日水道西侧海域，距大陆最近点 2.4 千米。《中国海域地名志》（1989）、《福建省海域地名志》（1991）及《全国海岛名称与代码》（2008）称三帆屿。《福建省海岛志》（1994）记为三蓬屿。此处原系两岛组成，高潮时相隔约 30 米，第二次全国海域地名普查时，将北侧较高大的岛直接认定为三帆屿，而此岛较小，故命名为小三帆屿岛。基岩岛。岸线长 249 米，面积 2 017 平方米。生长草丛。

东月屿（Dōngyuè Yǔ）

北纬 25°15.4′，东经 119°39.7′。位于莆田市秀屿区南日群岛最东端海域，距大陆最近点 9.83 千米，属南日群岛。因地处岛群最东端，为进入兴化湾的门户，形如满月，故名。《中国海域地名志》（1989）、《福建省海域地名志》（1991）、《福建省海岛志》（1994）及《全国海岛名称与代码》（2008）均称东月屿。基岩岛。岸线长 1.27 千米，面积 0.088 8 平方千米，最高点高程 34.2 米。地表为红壤土，生长草丛。

石城大屿（Shíchéng Dàyǔ）

北纬 25°15.4′，东经 119°23.9′。位于莆田市秀屿区埭头镇石城村东南部海域，距大陆最近点 2.88 千米。因在周围诸岛中面积最大，故名大屿，因重名，1985 年改称石城大屿。《中国海域地名志》（1989）、《福建省海域地名志》（1991）及《福建省海岛志》（1994）称石城大屿。《全国海岛名称与代码》（2008）记为大屿。基岩岛。岸线长 1.19 千米，面积 0.048 2 平方千米，最高点高程 30.7 米。地表为红壤土，植被以草丛为主。近岸多礁石。岛顶东北部有国家大地控制点。

大屿仔岛（Dàyǔzǎi Dǎo）

北纬 25°15.3′，东经 119°23.9′。位于莆田市秀屿区埭头镇东南部，兴化湾西南，南日水道西侧海域，距东屿仔东北侧约 50 米，距大陆最近点 3.11 千米。因与大屿相对，且面积较小，第二次全国海域地名普查时命今名。基岩岛。岸线长 156 米，面积 1 237 平方米。无植被。

赤山仔（Chì Shānzǎi）

北纬 25°15.3′，东经 119°37.0′。位于莆田市秀屿区南日岛东北部海域，距大陆最近点 9.47 千米，属南日群岛。因该岛与赤山并列，且面积较小，故名。《中国海域地名志》（1989）、《福建省海域地名志》（1991）、《福建省海岛志》（1994）及《全国海岛名称与代码》（2008）均称赤山仔。基岩岛。岸线长 1.27 千米，面积 0.064 4 平方千米，最高点高程 37.2 米。地表为红壤土，生长草丛。

大屿灯岛（Dàyǔdēng Dǎo）

北纬 25°15.3′，东经 119°24.1′。位于莆田市秀屿区埭头镇石城村南部海域，距大陆最近点 3.37 千米。因位于大屿南面，且岛上有灯塔，第二次全国海域地名普查时命今名。基岩岛。面积约 230 平方米。无植被。建有 1 座灯塔。

东屿仔（Dōng Yǔzǎi）

北纬 25°15.3′，东经 119°24.0′。位于莆田市秀屿区埭头镇石城村南部，南日水道以东海域，距大陆最近点 3.16 千米。因位于石城大屿以东，且面积较小，故名。《中国海域地名志》（1989）、《福建省海域地名志》（1991）、《福建省海岛志》（1994）及《全国海岛名称与代码》（2008）均称东屿仔。基岩岛。岸线长 478 米，面积 11 479 平方米，最高点高程 16.2 米。地表岩石裸露，低洼处生长草丛。

隔尾石岛（Géwěishí Dǎo）

北纬 25°15.1′，东经 119°35.1′。位于莆田市秀屿区西罗盘东北部海域，距大陆最近点 9.74 千米，属南日群岛。位于隔尾屿附近，由几块巨石组成，第二次全国海域地名普查时命今名。基岩岛。面积约 260 平方米。无植被。

头金屿 (Tóujīn Yǔ)

北纬 25°15.1′，东经 119°23.5′。位于莆田市秀屿区埭头镇东部，兴化湾南日水道西侧海域，距大陆最近点 2.54 千米。因早潮时，日光映射岛上呈金色闪光，故名。《中国海域地名志》（1989）、《福建省海域地名志》（1991）、《福建省海岛志》（1994）及《全国海岛名称与代码》（2008）均称头金屿。基岩岛。岸线长 279 米，面积 4 841 平方米，最高点高程 16.6 米。地表土层薄，生长草丛。

隔尾屿 (Géwěi Yǔ)

北纬 25°15.1′，东经 119°35.2′。位于莆田市秀屿区南日岛东北部海域，距大陆最近点 9.84 千米，属南日群岛。原为西罗盘岛延伸的尾部，因长期冲蚀而隔开，故名。《中国海域地名志》（1989）、《福建省海域地名志》（1991）及《福建省海岛志》（1994）均称隔尾屿。基岩岛。岸线长 183 米，面积 2 297 平方米。岩石裸露。无植被。

西罗盘岛 (Xīluópán Dǎo)

北纬 25°15.0′，东经 119°34.7′。位于莆田市秀屿区南日岛北部海域，距大陆最近点 9.58 千米，属南日群岛。因岛形似罗盘，且位处东罗盘岛以西，故名。又名西罗盘屿、西罗盘。《中国海域地名志》（1989）、《福建省海域地名志》（1991）称西罗盘岛。《福建省海岛志》（1994）记为西罗盘屿。《全国海岛名称与代码》（2008）记为西罗盘。基岩岛。岸线长 3.62 千米，面积 0.231 3 平方千米，最高点高程 55.7 米。地表为红壤土，植被以草丛为主。基岩海岸，除东侧和西南侧为砂质底外，其余皆泥质底。

赤仔屿 (Chìzǎi Yǔ)

北纬 25°15.0′，东经 119°37.2′。位于莆田市秀屿区赤山东北角海域，距大陆最近点 10.13 千米，属南日群岛。因退潮时岛的西端有礁石延伸，连接赤山仔，故名。《中国海域地名志》（1989）、《福建省海域地名志》（1991）、《福建省海岛志》（1994）及《全国海岛名称与代码》（2008）均称赤仔屿。基岩岛。岸线长 154 米，面积 857 平方米。地表石多土少，无植被。

外屿仔 (Wài Yǔzǎi)

北纬 25°15.0′，东经 119°26.7′。位于莆田市秀屿区南日岛西北部海域，距大陆最近点 7.61 千米，属南日群岛。因处里屿仔西北，相对南日岛较靠外，故名。《中国海域地名志》（1989）、《福建省海域地名志》（1991）、《福建省海岛志》（1994）及《全国海岛名称与代码》（2008）均称外屿仔。基岩岛。岸线长 238 米，面积 3 737 平方米，最高点高程 21.1 米。地表有土层，植被以草丛为主。海岸为基岩岸滩。

西尾硶 (Xīwěi Duō)

北纬 25°15.0′，东经 119°21.6′。位于莆田市秀屿区埭头镇石城村南澳内海域，距大陆最近点 350 米。因地处石城突出部西侧，故名。《中国海域地名图集》（1991）标注为西尾硶。基岩岛。面积约 180 平方米。无植被。

马鞍岛 (Mǎ'ān Dǎo)

北纬 25°15.0′，东经 119°28.5′。位于莆田市秀屿区南日岛山初村东北海域，距大陆最近点 10.55 千米，属南日群岛。因岛形似马鞍，第二次全国海域地名普查时命今名。基岩岛。面积约 60 平方米。无植被。

龙耳硶 (Lóng'ěr Duō)

北纬 25°15.0′，东经 119°34.5′。位于莆田市秀屿区南日镇西罗盘岛西侧海域，距大陆最近点 10.21 千米，属南日群岛。因岛形似龙耳，故名。《中国海域地名图集》（1991）、《福建省海岛志》（1994）及《全国海岛名称与代码》（2008）均记为龙耳硶。基岩岛。面积约 20 平方米。岛上地表为红壤土。无植被。

东乌硶岛 (Dōngwūduō Dǎo)

北纬 25°14.9′，东经 119°22.0′。位于莆田市秀屿区埭头镇石城村东南突出部海域，距大陆最近点 130 米。群集分布 3 个礁石，当地人称附近整个礁盘为东乌硶。因此岛最大，第二次全国海域地名普查时命名为东乌硶岛。基岩岛。面积约 130 平方米。无植被。低潮时与大陆相连。

龙虾礁 (Lóngxiā Jiāo)

北纬 25°14.9′，东经 119°32.8′。位于莆田市秀屿区南日岛北部海域，距大陆最近点 11.05 千米，属南日群岛。因岛形似龙虾，故名。《福建省海域地名志》（1991）、《中国海域地名图集》（1991）均称龙虾礁。基岩岛。面积约 200 平方米。无植被。

鳘眼岛 (Mǐnyǎn Dǎo)

北纬 25°14.9′，东经 119°36.6′。位于莆田市秀屿区南日岛东北部海域，距大陆最近点 10.15 千米，属南日群岛。因处大鳘屿北端，细小，耸立，似眼睛，第二次全国海域地名普查时命今名。基岩岛。面积约 60 平方米。无植被。

东尾哆 (Dōngwěi Duō)

北纬 25°14.9′，东经 119°22.0′。位于莆田市秀屿区埭头镇石城村南部海域，距大陆最近点 190 米。因地处石城村突出部东侧，故名。《中国海域地名图集》（1991）标注为东尾哆。基岩岛。面积约 40 平方米。无植被。低潮时与大陆相连。

鲎仔岛 (Hòuzǎi Dǎo)

北纬 25°14.9′，东经 119°29.5′。位于莆田市秀屿区南日岛北侧海域，距大陆最近点 12.24 千米，属南日群岛。因该岛比北侧鲎屿小，第二次全国海域地名普查时命今名。基岩岛。面积约 200 平方米。无植被。

高灵牌屿 (Gāolíngpái Yǔ)

北纬 25°14.9′，东经 119°34.5′。位于莆田市秀屿区西罗盘岛西侧海域，距大陆最近点 10.3 千米，属南日群岛。因岛岩陡峭孤立海中，如祖先牌位状，以方言谐音成今名。《中国海域地名志》(1989)、《福建省海域地名志》(1991)、《中国海域地名图集》（1991）、《福建省海岛志》（1994）及《全国海岛名称与代码》（2008）均称高灵牌屿。基岩岛。岸线长 394 米，面积 10 792 平方米，最高点高程 30.9 米。地表为红壤土，生长草丛。周围皆沙滩。

绿浔尾屿 (Lǜxúnwěi Yǔ)

北纬 25°14.9′，东经 119°27.4′。位于莆田市秀屿区南日岛西北部海域，南岸有沙脊连南日岛，距大陆最近点 8.77 千米，属南日群岛。因岛上生长绿毛苔著称，且位处赤哆尾部，故名。《福建省海域地名志》（1991）、《福建省海岛志》（1994）均称绿浔尾屿。基岩岛。岸线长 361 米，面积 5 469 平方米，最高点高程 12 米。地表有红壤土，植被茂盛。电力由供电电缆从南日岛引入。东北侧设有禁锚标志。

东尾屿岛 (Dōngwěiyǔ Dǎo)

北纬 25°14.8′，东经 119°29.8′。位于莆田市秀屿区南日岛万峰村北侧海域，距大陆最近点 12.8 千米，属南日群岛。因处东头屿的尾部，第二次全国海域地名普查时命今名。基岩岛。岸线长 185 米，面积 952 平方米。无植被。

罗盘针 (Luópánzhēn)

北纬 25°14.8′，东经 119°34.7′。位于莆田市秀屿区南日岛北面，距大陆最近点 10.39 千米，属南日群岛。因处西罗盘岛附近，且细小，故名。基岩岛。面积约 40 平方米。无植被。

鳘鱼尾岛 (Mǐnyúwěi Dǎo)

北纬 25°14.8′，东经 119°35.9′。位于莆田市秀屿区小鳘屿西侧海域，距大陆最近点 10.26 千米，属南日群岛。因处小鳘屿西侧，形似鳘尾，第二次全国海域地名普查时命今名。基岩岛。岸线长 117 米，面积 1 015 平方米。无植被。

鳘鱼饵岛 (Mǐnyú'ěr Dǎo)

北纬 25°14.8′，东经 119°36.0′。位于莆田市秀屿区南日岛北部海域，距大陆最近点 10.28 千米，属南日群岛。因处小鳘屿东侧，形似鱼饵，第二次全国海域地名普查时命今名。基岩岛。面积约 240 平方米。无植被。

大鳘屿 (Dàmǐn Yǔ)

北纬 25°14.8′，东经 119°36.5′。位于莆田市秀屿区南日岛北部海域，距大陆最近点 10.19 千米，属南日群岛。因岛形似鳘鱼，且大于其西边的小鳘屿，故名。《中国海域地名志》（1989）、《福建省海域地名志》（1991）、《福建省海岛志》（1994）及《全国海岛名称与代码》（2008）均称大鳘屿。基岩岛。岸线长 1.99 千米，面积 0.113 平方千米，最高点高程 21.5 米。地表为红壤土，生长草丛。顶部设有 1 个大地测量控制点。

小鳘屿 (Xiǎomǐn Yǔ)

北纬 25°14.8′，东经 119°36.0′。位于莆田市秀屿区南日岛东北部海域，距大陆最近点 10.26 千米，属南日群岛。因处大鳖屿附近，且面积较小，故名。《中国海域地名志》（1989）、《福建省海域地名志》（1991）、《福建省海岛志》（1994）及《全国海岛名称与代码》（2008）均称小鳖屿。基岩岛。岸线长 554 米，面积 11 319 平方米，最高点高程 11.7 米。地表为红壤土，生长草丛。

东头屿 (Dōngtóu Yǔ)

北纬 25°14.8′，东经 119°29.8′。位于莆田市秀屿区南日岛东北部海域，距大陆最近点 12.72 千米，属南日群岛。因处南日岛万峰村东北尽头处，故名。《中国海域地名志》(1989)、《福建省海域地名志》(1991)、《中国海域地名图集》(1991)及《福建省海岛志》（1994）均称东头屿。基岩岛。岸线长 326 米，面积 2 688 平方米，最高点高程 21.3 米。地表为红壤土，生长草丛。

旦头屿 (Dàntóu Yǔ)

北纬 25°14.8′，东经 119°29.7′。位于莆田市秀屿区南日岛东北部海域，距大陆最近点 12.58 千米，属南日群岛。该岛在南日岛万峰村东北部，原称东头屿。因方言谐音，又称旦头屿。原东头屿由两岛组成，东面的岛认定为东头屿，该岛在西，故称旦头屿。《中国海域地名志》（1989）、《福建省海域地名志》（1991）及《福建省海岛志》（1994）称东头屿。《全国海岛名称与代码》（2008）记为旦头屿。基岩岛。岸线长 497 米，面积 3 853 平方米。地表为红壤土，植被以草丛为主。

鳘鱼嘴岛 (Mǐnyúzuǐ Dǎo)

北纬 25°14.8′，东经 119°36.3′。位于莆田市秀屿区南日岛东侧海域，距大陆最近点 10.39 千米，属南日群岛。因处大鳖屿西侧，形似鱼嘴，第二次全国海域地名普查时命今名。基岩岛。面积约 10 平方米。无植被。

子母龟岛 (Zǐmǔguī Dǎo)

北纬 25°14.7′，东经 119°36.5′。位于莆田市秀屿区南日岛北部海域，距大陆最近点 10.48 千米，属南日群岛。因从岛的东侧看，似一大一小两只乌龟浮在海面，第二次全国海域地名普查时命今名。基岩岛。面积约 150 平方米。无植被。

鼻头尾 (Bítóuwěi)

北纬 25°14.7′，东经 119°35.0′。位于莆田市秀屿区南日岛北部海域，距大陆最近点 10.52 千米，属南日群岛。因处西罗盘岛延伸部尽头，当地居民称为鼻头尾。基岩岛。岸线长 281 米，面积 450 平方米。无植被。

大昂礁 (Dà'áng Jiāo)

北纬 25°14.7′，东经 119°27.1′。位于莆田市秀屿区南日岛西北部海域，距南日岛 350 米，低潮时有沙脊连内仔屿，属南日群岛。当地群众惯称大昂礁。《中国海域地名志》（1989）、《福建省海域地名志》（1991）及《福建省海岛志》（1994）均称大昂礁。基岩岛。岸线长 407 米，面积 3 556 平方米。无植被。

小盘岛 (Xiǎopán Dǎo)

北纬 25°14.7′，东经 119°35.6′。位于莆田市秀屿区南日镇小鳖屿东北部海域，距大陆最近点 10.52 千米，属南日群岛。因处小横沙屿和东罗盘岛之间，且面积较小，第二次全国海域地名普查时命今名。基岩岛。岸线长 169 米，面积 1 477 平方米。植被以草丛为主。

内屿仔 (Nèi Yǔzǎi)

北纬 25°14.7′，东经 119°27.0′。位于莆田市秀屿区南日岛东北部海域，距大陆最近点 8.19 千米，属南日群岛。因处外屿仔的西南侧，相对靠近南日岛，故名。《福建省海域地名志》（1991）、《福建省海岛志》（1994）及《全国海岛名称与代码》（2008）均称内屿仔。基岩岛。岸线长 712 米，面积 31 336 平方米，最高点高程 45.8 米。最高处有两个国家大地控制点。植被以草丛为主。2011 年常住人口 43 人。南侧建有轮渡码头，为人员、货物进出南日岛的主要通道，附近有货物堆场和 1 座冷库加工厂。西北侧有 1 座油库。水、电均由南日岛接入。西南侧有码头 1 座，西侧海堤边为渔船停靠点。东南侧有公路与南日岛相连。

鸡甲屿 (Jījiǎ Yǔ)

北纬 25°14.6′，东经 119°20.8′。位于莆田市秀屿区埭头镇石城村南部海域，距大陆最近点 320 米。因岛形似公鸡，方言称为鸡甲，故名。《中国海域地名志》（1989）、《福建省海域地名志》（1991）、《福建省海岛志》（1994）及《全国海岛名称与代码》（2008）均称鸡甲屿。基岩岛。岸线长 444 米，面积 7 621 平方米，最高点高程 25 米。植被以草丛为主。

东罗盘岛（Dōngluópán Dǎo）

北纬 25°14.5′，东经 119°35.4′。位于莆田市秀屿区南日岛东北部海域，距大陆最近点 10.4 千米，属南日群岛，隶属于莆田市秀屿区。因岛形如罗盘，且位处西罗盘岛以东，故名。又名东罗盘屿、东罗盘。《中国海域地名志》（1989）、《福建省海域地名志》（1991）称东罗盘岛。《福建省海岛志》（1994）记为东罗盘屿。《全国海岛名称与代码》（2008）记为东罗盘。基岩岛。岸线长 3.66 千米，面积 0.368 5 平方千米，最高点高程 36.4 米。生长草丛、灌木。海岸北、南侧为陡岩，西侧有沙滩，东侧为砾石滩。有居民海岛。岛上罗盘村 2011 年户籍人口 844 人，常住人口 619 人。有 1 所小学。供电由海底电缆从南日岛经西罗盘岛引入，供水有水井。南部有 1 座陆岛交通码头。

白礤（Bái Duō）

北纬 25°14.4′，东经 119°30.4′。位于莆田市秀屿区南日岛北部海域，距南日岛约 61 米，距大陆最近点 13.88 千米，属南日群岛。因岩石呈白色，故名。又名白屿、白礁。《中国海域地名志》（1989）、《福建省海域地名志》（1991）称白礤。《福建省海岛志》（1994）记为白屿。《全国海岛名称与代码》（2008）记为白礁。基岩岛。岸线长 199 米，面积 2 287 平方米。无植被。

乌礤（Wū Duō）

北纬 25°14.3′，东经 119°30.6′。位于莆田市秀屿区南日岛北侧海域，距大陆最近点 13.97 千米，属南日群岛。因该岛岩石乌黑，故名。《中国海域地名志》（1989）、《福建省海域地名志》（1991）均称乌礤。基岩岛。面积约 40 平方米。无植被。周边岩石陡峭湿滑。

小横沙屿（Xiǎohéngshā Yǔ）

北纬 25°14.3′，东经 119°35.8′。位于莆田市秀屿区南日岛东北部海域，距大陆最近点 11.2 千米，属南日群岛。因处横沙屿西南部，且面积较小，故名。又名小横沙。《中国海域地名志》（1989）、《福建省海域地名志》（1991）及《福建省海岛志》（1994）称小横沙屿。《全国海岛名称与代码》（2008）称小横沙。基岩岛。岸线长 802 米，面积 19 013 平方米，最高点高程 16.5 米。地表有土层，生长草丛。

乌仔礁 (Wūzǎi Jiāo)

北纬 25°14.2′，东经 119°18.2′。位于莆田市秀屿区埭头镇石城村南部海域，距大陆最近点 180 米。因该岛高潮线以下岩石乌黑，故名。《福建省海域地名志》（1991）记为乌仔礁。基岩岛。面积约 30 平方米。无植被。

天都硋 (Tiāndū Duō)

北纬 25°14.2′，东经 119°19.8′。位于莆田市秀屿区埭头镇翁厝村东南部海域，距大陆最近点 70 米。《中国海域地名图集》（1991）标注为天都硋。基岩岛。岸线长 139 米，面积 189 平方米。土壤稀薄，生长草丛。

横沙屿 (Héngshā Yǔ)

北纬 25°14.2′，东经 119°36.3′。位于莆田市秀屿区南日岛东北部海域，距大陆最近点 11.29 千米，属南日群岛。因岛形似一片沙滩横卧海中，故名。《中国海域地名志》（1989）、《福建省海域地名志》（1991）及《福建省海岛志》（1994）均称横沙屿。基岩岛。岸线长 2.73 千米，面积 0.181 6 平方千米，最高点高程 48 米。地表为红壤土，生长草丛。

横沙尾岛 (Héngshāwěi Dǎo)

北纬 25°14.1′，东经 119°36.5′。位于莆田市秀屿区南日岛东侧海域，距大陆最近点 11.6 千米，属南日群岛。因位于横沙屿东侧尾部，第二次全国海域地名普查时命今名。基岩岛。面积约 90 平方米。无植被。

小炉礁 (Xiǎolú Jiāo)

北纬 25°14.1′，东经 119°39.0′。位于莆田市秀屿区南日岛东北部海域，距大陆最近点 12.06 千米，属南日群岛。因处大炉礁北面，且面积较小，故名。曾名小橹。《福建省海域地名志》（1991）、《福建省海岛志》（1994）均称小炉礁。基岩岛。岸线长 141 米，面积 1 368 平方米。无植被。

东尾墩岛 (Dōngwěidūn Dǎo)

北纬 25°14.1′，东经 119°35.8′。位于莆田市秀屿区横沙屿西侧海域，距大陆最近点 11.57 千米，属南日群岛。《全国海岛名称与代码》(2008) 记为无名岛。第二次全国海域地名普查时命今名。基岩岛。岸线长 132 米，面积 1 234 平方米。地表为红壤土，生长草丛。

伏狮岛 (Fúshī Dǎo)

北纬 25°14.1′，东经 119°39.0′。位于莆田市秀屿区南日岛东侧海域，距大陆最近点 12.08 千米，属南日群岛。因岛形似伏卧的狮子，第二次全国海域地名普查时命今名。基岩岛。面积约 20 平方米。无植被。

东沙边岛 (Dōngshābiān Dǎo)

北纬 25°14.1′，东经 119°38.0′。位于莆田市秀屿区南日岛东侧海域，距大陆最近点 11.97 千米，属南日群岛。因处东沙屿附近，第二次全国海域地名普查时命今名。基岩岛。面积约 130 平方米。无植被。

西横沙脚岛 (Xīhéngshājiǎo Dǎo)

北纬 25°14.1′，东经 119°36.2′。位于莆田市秀屿区横沙屿南侧海域，距大陆最近点 11.69 千米，属南日群岛。因处横沙屿南面，从图上看似横沙屿的一只脚，且在西侧，第二次全国海域地名普查时命今名。基岩岛。面积约 160 平方米。无植被。

大炉屿 (Dàlú Yǔ)

北纬 25°14.0′，东经 119°38.7′。位于莆田市秀屿区南日岛东北部海域，距大陆最近点 12.08 千米，属南日群岛。岛原以形似大橹，讹为今名。又名大炉礁。《中国海域地名志》(1989)、《福建省海域地名志》(1991) 及《福建省海岛志》(1994) 称大炉屿。《全国海岛名称与代码》(2008) 称大炉礁。基岩岛。岸线长 638 米，面积 5 714 平方米，最高点高程 16.2 米。地表岩石裸露。无植被。

尾沙墩岛 (Wěishādūn Dǎo)

北纬 25°14.0′，东经 119°37.9′。位于莆田市秀屿区南日岛东侧海域，距大陆最近点 12.09 千米，属南日群岛。因位于尾沙屿西侧，形似墩，第二次全国海域地名普查时命今名。基岩岛。面积约 10 平方米。无植被。

尾沙屿 (Wěishā Yǔ)

北纬 25°14.0′，东经 119°37.9′。位于莆田市秀屿区南日岛东北部海域，距大陆最近点 12.02 千米，属南日群岛。因位于东沙屿西部末端，故名。《中国海域地名志》（1989）、《福建省海域地名志》（1991）、《福建省海岛志》（1994）及《全国海岛名称与代码》（2008）均称尾沙屿。基岩岛。岸线长 915 米，面积 29 960 平方米，最高点高程 29.1 米。地表石多土少，生长草丛。

东沙屿 (Dōngshā Yǔ)

北纬 25°14.0′，东经 119°38.3′。位于莆田市秀屿区南日岛东北部海域，距大陆最近点 11.91 千米，属南日群岛。因该岛与尾沙屿相邻，位于东部，故名。《中国海域地名志》（1989）、《福建省海域地名志》（1991）、《福建省海岛志》（1994）及《全国海岛名称与代码》（2008）均称东沙屿。基岩岛。岸线长 2.8 千米，面积 0.296 3 平方千米，最高点高程 73 米。地表有红壤土，多沙、石。植被以草丛为主。有淡水井两口，无电力供应。

上乌屿 (Shàngwū Yǔ)

北纬 25°13.9′，东经 119°9.0′。位于莆田市秀屿区东峤镇西南部，平海湾西南忠门围垦内海域，为堤内岛。因岛上部分岩石乌黑，且位处下乌屿内，故名。又名乌屿。《中国海域地名志》（1989）记为乌屿。《福建省海域地名志》（1991）、《全国海岛名称与代码》（2008）称上乌屿。基岩岛。岸线长 270 米，面积 5 355 平方米，最高点高程 16.8 米。植被茂盛，以相思树为主。有土堤与大陆相连。

砖礁 (Zhuān Duō)

北纬 25°13.9′，东经 119°38.0′。位于莆田市秀屿区南日岛东北部海域，距大陆最近点 12.27 千米，属南日群岛。因岛上岩壁直立，形似红砖，当地人称砖礁。基岩岛。面积约 40 平方米。无植被。

莆田红屿 (Pútián Hóngyǔ)

北纬 25°13.9′，东经 119°09.5′。位于莆田市秀屿区东峤镇西南部，东峤盐场盐田中。因岩石呈红色而得名红屿。因省内重名，以其位于莆田市，第二次全国海域地名普查时更为今名。基岩岛。岸线长1.22千米，面积0.086 7平方千米，最高点高程26米。植被茂盛，以相思树、木麻黄为主。东、西两侧有旱地，西北角建有1处盐场管理用房。水、电及通信设施从东峤盐场接入。东北侧有公路，北侧中部有1座寺庙，始建于清乾隆年间。

石门屿 (Shímén Yǔ)

北纬25°13.8′，东经119°04.0′。位于莆田市秀屿区东庄镇东南部，湄洲湾东北侧，西园围垦海堤外海域，距大陆最近点920米。因处西园村附近海域，似西园村的海上门户，故名。又名石门。《中国海域地名志》（1989）、《福建省海岛志》（1994）称石门屿。《福建省海域地名志》（1991）记为石门。基岩岛。岸线长116米，面积733平方米，最高点高程7.7米。地表岩石裸露，生长草丛。四周为滩涂，产螃蟹等。

下乌屿 (Xiàwū Yǔ)

北纬25°13.7′，东经119°08.8′。位于莆田市秀屿区东峤镇下房村忠门垦区内，为堤内岛。因岩石乌黑，且位于海流下游，故名。《福建省海域地名志》（1991）记为下乌屿。基岩岛。岸线长359米，面积8 475平方米，最高点高程11.5米。植被茂盛。水、电由西南侧盐场引入。西南侧、西侧有土质海堤。西北侧有一座妈祖庙。北侧为滩涂，养殖蛏，南侧有养虾池。

牛屎碜 (Niúshǐ Duō)

北纬25°13.3′，东经119°32.8′。位于莆田市秀屿区南日岛东北部海域，距大陆最近点13.9千米，属南日群岛。因岛形似牛屎，故名。《中国海域地名统计》（1992）、《福建省海岛志》（1994）及《全国海岛名称与代码》（2008）均称牛屎碜。基岩岛。面积约20平方米。地表石多土少，无植被。

鸟咀礁 (Niǎozuǐ Jiāo)

北纬25°13.2′，东经119°00.8′。位于莆田市秀屿区东庄镇海域，距大陆最近点530米。因岛上有一岩石形似鸟咀（嘴），故名。《福建省海域地名志》（1991）、《中国海域地名图集》（1991）称鸟咀礁。基岩岛。面积约10平方米。无植被。

红山 (Hóng Shān)

北纬 25°13.2′，东经 119°00.6′。位于莆田市秀屿区东庄镇东部海域，距大陆最近点 170 米。因岛上土壤和礁石呈红色，故名。《中国海域地名志》（1989）、《福建省海域地名志》（1991）、《福建省海岛志》（1994）及《全国海岛名称与代码》（2008）均称红山。基岩岛。岸线长 175 米，面积 2 076 平方米，最高点高程 17.3 米。地表有土层，植被以灌木为主。四周为滩涂，产牡蛎等。低潮时可由陆地步行登岛。

尾角礁 (Wěijiǎo Jiāo)

北纬 25°13.0′，东经 119°30.5′。位于莆田市秀屿区南日岛中部，西高村海边突出部海域，距大陆最近点 14.84 千米，属南日群岛。因处南日岛中部一突出部的尽头角落，故名。《中国海域地名图集》（1991）标注为尾角礁。基岩岛。面积约 260 平方米。无植被。

水螺礁 (Shuǐluó Jiāo)

北纬 25°13.0′，东经 119°39.9′。位于莆田市秀屿区南日岛东部海域，距大陆最近点 14.4 千米，属南日群岛。因岛形似螺壳，故名。《中国海域地名志》（1989）、《福建省海域地名志》（1991）及《中国海域地名图集》（1991）均称水螺礁。基岩岛。面积约 50 平方米。无植被。

尾层硌 (Wěicéng Duō)

北纬 25°13.0′，东经 119°17.6′。位于莆田市秀屿区埭头镇石城村南部海域，距大陆最近点 70 米。因该岛从岩石的断面看，呈层状，且位于大陆的尽头，故名。《福建省海域地名志》（1991）、《中国海域地名图集》（1991）均称尾层硌。基岩岛。面积约 20 平方米。无植被。低潮时与大陆相连。

剑硌 (Jiàn Duō)

北纬 25°12.9′，东经 119°30.6′。位于莆田市秀屿区南日岛北侧中部海域，低潮时与南日岛相连，距大陆最近点 15 千米，属南日群岛。因该岛为南日岛岩盘延伸入海，形如剑穿入海中，故当地人称剑硌。基岩岛。面积约 200 平方米。无植被。

海龙屿 (Hǎilóng Yǔ)

北纬 25°12.9′，东经 119°33.3′。位于莆田市秀屿区南日岛北部海域，退潮后东北侧有沙脊连浮屿，距大陆最近点 14.3 千米，属南日群岛。因岛上石壁陡峭，奇险异常，意为海龙所居之地，故名。《中国海域地名志》（1989）、《福建省海域地名志》（1991）、《福建省海岛志》（1994）及《全国海岛名称与代码》（2008）均称海龙屿。基岩岛。岸线长 441 米，面积 13 183 平方米。地表基岩裸露，生长草丛。

海卒仔岛 (Hǎizúzǎi Dǎo)

北纬 25°12.8′，东经 119°31.7′。位于莆田市秀屿区南日岛东部海域，距大陆最近点 15.37 千米，属南日群岛。因该岛浮于海中，像小棋子，故名。又名海卒仔。《中国海域地名志》（1989）、《福建省海域地名志》（1991）及《福建省海岛志》（1994）称海卒仔岛。《全国海岛名称与代码》（2008）称海卒仔。基岩岛。岸线长 466 米，面积 14 103 平方米，最高点高程 40.1 米。地表土层薄。无植被。南侧有沙脊与南日岛北沙滩相连。

尾山 (Wěi Shān)

北纬 25°12.7′，东经 119°32.7′。位于莆田市秀屿区南日岛东北部海域，属南日群岛。因处南日岛鼓山尾部，故名。《中国海域地名志》（1989）、《福建省海域地名志》（1991）、《福建省海岛志》（1994）及《全国海岛名称与代码》（2008）均称尾山。基岩岛。岸线长 529 米，面积 13 548 平方米，最高点高程 15.4 米。地表有土层，生长草丛。基岩海岸。与南日岛有两条石堤相连，中间为养殖围塘。

大铁角屿 (Dàtiějiǎo Yǔ)

北纬 25°12.7′，东经 119°33.6′。位于莆田市秀屿区南日镇浮叶村北部海域，距大陆最近点 14.64 千米，属南日群岛。其为浮叶村北 3 块礁石中最大者，岩石坚硬如铁，故名。《中国海域地名志》（1989）、《福建省海域地名志》（1991）、《中国海域地名图集》（1991）、《福建省海岛志》（1994）、《全国海岛名称与代码》（2008）均称大铁角屿。基岩岛。岸线长 265 米，面积 1 692 平方米。

地表石多土少，生长草丛、灌木。

打石凿岛 (Dǎshízáo Dǎo)

北纬 25°12.6′，东经 119°32.3′。位于莆田市秀屿区南日岛东北部，距后叶村西侧 200 米海域，属南日群岛。因岩石坚硬如凿，当地人称打石凿岛。基岩岛。面积约 370 平方米。无植被。

户厝山 (Hùcuò Shān)

北纬 25°12.5′，东经 119°17.7′。位于莆田市秀屿区平海镇东北部海域，距大陆最近点 100 米。因岛上建有小庙，保护村庄平安（福建沿海方言称家或屋子为厝），故名。《福建省海岛志》（1994）、《全国海岛名称与代码》（2008）均称户厝山。基岩岛。岸线长 200 米，面积 1 571 平方米。植被茂盛。岛西北端建有 1 座小庙。低潮时与大陆相连。

南日岛 (Nánrì Dǎo)

北纬 25°12.5′，东经 119°29.7′。位于莆田市兴化湾东面海域，距大陆最近点 7.34 千米。福建省第三大岛，南日群岛的主岛。隶属于莆田市秀屿区。古称南匿山，以山隐大海中而名，后以方言谐音成今名。《中国海域地名志》（1989）、《福建省海域地名志》（1991）、《福建省海岛志》（1994）及《全国海岛名称与代码》（2008）均称南日岛。岸线长 70.63 千米，面积 42.196 3 平方千米，最高点高程 116.3 米。基岩岛。花岗岩广布于东、西部，全新统海积层分布于中部平原区，残积层分布于西部丘陵周缘，黏土质粉砂为分布最广的沉积物类型。地貌类型有侵蚀剥蚀丘陵、台地及海积平原、风成沙地，其中海积平原分布面积最大。东、西两端为基岸海岸和岩滩，中部为砂质海岸，淤泥海岸仅见于岛中部的潟湖中（现已围垦）。土壤有赤红壤、风砂土和滨海盐土等，主要作物有甘薯、小麦、花生、蔬菜等。植被茂密，有林面积约 1 000 公顷。

该岛为南日镇人民政府所在海岛。2011 年户籍人口 53 929 人，常住人口 41 411 人。居民以渔业为主。用水来自大陆输送的自来水，供电通过海底电缆从大陆引入，建有风力发电机组。移动通信实现全覆盖，交通、文化教育、卫生保健等设施较齐全。旅游资源丰富，有浮斗观日、尖山远眺、九龙险峻、海会古墓、西寨晚照、龙头山烈女祠等六大自然和历史景观，有南日岛烈士纪念碑等旅游景点。有南日鲍鱼特产，有鲍鱼、石斑鱼、龙虾、鳗鱼、大黄鱼、梭子蟹、红毛藻等100多种名特优水产品。

鼓山仔 (Gǔ Shānzǎi)

北纬25°12.5′，东经119°32.2′。位于莆田市秀屿区南日岛东边海域，低潮时与南日岛相通，距大陆最近点15.56千米，属南日群岛。因岛形如鼓，且比附近南日岛上的鼓山小，故名。《中国海域地名志》（1989）、《福建省海域地名志》（1991）、《福建省海岛志》（1994）及《全国海岛名称与代码》（2008）均称鼓山仔。基岩岛。岸线长694米，面积28 712平方米，最高点高程22.9米。地表为红壤土。建有育苗场、电力测风塔。

中铁角礁 (Zhōngtiějiǎo Duō)

北纬25°12.5′，东经119°33.4′。位于莆田市秀屿区南日岛浮叶码头北侧海域，距南日岛250米，距大陆最近点15.58千米，属南日群岛。因岩石坚硬如铁，且位于3块礁石中间，为第二大，当地人称中铁角礁。《中国海域地名图集》（1991）标注为小铁角礁。基岩岛。岸线长128米，面积630平方米。无植被。

狗蛋岛 (Gǒudàn Dǎo)

北纬25°12.5′，东经119°34.1′。位于莆田市秀屿区南日岛东岱村东侧海域，距大陆最近点14.83千米，属南日群岛。因岛呈圆形，岩石表面光滑，且突立于海上，当地人称狗睾丸，第二次全国海域地名普查时雅化为狗蛋岛。基岩岛。面积约160平方米。无植被。

南日中礁 (Nánrì Zhōngduō)

北纬25°12.4′，东经119°32.9′。位于莆田市秀屿区南日岛北部海域，距大陆最近点15.4千米，属南日群岛。因处小澳中得名中礁。因区内重名，以其属南日群岛，第二次全国海域地名普查时更为今名。基岩岛。面积约100平方米。无植被。

草鞋墩礁 (Cǎoxiédūn Duō)

北纬25°12.4′，东经119°34.0′。位于莆田市秀屿区南日岛东岱村东侧海域，距大陆最近点 14.97 千米，属南日群岛。因岛形似草鞋，故名。《福建省海域地名志》（1991）、《中国海域地名图集》（1991）均称草鞋墩礤。基岩岛。面积约 300 平方米。无植被。

舢板头岛 (Shānbǎntóu Dǎo)

北纬 25°12.4′，东经 119°34.2′。位于莆田市秀屿区南日岛东侧海域，距大陆最近点 14.95 千米，属南日群岛。因岩石平整，较小，形似小舢板，当地人称舢板头岛。基岩岛。面积约 60 平方米。无植被。

大排礁 (Dàpái Jiāo)

北纬 25°12.3′，东经 119°26.3′。位于莆田市秀屿区南日岛西南侧海域，距南日岛 450 米，距大陆最近点 8.84 千米，属南日群岛。因岛形似竹排，故名。《福建省海域地名志》（1991）、《全国海岛名称与代码》（2008）均称大排礁。基岩岛。面积约 50 平方米。无植被。

门仔礤 (Ménzǎi Duō)

北纬 25°12.3′，东经 119°34.2′。位于莆田市秀屿区南日岛东侧海域，距大陆最近点 15.19 千米，属南日群岛。因岛两石对峙，中有小缝形似门，故名。《福建省海域地名志》（1991）、《中国海域地名图集》（1991）均称门仔礤。基岩岛。面积约 300 平方米。无植被。

尾连礁 (Wěilián Jiāo)

北纬 25°11.8′，东经 119°28.4′。位于莆田市秀屿区南日岛中部，云下村南部海域，距南日岛 200 米，距大陆最近点 12.26 千米，属南日群岛。因该岛与云下村尾部相连，当地人称尾连礁。基岩岛。面积约 200 平方米。无植被。低潮时与南日岛相连。

上屿仔 (Shàng Yǔzǎi)

北纬 25°11.8′，东经 119°32.7′。位于莆田市秀屿区南日岛东部海域，距大陆最近点 16.55 千米，属南日群岛。因处浮叶村东侧 3 个岛的最北面，当地人称上屿仔。基岩岛。岸线长 114 米，面积 940 平方米。无植被。

麦粒岛 (Màilì Dǎo)

北纬 25°11.6′，东经 119°35.3′。位于莆田市秀屿区南日岛东侧，大麦屿西侧海域，距大陆最近点 16.14 千米，属南日群岛。因处大麦屿附近，面积较小，第二次全国海域地名普查时命今名。基岩岛。面积约 10 平方米。无植被。

大麦屿 (Dàmài Yǔ)

北纬 25°11.6′，东经 119°35.5′。位于莆田市秀屿区南日岛浮叶村东部海域，距大陆最近点15.79千米，属南日群岛。因岛形似大鸟展翅飞行，当地居民称大鸥，以方言谐音为大麦屿。《中国海域地名志》（1989）、《福建省海域地名志》（1991）、《福建省海岛志》（1994）及《全国海岛名称与代码》（2008）均称大麦屿。基岩岛。岸线长 4.32 千米，面积 0.393 6 平方千米，最高点高程 20 米。地表为红壤土，生长草丛。基岩海岸，东边为磊石岸，北、西侧皆陡岸，周边多暗礁。

大钟屿 (Dàzhōng Yǔ)

北纬 25°11.6′，东经 119°33.4′。位于莆田市秀屿区南日岛东部海域，距大陆最近点 16.58 千米，属南日群岛。岛形如大钟倒覆于海上，故名。因方言谐音又名大砖。《中国海域地名志》（1989）、《福建省海域地名志》（1991）及《福建省海岛志》（1994）称大钟屿。《全国海岛名称与代码》（2008）称大砖。基岩岛。岸线长 810 米，面积 27 438 平方米，最高点高程 29 米。地形陡峭。地表基岩裸露，生长草丛。

盐水团 (Yánshuǐtuán)

北纬 25°11.5′，东经 119°32.5′。位于莆田市秀屿区南日岛东部海域，低潮时与南日岛相通，距大陆最近点 17.29 千米，属南日群岛。《全国海岛名称与代码》（2008）记为无名岛。因岩石低洼处所积海水，被太阳晒后特别咸，当地人称盐水团。基岩岛。岸线长 108 米，面积 651 平方米。无植被。

燕山岛 (Yànshān Dǎo)

北纬 25°11.4′，东经 119°32.8′。位于莆田市秀屿区南日岛东南部海域，低潮时与南日岛相通，距大陆最近点 16.94 千米，属南日群岛。因岛形似飞燕，故名。又名燕屿。《中国海域地名志》（1989）、《福建省海域地名志》（1991）称燕山岛。《福建省海岛志》（1994）、《全国海岛名称与代码》（2008）称燕屿。基岩岛。岸线长 2.46 千米，面积 0.204 7 平方千米，最高点高程 72.9 米。地表为红壤土，生长草丛、灌木。

小钟屿 (Xiǎozhōng Yǔ)

北纬 25°11.2′，东经 119°33.5′。位于莆田市秀屿区南日岛东南部海域，距大陆最近点 17.31 千米，属南日群岛。因岛形如钟，且比附近大钟屿小，故名。《中国海域地名志》（1989）、《福建省海域地名志》（1991）及《福建省海岛志》（1994）均称小钟屿。基岩岛。岸线长 418 米，面积 6 856 平方米，最高点高程 19.9 米。地表为红壤土，生长草丛。

上林碜 (Shànglín Duō)

北纬 25°11.1′，东经 119°10.3′。位于莆田市秀屿区东峤镇西南部，平海湾东侧海域，紧邻上林村，距大陆最近点 190 米。因该岛靠近上林村，周围礁石最大，曾名大礁，1985 年更名为上林碜。《中国海域地名图集》（1991）标注为上林碜。基岩岛。面积约 260 平方米。无植被。

蛋仔岛 (Dànzǎi Dǎo)

北纬 25°10.9′，东经 119°32.6′。位于莆田市秀屿区南日岛海域，距大陆最近点 18.19 千米，属南日群岛。因岛形似鸡蛋，第二次全国海域地名普查时命今名。基岩岛。面积约 100 平方米。无植被。

虎石 (Hǔ Shí)

北纬 25°10.9′，东经 119°10.6′。位于莆田市秀屿区东峤镇西南部，平海湾东侧海域，紧邻上林村，距大陆最近点 80 米。因岛上原有一岩石形似虎头，当地人称虎石。基岩岛。面积约 20 平方米。无植被，海岸岩石湿滑。

沪角礁 (Hùjiǎo Jiāo)

北纬 25°10.8′，东经 119°06.7′。位于莆田市秀屿区忠门镇东部，忠门围垦海堤外，平海湾西侧海域，距大陆最近点 150 米。因处大陆突出部外侧，故名。《福建省海域地名志》（1991）、《中国海域地名图集》（1991）均称沪角礁。基岩岛。岸线长 304 米，面积 3 684 平方米。植被以草丛为主。

大牛碜 (Dàniú Duō)

北纬 25°10.8′，东经 119°18.6′。位于莆田市秀屿区平海镇平海村南部海域，距大陆最近点 1.52 千米。高潮时，出露礁石形似大牛，故名。《中国海域地名志》（1989）、《福建省海域地名志》（1991）及《中国海域地名图集》（1991）均称大牛碜。基岩岛。面积约 5 平方米。无植被。

白米礁岛 (Báimǐjiāo Dǎo)

北纬 25°10.8′，东经 119°06.6′。位于莆田市秀屿区忠门围垦海堤外海域，距大陆最近点 120 米。因岩石裸露，形似米粒，第二次全国海域地名普查时命今名。基岩岛。面积约 60 平方米。无植被。

西大牛碜岛 (Xīdàniúduō Dǎo)

北纬 25°10.8′，东经 119°18.6′。位于莆田市秀屿区平海镇平海村南部海域，距大陆最近点 1.58 千米。因高潮时，岛出露岩石形似大牛，且处西，故名。又名大牛碜。《中国海域地名志》（1989）、《福建省海域地名志》（1991）及《中国海域地名图集》（1991）均称大牛碜。因省内重名，第二次全国海域地名普查时更为今名。基岩岛。面积约 10 平方米。无植被，周围多礁石。

塔林青屿 (Tǎlín Qīngyǔ)

北纬 25°10.7′，东经 119°02.1′。位于莆田市秀屿区忠门镇西南部，塔林村西侧海域，距大陆最近点 200 米。因岛上草木青翠，故名青屿。因重名，且位于塔林村西侧，故 1985 年海岛普查时加村名，改称塔林青屿。《中国海域地名志》（1989）、《福建省海域地名志》（1991）称塔林青屿，《福建省海岛志》（1994）、《全国海岛名称与代码》（2008）称青屿。基岩岛，退潮时露沙脊连大陆。岸线长 839 米，面积 26 640 平方米，最高点高程 36.7 米。地表土层厚，植被茂盛，以木麻黄林、相思树林为主。

小蛇尾岛 (Xiǎoshéwěi Dǎo)

北纬 25°10.4′，东经 119°32.9′。位于莆田市秀屿区南日岛东南部海域，距大陆最近点 18.96 千米，属南日群岛。《全国海岛名称与代码》（2008）记为无名岛。因从东望，岛形似小蛇尾浮于海面，第二次全国海域地名普查时命今名。

基岩岛。岸线长 91 米，面积 500 平方米。无植被。

妈祖礤 (Māzǔ Duō)

北纬 25°10.3′，东经 119°03.5′。位于莆田市秀屿区湄洲湾东北侧海域，为堤连岛，距西园围垦海堤约 10 米，距大陆最近点 320 米。因处渡口村海上，取保佑海上安全意，故名。《福建省海域地名志》（1991）记为妈祖礤。基岩岛。面积约 300 平方米。无植被。

司王礤 (Sīwáng Duō)

北纬 25°10.2′，东经 119°03.4′。位于莆田市秀屿区东埔镇渡口村西部海域，有石堤与渡口围垦海堤相连，距大陆最近点 340 米。因取吉祥意（司王当地意为出仕和成王），故名。《福建省海域地名志》（1991）记为司王礤。基岩岛。岸线长 133 米，面积 1 002 平方米。无植被。

外尾岛 (Wàiwěi Dǎo)

北纬 25°10.2′，东经 119°33.0′。位于莆田市秀屿区南日岛汕尾村东部海域，距大陆最近点 19.28 千米，属南日群岛。汕尾村东侧有两个海岛，该岛距汕尾村远，距陆远者为外，第二次全国海域地名普查时命今名。基岩岛。岸线长 105 米，面积 669 平方米。无植被。

里尾岛 (Lǐwěi Dǎo)

北纬 25°10.2′，东经 119°32.9′。位于莆田市秀屿区南日岛东南部海域，距大陆最近点 19.31 千米，属南日群岛。汕尾村东侧有两个海岛，该岛距汕尾村近，距陆近者为里，第二次全国海域地名普查时命今名。基岩岛。岸线长 97 米，面积 688 平方米。无植被。

里表屿 (Lǐbiǎo Yǔ)

北纬 25°10.2′，东经 119°33.1′。位于莆田市秀屿区南日岛东部海域，退潮时东侧岩盘与外表屿相连，距大陆最近点 19.22 千米，属南日群岛。因处表尾村以东，相对于外表屿更靠近南日岛，故名。又名里表。《中国海域地名志》（1989）、《福建省海域地名志》（1991）及《福建省海岛志》（1994）称里表屿。《全国海岛名称与代码》（2008）记为里表。基岩岛。岸线长 751 米，面积 22 008

平方米，最高点高程 17.4 米。地表有土层，生长草丛。

外表屿 (Wàibiǎo Yǔ)

北纬 25°10.2′，东经 119°33.3′。位于莆田市秀屿区南日岛东南部海域，退潮时底盘与里表屿相连，距大陆最近点 19.19 千米，属南日群岛。因处表尾村以东，相对于里表屿距离南日岛较远，故名。又名外表。《中国海域地名志》(1989)、《福建省海域地名志》（1991）及《福建省海岛志》（1994）称外表屿。《全国海岛名称与代码》（2008）记为外表。基岩岛。岸线长 312 米，面积 4 303 平方米，最高点高程 19.2 米。地表石多土少，无植被。

尾房礤 (Wěifáng Duō)

北纬 25°10.1′，东经 119°01.8′。位于莆田市秀屿区东埔镇海域，距大陆最近点 30 米。因处塔林村角落，房屋尽头，故名。《中国海域地名图集》（1991）标注为尾房礤。基岩岛。面积约 20 平方米。无植被。低潮时与大陆相连。

山尾岛 (Shānwěi Dǎo)

北纬 25°10.1′，东经 119°33.0′。位于莆田市秀屿区南日岛海域，距大陆最近点 19.6 千米，属南日群岛。因位于南日岛东南侧山的尾部，第二次全国海域地名普查时命今名。基岩岛。面积约 200 平方米。无植被，岩石陡峭。

鸡脚屿 (Jījiǎo Yǔ)

北纬 25°10.0′，东经 119°31.2′。位于莆田市秀屿区南日岛港南村西南部海域，距港南村 30 米，低潮时与南日岛相连，距大陆最近点 18.12 千米，属南日群岛。因岛上多块礁石断续分布，形似鸡脚，当地人称鸡脚屿。基岩岛。岸线长 237 米，面积 400 平方米。生长草丛。

大白礤 (Dàbái Duō)

北纬 25°09.9′，东经 119°00.9′。位于莆田市秀屿区东埔镇塔林村西部，湄洲湾航道东侧，距大陆最近点 970 米。因岩石及沙滩呈白色，故名。《中国海域地名志》（1989）、《福建省海域地名志》（1991）、《福建省海岛志》（1994）及《全国海岛名称与代码》（2008）均称大白礤。基岩岛。岸线长 460 米，面积 13 194 平方米。地表有土层，无植被。

中白礤（Zhōngbái Duō）

北纬 25°09.9′，东经 119°01.0′。位于莆田市秀屿区东埔镇罗屿南部海域，距大陆最近点820米。因处3块较大礁石的中间，大白礤的东侧，当地人称中白礤。基岩岛。面积约100平方米。无植被。

东埔东尾礤（Dōngpǔ Dōngwěi Duō）

北纬 25°09.9′，东经 119°01.1′。位于莆田市秀屿区东埔镇海域，距大陆最近点700米。因处3块礁石的最东端而得名东尾礤。因区内重名，以其位处东埔镇，第二次全国海域地名普查时更为今名。基岩岛。面积约10平方米。无植被。

黄牛屿礁（Huángniúyǔ Jiāo）

北纬 25°09.8′，东经 119°08.8′。位于莆田市秀屿区山亭乡东部，平海湾西侧海域，距大陆最近点790米。因岩石呈黄色，且形似黄牛，故名。《中国海域地名图集》（1991）、《福建省海岛志》（1994）及《全国海岛名称与代码》（2008）均称黄牛屿礁。基岩岛。面积约40平方米。地表岩石裸露，无植被。

羊屿仔（Yáng Yǔzǎi）

北纬 25°09.7′，东经 119°31.3′。位于莆田市秀屿区南日岛东南部海域，低潮时与南日岛相连，距大陆最近点18.32千米，属南日群岛。因处羊屿附近，较小，故名。《中国海域地名志》（1989）、《福建省海域地名志》（1991）及《中国海域地名图集》（1991）均称羊屿仔。基岩岛。岸线长688米，面积11 556平方米，最高点高程22米。生长草丛。

山礤仔（Shān Duōzǎi）

北纬 25°09.7′，东经 119°31.7′。位于莆田市秀屿区南日岛东南部海域，距大陆最近点19.06千米，属南日群岛。因处南日岛东南部的山前，故名。《福建省海域地名志》（1991）、《中国海域地名图集》（1991）均称山礤仔。基岩岛。面积约200平方米。无植被。

箭屿（Jiàn Yǔ）

北纬 25°09.7′，东经 119°16.5′。位于莆田市秀屿区平海镇东南部，平海湾内海域，距大陆最近点1.02千米。因岛的顶部形似箭镞，故名。曾名令箭、正屿。《中国海域地名志》(1989)、《福建省海域地名志》(1991)及《福建省海岛志》(1994)均称箭屿。基岩岛。岸线长 386 米，面积 9 114 平方米，最高点高程 40.3 米。地表基岩裸露，植被以草丛为主。岛上建有度假村。顶部建有 1 座灯塔。

羊仔连岛 (Yángzǎilián Dǎo)

北纬 25°09.7′，东经 119°31.2′。位于莆田市秀屿区南日岛东南部海域，距大陆最近点 18.41 千米，属南日群岛。因该岛低潮时与羊屿仔相连，第二次全国海域地名普查时命今名。基岩岛。岸线长 75 米，面积 446 平方米。无植被。

石榴屿 (Shíliu Yǔ)

北纬 25°09.5′，东经 119°09.0′。位于莆田市秀屿区山亭镇东部，平海湾西侧海域，距大陆最近点 520 米。因岛形似石榴，故名。《中国海域地名志》(1989)、《福建省海域地名志》(1991)、《福建省海岛志》(1994)及《全国海岛名称与代码》(2008)均称石榴屿。基岩岛。岸线长 739 米，面积 15 919 平方米，最高点高程 25.7 米。地表有土层，植被茂盛。

鸭屿山 (Yāyǔ Shān)

北纬 25°09.5′，东经 119°08.4′。位于莆田市秀屿区山亭镇海域，距大陆最近点 290 米。因岛形似鸭子，故名。《中国海域地名志》(1989)、《福建省海域地名志》(1991)、《中国海域地名图集》(1991)、《福建省海岛志》(1994)及《全国海岛名称与代码》(2008)均称鸭屿山。基岩岛。岸线长 1.39 千米，面积 0.030 6 平方千米，最高点高程 25 米。植被以草丛为主。东南侧、西侧皆滩涂。

石榴籽岛 (Shíliuzǐ Dǎo)

北纬 25°09.5′，东经 119°09.1′。位于莆田市秀屿区山亭镇蒋山村东部海域，距大陆最近点 500 米。因处石榴屿附近，呈圆形，较小，第二次全国海域地名普查时命今名。基岩岛。面积约 20 平方米。无植被。

龙头礁 (Lóngtóu Jiāo)

北纬 25°09.3′，东经 119°01.3′。位于莆田市秀屿区东埔镇塔林村西部海域，距大陆最近点 700 米。因岛形似龙头，故名。《中国海域地名图集》(1991)标注为龙头礁。基岩岛。面积约 5 平方米。无植被。

北碇屿 (Běidìng Yǔ)

北纬 25°08.3′，东经 119°23.5′。位于莆田市秀屿区平海镇东南部，平海湾外海域，距大陆最近点 10.75 千米。因处南碇屿北侧，故名。《中国海域地名志》（1989）、《福建省海域地名志》（1991）、《中国海域地名图集》（1991）、《福建省海岛志》（1994）及《全国海岛名称与代码》（2008）均称北碇屿。基岩岛。岸线长 200 米，面积 2 207 平方米，最高点高程 16.4 米。地表基岩裸露，无植被。顶部建有 1 座方形灯塔，为附近海域重要航标。

海鲤尾 (Hǎilǐwěi)

北纬 25°07.6′，东经 119°02.1′。位于莆田市秀屿区东埔镇南部，湄洲湾东侧海域，紧邻东吴镇南城村，距大陆最近点 80 米。因岛呈狭长形，形似鱼尾，故当地人称海鲤尾。又名大鲮鲤�。《中国海域地名图集》（1991）标注为大鲮鲤硛。基岩岛。岸线长 151 米，面积 1 460 平方米。生长草丛。东南侧建有 1 座灯塔。

小屿小岛 (Xiǎoyǔ Xiǎodǎo)

北纬 25°07.4′，东经 119°09.3′。位于莆田市秀屿区山亭镇文甲小屿西端南侧海域，距大陆最近点 290 米。因该岛为小屿边上小岛，第二次全国海域地名普查时命今名。基岩岛。面积约 3 平方米。无植被。

鸬鹚岛 (Lúcí Dǎo)

北纬 25°07.3′，东经 119°21.9′。位于莆田市秀屿区平海镇东南部，平海湾口外海域，距大陆最近点 9.51 千米。因岛形似鸬鹚，故名。又名鹭鹚岛、鹭鹚屿。《中国海域地名志》（1989）、《莆田县志》（1994）称鹭鹚岛。《福建省海域地名志》（1991）、《全国海岛名称与代码》（2008）称鸬鹚岛。基岩岛。岸线长 6.51 千米，面积 0.409 4 平方千米，最高点高程 35.4 米。土质松散。东侧、南侧有砾石滩。电力由自备发电机供应，用水由水井提供。北侧有 1 座码头，西侧有 1 座防波堤。岛上有废弃度假村。

大白硛岛 (Dàbáiduō Dǎo)

北纬 25°07.3′，东经 119°09.2′。位于莆田市秀屿区文甲村南部海域，距大陆最近点430米。因岛上礁石呈白色，当地人称大白碜岛。基岩岛。面积约70平方米。无植被。

碇尾岛 (Dìngwěi Dǎo)

北纬25°07.2′，东经119°21.6′。位于莆田市秀屿区平海镇大、小南碇屿连接处海域，距大陆最近点9.94千米，属南日群岛。因处大、小南碇屿的连接处，东侧尾部，第二次全国海域地名普查时命今名。基岩岛。面积约30平方米。无植被。

小白碜 (Xiǎobái Duō)

北纬25°07.2′，东经119°09.2′。位于莆田市秀屿区山亭镇南部海域，距大陆最近点550米。因该岛相对于里白屿、外白屿，较小，故当地人称小白碜。面积约10平方米。基岩岛，由花岗岩构成，呈圆形。基岩海岸。无植被。

小南碇屿岛 (Xiǎonándìngyǔ Dǎo)

北纬25°07.2′，东经119°21.6′。位于莆田市秀屿区平海镇东南部平海湾中，鸬鹚岛南面海域，距大陆最近点9.83千米。位于鸬鹚岛南侧，形如船碇，较小，故名。《中国海域地名志》（1989）、《福建省海域地名志》（1991）、《中国海域地名图集》（1991）、《福建省海岛志》（1994）及《全国海岛名称与代码》（2008）均称南碇屿。原南碇屿由两岛组成，第二次全国海域地名普查时将其中较大者直接认定为南碇屿，此岛较小，命名为小南碇屿岛。基岩岛。岸线长463米，面积10 446平方米。地表有土层，生长草丛。

南碇屿 (Nándìng Yǔ)

北纬25°07.1′，东经119°21.7′。位于莆田市秀屿区平海镇东南部平海湾中，鸬鹚岛南面海域，距大陆最近点10千米。位于鸬鹚岛南侧，形如船碇，故名。《中国海域地名志》（1989）、《福建省海域地名志》（1991）、《福建省海岛志》（1994）及《全国海岛名称与代码》（2008）均称南碇屿。原南碇屿由两岛组成，该岛面积较大，第二次全国海域地名普查时直接认定为南碇屿。基岩岛。岸线长603米，面积13 650平方米，最高点高程21.3米。地表有土层，生长草丛。

屿仔尾礁 (Yǔzǎiwěi Duō)

北纬 25°07.1′，东经 119°22.1′。位于莆田市秀屿区平海镇鸬鹚岛东南部海域，与鸬鹚岛有低潮高地相连。因处鸬鹚岛东南端，故名。又名屿仔尾岛。《福建省海域地名志》（1991）、《福建省海岛志》（1994）称屿仔尾礁。《全国海岛名称与代码》（2008）记为屿仔尾岛。基岩岛。岸线长 327 米，面积 3 769 平方米。地表岩石裸露，局部有土层，无植被。

文甲大屿 (Wénjiǎ Dàyǔ)

北纬 25°07.1′，东经 119°09.1′。位于莆田市秀屿区山亭镇文甲村南部海域，退潮时岩盘与小屿相连，距大陆最近点 490 米。为文甲海域中最大的岛屿，故名大屿。因与埭头大屿同名，故 1985 年加村名，为文甲大屿。《中国海域地名志》（1989）、《福建省海域地名志》（1991）及《福建省海岛志》（1994）称文甲大屿。《全国海岛名称与代码》（2008）记为大屿。基岩岛。岸线长 1.86 千米，面积 0.163 3 平方千米，最高点高程 42.3 米。地表为红壤土，植被茂盛。北侧经填海造地，建有 3 座别墅，岸坡有石砌护岸。岛上供电由自备发电机供应，用水由水井提供。岛西北端有 1 座斜坡码头，长 40 米，宽 6 米。西侧、南侧有环岛公路。

门峡屿 (Ménxiá Yǔ)

北纬 25°06.8′，东经 119°03.3′。位于莆田市秀屿区东埔镇东吴村南部海域，距大陆最近点 140 米。因与盘屿隔海对峙，如门状，当地人称门峡屿。又名门峡仔。《中国海域地名志》（1989）、《福建省海域地名志》（1991）、《福建省海岛志》（1994）及《全国海岛名称与代码》（2008）称门峡仔。基岩岛。岸线长 314 米，面积 6 996 平方米，最高点高程 17.8 米。地表土层薄，生长草丛。南端有 1 座灯塔。

铁钉屿 (Tiědīng Yǔ)

北纬 25°06.5′，东经 119°05.8′。位于莆田市秀屿区东埔镇东南部，山亭镇西南部，湄洲湾东部海域，距大陆最近点 440 米。因岩石石质硬度如铁钉，故名。又名铁丁仔屿。《中国海域地名志》（1989）、《福建省海域地名志》（1991）

称铁钉屿。《中国海域地名图集》（1991）、《福建省海岛志》（1994）和《全国海岛名称与代码》（2008）称铁丁仔屿。基岩岛。岸线长 142 米，面积 790 平方米，最高点高程 8.6 米。地表有土层，无植被。基岩海岸，北侧为滩涂。

西硿 (Xī Duō)

北纬 25°06.3′，东经 119°06.6′。位于莆田市秀屿区湄洲岛西部海域，距大陆最近点 870 米。因处湄洲湾西侧，故名。《中国海域地名图集》（1991）标注为西硿。基岩岛。岸线长 99 米，面积 468 平方米。无植被。

妈祖印石 (Māzǔyìn Shí)

北纬 25°06.3′，东经 119°06.5′。位于莆田市秀屿区湄洲岛西北部海域，距大陆最近点 980 米。岛上高处有一巨石，呈方形，似印石，又当地渔民多信奉妈祖，故名。基岩岛。面积约 30 平方米。无植被。

虎狮屿 (Hǔshī Yǔ)

北纬 25°06.2′，东经 119°09.7′。位于莆田市秀屿区湄洲岛东北部，湄洲湾北口海域，距大陆最近点 2.63 千米，属虎狮列岛。因岛从东望如狮，从西望如虎，故名。《中国海域地名志》（1989）、《福建省海域地名志》（1991）及《中国海域地名图集》（1991）均称虎狮屿。基岩岛。岸线长 143 米，面积 898 平方米，最高点高程 18.8 米。无植被。

盘屿 (Pán Yǔ)

北纬 25°06.1′，东经 119°02.8′。位于莆田市秀屿区东埔镇南部，湄洲湾东侧海域，距大陆最近点 1.18 千米。隶属于莆田市秀屿区。因岛平坦如盘状，故名。《中国海域地名志》（1989）、《福建省海域地名志》（1991）及《福建省海岛志》（1994）均称盘屿。基岩岛。岸线长 4.31 千米，面积 0.331 平方千米，最高点高程 28.1 米。植被茂盛，乔木以木麻黄、相思树及桉树为主。海岸为基岩海岸。有居民海岛。2011 年户籍人口 73 人，常住人口 103 人。自备风力发电机供电，由水井供水。东北端突出岩石上有一个灯桩，西南角有一个测控点，东侧有一座寺庙，名“普陀岩庙”。

虎狮球岛 (Hǔshīqiú Dǎo)

北纬 25°06.1′，东经 119°09.7′。位于莆田市秀屿区湄洲岛东北部海域，距大陆最近点 2.45 千米，属虎狮列岛。因处虎狮屿附近，呈圆形，第二次全国海域地名普查时命今名。基岩岛。面积约 30 平方米。无植被。

赤屿山 (Chìyǔ Shān)

北纬 25°06.0′，东经 119°09.7′。位于莆田市秀屿区湄洲岛东部，湄洲湾北口海域，距大陆最近点 2.81 千米，属虎狮列岛。因岛表层土石皆赤，曾名赤屿。因重名，1985 年改称赤屿山。《中国海域地名志》（1989）、《福建省海域地名志》（1991）、《中国海域地名图集》（1991）、《福建省海岛志》（1994）及《全国海岛名称与代码》（2008）均称赤屿山。基岩岛。岸线长 478 米，面积 8 850 平方米，最高点高程 24.9 米。地表为红壤土，生长草丛。基岩海岸。顶部有灯塔。

四瓣岛 (Sìbàn Dǎo)

北纬 25°05.9′，东经 119°09.6′。位于莆田市秀屿区湄洲岛东北部海域，距大陆最近点 2.99 千米，属虎狮列岛。因该岛由 4 块礁石组成，第二次全国海域地名普查时命今名。基岩岛。岸线长 59 米，面积 95 平方米。无植被。

外白屿 (Wàibái Yǔ)

北纬 25°05.8′，东经 119°09.5′。位于莆田市秀屿区湄洲岛东部，湄洲湾北口海域，距大陆最近点 3.18 千米，属虎狮列岛。因退潮时与里白屿相连，此岛离湄洲岛较远，以远为外，故名。《中国海域地名志》（1989）、《福建省海域地名志》（1991）、《福建省海岛志》（1994）及《全国海岛名称与代码》（2008）均称外白屿。基岩岛。岸线长 322 米，面积 4 426 平方米，最高点高程 19.6 米。地表岩石裸露，生长草丛。

小驼峰岛 (Xiǎotuófēng Dǎo)

北纬 25°05.8′，东经 119°09.4′。位于莆田市秀屿区湄洲岛北端东侧海域，距大陆最近点 3.21 千米，属虎狮列岛。因岛形似骆驼的驼峰，第二次全国海域地名普查时命今名。基岩岛。面积约 90 平方米。无植被。

里白屿 (Lǐbái Yǔ)

北纬 25°05.8′，东经 119°09.3′。位于莆田市秀屿区湄洲岛东北部海域，距大陆最近点 3.18 千米，属虎狮列岛。地处外白屿西面，靠近湄洲岛，潮退相连，故名。《福建海域地名志》（1985）、《中国海域地名志》（1989）及《福建省海岛志》（1994）均称里白屿。基岩岛，岸线长 160 米，面积 1 418 平方米，最高点高程 16.5 米。地表岩石裸露，无植被。

牛蛙岛 (Niúwā Dǎo)

北纬 25°05.7′，东经 119°09.4′。位于莆田市秀屿区湄洲岛北端东侧海域，距大陆最近点 3.31 千米，属虎狮列岛。因岛形似牛蛙，第二次全国海域地名普查时命今名。基岩岛。岸线长 40 米，面积 127 平方米。无植被。

小碇屿 (Xiǎodìng Yǔ)

北纬 25°05.4′，东经 119°10.3′。位于莆田市秀屿区湄洲岛东北部海域，距大陆最近点 4.25 千米，属虎狮列岛。因岛形似船碇，比东南部的大碇屿小，故名。又名小殿。《中国海域地名志》（1989）、《福建省海域地名志》（1991）、《福建省海岛志》（1994）称小碇屿。《全国海岛名称与代码》（2008）记为小殿。基岩岛。岸线长 313 米，面积 5 162 平方米，最高点高程 22.8 米。地表岩石裸露，生长草丛。顶部竖立 1 个灯桩。周边为小碇屿海岛生态保护区。

小猫狸砣岛 (Xiǎomāolíduō Dǎo)

北纬 25°05.4′，东经 119°07.0′。位于莆田市秀屿区湄洲岛西北部寨下村海域，距湄洲岛 230 米，距大陆最近点 2.86 千米。因岛形似猫，当地人称猫狸砣，岛由 4 块大小不一的礁石组成，将大岛作为主岛，认定为猫狸砣。此岛位于东边，较小，第二次全国海域地名普查时命今名。基岩岛。面积约 20 平方米。无植被。

猫狸砣 (Māolí Duō)

北纬 25°05.3′，东经 119°07.0′。位于莆田市秀屿区湄洲岛西北部寨下村海域，距大陆最近点 2.91 千米。因岛形似猫，当地人称猫狸砣。岛由 4 块大小不一的礁石组成，此岛最大，认定为猫狸砣。基岩岛。面积约 200 平方米。生长灌木。

大公蛋仔 (Dàgōngdànzǎi)

北纬 25°04.9′，东经 119°08.3′。位于莆田市秀屿区湄洲岛东部海域，距大陆最近点 4.81 千米。因处公蛋屿附近，其中两块岩石较大，形似蛋，故当地人称大公蛋仔。基岩岛。面积约 230 平方米。无植被。

公蛋屿 (Gōngdàn Yǔ)

北纬 25°04.9′，东经 119°08.3′。位于莆田市秀屿区湄洲岛东部，湄洲岛莲池澳中部海域，距大陆最近点 4.82 千米。因岛形似鸲鹆，方言谐音称为公蛋屿。《中国海域地名志》（1989）、《福建省海域地名志》（1991）、《福建省海岛志》（1994）及《全国海岛名称与代码》（2008）均称公蛋屿。基岩岛。岸线长 311 米，面积 5 324 平方米，最高点高程 25.6 米。地表石多土少，无植被。

大覆鼎礁 (Dàfùdǐng Jiāo)

北纬 25°04.8′，东经 119°08.9′。位于莆田市秀屿区湄洲岛东部海域，距大陆最近点 4.95 千米。因岛形似倾覆的鼎，故名。《中国海域地名志》（1989）、《福建省海域地名志》（1991）及《中国海域地名图集》（1991）均称大覆鼎礁。基岩岛。岸线长 183 米，面积 1 689 平方米。无植被。

后硋石 (Hòuduō Shí)

北纬 25°04.7′，东经 119°06.4′。位于莆田市秀屿区湄洲岛中部西侧汕尾村边海域，距汕尾村约 100 米。因处村庄背后，当地人称后硋石。基岩岛。面积约 180 平方米。无植被。

天硋 (Tiān Duō)

北纬 25°04.4′，东经 119°06.5′。位于莆田市秀屿区湄洲岛西部海域，距大陆最近点 4.4 千米。因岛形似天外来石，故名。《中国海域地名图集》（1991）标注为天硋。基岩岛。面积约 10 平方米。无植被。

真君礁 (Zhēnjūn Jiāo)

北纬 25°04.3′，东经 119°06.4′。位于莆田市秀屿区湄洲岛西南部海域，距大陆最近点 4.49 千米。因岛上原供奉“真君”，故名。《中国海域地名图集》（1991）标注为真君礁。基岩岛，岩石呈圆球形。面积约 5 平方米。无植被。

岛尾礁（Dǎowěi Duō）

北纬 25°04.2′，东经 119°06.3′。位于莆田市秀屿区湄洲岛西部海域，低潮时与湄洲岛相连，距大陆最近点 4.59 千米。因处湄洲岛西侧尾部，故名。《中国海域地名图集》（1991）、《福建省海岛志》（1994）、《全国海岛名称与代码》（2008）均称岛尾礁。基岩岛。面积约 10 平方米。无植被。

尾屿仔礁（Wěiyǔzǎi Duō）

北纬 25°04.2′，东经 119°08.7′。位于莆田市秀屿区湄洲岛东部海域，低潮时与洋屿、中屿相连，距大陆最近点 5.98 千米。该岛与洋屿、中屿三岛并列，且最小，故名。《中国海域地名图集》（1991）标注为尾屿仔礁。基岩岛。岸线长 213 米，面积 2 991 平方米。无植被。

尾屿仔（Wěi Yǔzǎi）

北纬 25°04.2′，东经 119°08.7′。位于莆田市秀屿区湄洲岛东部海域，距大陆最近点 6.09 千米。因处洋屿、中屿的尾端，故名。《福建省海域地名志》（1991）记为尾屿仔。基岩岛。面积约 180 平方米。无植被。

鸟屎礁（Niǎoshǐ Duō）

北纬 25°04.1′，东经 119°06.3′。位于莆田市秀屿区湄洲岛西部，西亭澳中部海域，距大陆最近点 4.8 千米。因岛上海鸟栖息，有很多鸟屎，当地人称鸟屎礁。基岩岛。面积约 5 平方米。地表岩石裸露，无植被。

湄洲岛（Méizhōu Dǎo）

北纬 25°04.0′，东经 119°07.4′。位于台湾海峡西岸中部，莆田市湄洲湾北部海域，距大陆最近点 2.19 千米。莆田市第二大岛，隶属于莆田市秀屿区。因岛南北纵向狭长，以水草交映，秀丽，形如娥眉，故名。又因海域产蠘（古名蟳——梭子蟹），又称鱼希山，形如虬。《中国海域地名志》（1989）、《福建省海域地名志》（1991）、《福建省海岛志》（1994）及《全国海岛名称与代码》（2008）均称湄洲岛。基岩岛。岸线长 36.73 千米，面积 13.665 2 平方千米，最高点高程 95.7 米。主要由花岗岩和部分火山岩、脉岩构成。地势南北高，中部为平原。除西侧为砂质岸外，其余皆为岩石陡岸，金色沙滩延绵，有 13 处，总长 20 千米，海蚀岸长达 5 千米。土壤以赤红壤和风砂土为主，有耕地 521 公顷，主要作物有甘薯、花生、大豆等。植被茂密，绿树成荫，以海岸防护林为主，绿化覆盖率 50.6%。

有居民海岛。2011 年户籍人口 41 632 人，常住人口 32 194 人。建有中小学校和卫生院等文教卫生设施，商业、金融、旅游配套设施等齐全。供电、通信通过海底电缆从大陆引进，淡水通过海底管道从大陆引入。移动通信实现全覆盖。有天然淡水湖、水库、池塘、机井。公路贯穿全岛，对外交通靠水运，在宫下码头有轮渡往返大陆，可停泊 3 000 吨级客轮，能满足对台直航需要。交通方便，自古以来就是闽台民间交往的必经之路。该岛 1988 年被辟为福建省对外开放旅游经济区，1992 年经国务院批准为国家旅游度假区。有融碧海、金沙、绿林、海岩、奇石、庙宇于一体的风景名胜 30 多处，是海上和平女神妈祖的故乡，妈祖文化的发祥地，被誉为“东方麦加”。岛上妈祖庙被尊称为“湄洲祖庙”，创建于宋雍熙四年（公元 987 年），为国家重点文物保护单位，妈祖祭典同时被列入国家首批非物质文化遗产，妈祖信俗被列入《世界人类非物质文化遗产代表名录》，成为我国首个世界级信俗类非物质文化遗产。

石蛋岛 (Shídàn Dǎo)

北纬 25°04.0′，东经 119°08.2′。位于莆田市秀屿区湄洲岛中部东侧，北埭村外海域，距大陆最近点 6.05 千米。该岛为一块椭圆形岩石，形似蛋，第二次全国海域地名普查时命今名。基岩岛。面积约 50 平方米。无植被。

洋屿山 (Yángyǔ Shān)

北纬 25°03.8′，东经 119°08.6′。位于莆田市秀屿区湄洲岛东部海域，距大陆最近点 6.58 千米。因处于湄洲岛东侧开阔海域得名洋屿。因重名，1985 年改称洋屿山。《中国海域地名志》（1989）、《福建省海域地名志》（1991）、《全国海岛名称与代码》（2008）称洋屿山。《福建省海岛志》（1994）记为洋屿。基岩岛。岸线长 747 米，面积 28 305 平方米，最高点高程 26.4 米。地表有土层，生长草丛、乔木。东南侧有 1 个国家大地控制点。

仙桃礁 (Xiāntáo Duō)

北纬 25°02.6′，东经 119°07.6′。位于莆田市秀屿区湄洲岛南部东侧海域沙滩上。因该岛由 6 块已风化形似桃子的岩石组成，当地人称仙桃礁。基岩岛。面积约 120 平方米。无植被。

小尾屿岛 (Xiǎowěiyǔ Dǎo)

北纬 25°02.5′，东经 119°07.6′。位于莆田市秀屿区湄洲岛东南部海域，距大陆最近点 8.07 千米。该岛与尾屿仔相对，较小，第二次全国海域地名普查时命今名。基岩岛。面积约 260 平方米。无植被。

大碇屿 (Dàdìng Yǔ)

北纬 25°02.3′，东经 119°11.0′。位于莆田市秀屿区湄洲岛东南部，湄洲湾湾口海域，距大陆最近点 10.12 千米。因岛形似船碇，比其北部小碇屿大，故名。又名大嶝屿。《中国海域地名志》（1989）、《福建省海域地名志》（1991）、《福建省海岛志》（1994）称大碇屿，《全国海岛名称与代码》（2008）记为大嶝屿。基岩岛。岸线长 451 米，面积 10 617 平方米，最高点高程 24 米。地表石多土少，生长草丛。岛上有 1 个国家大地控制点，北端有 1 座灯塔。

采屿 (Cǎi Yǔ)

北纬 25°02.1′，东经 119°04.3′。位于莆田市秀屿区湄洲岛西南部，湄洲湾湾口海域，距大陆最近点 5.71 千米。传说妈祖在此播下油菜籽后，年年自然生长，开花结籽，名菜仔（为籽的误用）屿，简为今名。《中国海域地名志》（1989）、《福建省海域地名志》（1991）、《福建省海岛志》（1994）及《全国海岛名称与代码》（2008）均称采屿。基岩岛。岸线长 448 米，面积 10 553 平方米，最高点高程 32.5 米。地表有土层，生长草丛、乔木。基岩海岸。西北侧建有简易码头，顶部建有 1 座小庙。

瓶屿 (Píng Yǔ)

北纬 25°02.0′，东经 119°04.1′。位于莆田市秀屿区湄洲岛西南部海域，距大陆最近点 5.51 千米。因岛形似花瓶，故名。《中国海域地名志》（1989）、《福建省海域地名志》（1991）、《福建省海岛志》（1994）及《全国海岛名称与代码》

（2008）均称瓶屿。基岩岛。岸线长 393 米，面积 6 698 平方米，最高点高程 15.3 米。无植被。建有 1 座灯塔。

乌仔石 (Wūzǎi Shí)

北纬 25°01.8′，东经 119°06.9′。位于莆田市秀屿区湄洲岛南部西侧海域，距大陆最近点 9.15 千米。因该岛岩石乌黑，且面积较小，故名。基岩岛。面积约 10 平方米。无植被。

高灵碑 (Gāolíngbēi)

北纬 25°01.8′，东经 119°06.9′。位于莆田市秀屿区湄洲岛南部西侧海域，距大陆最近点 9.21 千米。因岛形似灵碑耸立海上，故当地人称高灵碑。基岩岛。面积约 10 平方米。无植被。

响牛岛 (Xiǎngniú Dǎo)

北纬 25°01.6′，东经 119°07.3′。位于莆田市秀屿区湄洲岛南部海域，距大陆最近点 9.62 千米。因该岛岩石横卧似卧牛，石下石缝潮水涌入时，响声似牛喘气，故名。基岩岛。面积约 70 平方米。无植被。

六耳砣 (Liù'ěr Duō)

北纬 25°01.1′，东经 119°04.4′。位于莆田市秀屿区湄洲岛西南部海域，距大陆最近点 6.8 千米。因该岛由两块对立的礁石组成，似船上夹桅杆的“六耳”，故名。此岛上有灯塔、较大，其名认定为六耳砣。《中国海域地名志》（1989）、《福建省海域地名志》（1991）及《全国海岛名称与代码》（2008）均称六耳砣。基岩岛。面积约 3 平方米。岛上岩石陡峭，无植被。

小六耳砣岛 (Xiǎoliù'ěrduō Dǎo)

北纬 25°0.9′，东经 119°04.4′。位于莆田市秀屿区湄洲岛西南部海域，距大陆最近点 7.03 千米。因该岛由两块对立的礁石组成，似船上夹桅杆的“六耳”，故名。《中国海域地名志》（1989）、《福建省海域地名志》（1991）及《中国海域地名图集》（1991）称六耳砣。因一名多岛，此岛面积较小，第二次全国海域地名普查时命今名。基岩岛。面积约 2 平方米。无植被。

附录一

《中国海域海岛地名志·福建卷》未入志海域名录[1]

一、海湾

标准名称	汉语拼音	行政区	地理位置	
			北纬	东经
可门港	Kěmén Gǎng	福建省福州市连江县	26°25.3′	119°48.9′
初芦澳	Chūlú Ào	福建省福州市连江县	26°24.7′	119°49.9′
江湾澳	Jiāngwān Ào	福建省福州市连江县	26°24.6′	119°50.7′
大澳	Dà Ào	福建省福州市连江县	26°24.0′	119°47.7′
松皋澳	Sōnggāo Ào	福建省福州市连江县	26°23.4′	119°51.0′
下宫澳	Xiàgōng Ào	福建省福州市连江县	26°23.1′	119°47.2′
奇达澳口	Qídá Àokǒu	福建省福州市连江县	26°22.7′	119°52.0′
门垱里澳	Méndànglǐ Ào	福建省福州市连江县	26°22.3′	119°56.7′
上宫港	Shànggōng Gǎng	福建省福州市连江县	26°22.2′	119°46.6′
西江埕澳	Xījiāngchéng Ào	福建省福州市连江县	26°22.2′	119°45.9′
茭南澳	Jiāonán Ào	福建省福州市连江县	26°21.9′	119°56.7′
后港	Hòu Gǎng	福建省福州市连江县	26°21.8′	119°55.9′
洋里澳	Yáng Lǐ'ào	福建省福州市连江县	26°21.4′	119°51.8′
岭下澳	Lǐng Xià'ào	福建省福州市连江县	26°21.4′	119°55.0′
后仑涸澳	Hòulúnhé Ào	福建省福州市连江县	26°21.2′	119°52.6′
大建澳	Dàjiàn Ào	福建省福州市连江县	26°20.9′	119°53.9′
上塘澳	Shàngtáng Ào	福建省福州市连江县	26°20.7′	119°55.4′
马坞澳	Mǎwù Ào	福建省福州市连江县	26°19.7′	119°51.1′
后沙澳	Hòushā Ào	福建省福州市连江县	26°19.7′	119°54.2′
高塘港	Gāotáng Gǎng	福建省福州市连江县	26°19.5′	119°51.6′
黄岐澳	Huángqí Ào	福建省福州市连江县	26°19.2′	119°52.8′
赤澳	Chì Ào	福建省福州市连江县	26°19.1′	119°51.7′

① 根据2018年6月8日民政部、国家海洋局发布的《我国部分海域海岛标准名称》整理。

标准名称	汉语拼音	行政区	地理位置	
			北纬	东经
放鸡种澳	Fàngjīzhǒng Ào	福建省福州市连江县	26°19.0′	119°53.4′
大埕沙澳	Dàchéngshā Ào	福建省福州市连江县	26°18.4′	119°48.0′
罗回澳	Luóhuí Ào	福建省福州市连江县	26°17.8′	119°46.5′
布袋澳	Bùdài Ào	福建省福州市连江县	26°17.7′	119°45.5′
前澳	Qián Ào	福建省福州市连江县	26°17.5′	119°47.1′
蛤沙澳	Géshā Ào	福建省福州市连江县	26°16.6′	119°43.1′
东沙澳	Dōngshā Ào	福建省福州市连江县	26°16.0′	119°39.0′
晓澳澳	Xiǎo'ào Ào	福建省福州市连江县	26°13.5′	119°39.7′
道澳澳	Dào'ào Ào	福建省福州市连江县	26°12.3′	119°38.3′
乌猪港	Wūzhū Gǎng	福建省福州市连江县	26°10.1′	119°36.0′
黄土澳	Huángtǔ Ào	福建省福州市连江县	26°07.5′	119°39.9′
古郁澳	Gǔyù Ào	福建省福州市罗源县	26°32.1′	119°47.0′
师公澳	Shīgōng Ào	福建省福州市罗源县	26°30.2′	119°47.5′
鹧下澳	Zhèxià Ào	福建省福州市罗源县	26°28.7′	119°48.2′
百步澳	Bǎibù Ào	福建省福州市罗源县	26°28.5′	119°48.5′
吉壁澳	Jíbì Ào	福建省福州市罗源县	26°27.8′	119°48.6′
碧里澳	Bìlǐ Ào	福建省福州市罗源县	26°27.7′	119°42.4′
布袋澳	Bùdài Ào	福建省福州市罗源县	26°27.2′	119°49.2′
水流坑澳	Shuǐliúkēng Ào	福建省福州市平潭县	25°40.4′	119°39.4′
鼓屿澳	Gǔyǔ Ào	福建省福州市平潭县	25°40.4′	119°37.2′
小练坪澳	Xiǎoliànpíng Ào	福建省福州市平潭县	25°40.1′	119°36.1′
后垱后澳	Hòudàng Hòu'ào	福建省福州市平潭县	25°40.1′	119°35.8′
西礁澳	Xījiāo Ào	福建省福州市平潭县	25°40.1′	119°38.8′
鹅豆底澳	Édòu Dǐ'ào	福建省福州市平潭县	25°40.0′	119°39.8′
万叟沙澳	Wànsǒushā Ào	福建省福州市平潭县	25°40.0′	119°36.4′
后垱前澳	Hòudàng Qián'ào	福建省福州市平潭县	25°40.0′	119°35.6′
大澳底澳	Dà'ào Dǐ'ào	福建省福州市平潭县	25°39.9′	119°47.0′
甲澳	Jiǎ Ào	福建省福州市平潭县	25°39.9′	119°46.6′

标准名称	汉语拼音	行政区	地理位置	
			北纬	东经
凤尾底澳	Fèngwěi Dǐ'ào	福建省福州市平潭县	25°39.7′	119°35.5′
鲎垄下澳	Hòulǒng Xià'ào	福建省福州市平潭县	25°39.7′	119°42.4′
东观底澳	Dōngguān Dǐ'ào	福建省福州市平潭县	25°39.7′	119°39.8′
六秀下澳	Liùxiù Xià'ào	福建省福州市平潭县	25°39.6′	119°38.7′
青峰澳	Qīngfēng Ào	福建省福州市平潭县	25°39.6′	119°47.1′
后澳底澳	Hòu'ào Dǐ'ào	福建省福州市平潭县	25°39.6′	119°36.4′
东门前澳	Dōngmén Qián'ào	福建省福州市平潭县	25°39.6′	119°39.6′
丰田下澳	Fēngtián Xià'ào	福建省福州市平潭县	25°39.6′	119°46.2′
崎头下澳	Qítóu Xià'ào	福建省福州市平潭县	25°39.5′	119°39.3′
田下澳	Tián Xià'ào	福建省福州市平潭县	25°39.5′	119°35.1′
秀礁澳	Xiùjiāo Ào	福建省福州市平潭县	25°39.5′	119°38.7′
后壁山澳	Hòubìshān Ào	福建省福州市平潭县	25°39.5′	119°45.9′
加兰澳	Jiālán Ào	福建省福州市平潭县	25°39.5′	119°42.1′
大澳底澳	Dà'ào Dǐ'ào	福建省福州市平潭县	25°39.5′	119°39.0′
矿底澳	Hù Dǐ'ào	福建省福州市平潭县	25°39.4′	119°42.8′
过岭前澳	Guòlǐng Qián'ào	福建省福州市平潭县	25°39.4′	119°38.7′
南边沙澳	Nánbiānshā Ào	福建省福州市平潭县	25°39.4′	119°36.4′
岭下澳	Lǐngxia Ào	福建省福州市平潭县	25°39.4′	119°41.7′
白沙澳	Báishā Ào	福建省福州市平潭县	25°39.3′	119°46.9′
锦礁澳	Jǐnjiāo Ào	福建省福州市平潭县	25°39.3′	119°36.1′
后澳	Hòu Ào	福建省福州市平潭县	25°39.2′	119°40.5′
深坑底澳	Shēnkēng Dǐ'ào	福建省福州市平潭县	25°39.2′	119°34.6′
南澳碗澳	Nán'àowǎn Ào	福建省福州市平潭县	25°39.1′	119°46.8′
东矿底澳	Dōnghù Dǐ'ào	福建省福州市平潭县	25°39.1′	119°40.9′
中沙澳	Zhōngshā Ào	福建省福州市平潭县	25°39.0′	119°36.0′
福亭边澳	Fútíngbiān Ào	福建省福州市平潭县	25°39.0′	119°39.6′
红山澳	Hóngshān Ào	福建省福州市平潭县	25°39.0′	119°43.0′
祠堂头澳	Cítángtóu Ào	福建省福州市平潭县	25°39.0′	119°45.2′

标准名称	汉语拼音	行政区	地理位置	
			北纬	东经
东金澳	Dōngjīn Ào	福建省福州市平潭县	25°38.9′	119°35.8′
北澳	Běi Ào	福建省福州市平潭县	25°38.8′	119°34.5′
澳仔底澳	Àozǎi Dǐ'ào	福建省福州市平潭县	25°38.7′	119°46.4′
东岸底澳	Dōng'àn Dǐ'ào	福建省福州市平潭县	25°38.7′	119°35.6′
猫头墘澳	Māotóuqián Ào	福建省福州市平潭县	25°38.7′	119°44.2′
仙埕澳	Xiānchéng Ào	福建省福州市平潭县	25°38.7′	119°45.0′
白沙坑澳	Báishākēng Ào	福建省福州市平潭县	25°38.6′	119°33.7′
前澳	Qián Ào	福建省福州市平潭县	25°38.6′	119°39.8′
豆腐港	Dòufu Gǎng	福建省福州市平潭县	25°38.6′	119°35.5′
南盘澳	Nánpán Ào	福建省福州市平潭县	25°38.5′	119°45.0′
围营澳	Wéiyíng Ào	福建省福州市平潭县	25°38.5′	119°41.8′
墩兜澳	Dūndōu Ào	福建省福州市平潭县	25°38.5′	119°41.7′
土澳仔	Tǔ Àozǎi	福建省福州市平潭县	25°38.4′	119°33.4′
停泊澳	Tíngbó Ào	福建省福州市平潭县	25°38.4′	119°40.4′
小湾底澳	Xiǎowān Dǐ'ào	福建省福州市平潭县	25°38.4′	119°44.5′
旺宾澳	Wàngbīn Ào	福建省福州市平潭县	25°38.3′	119°35.0′
舍人宫澳	Shěréngōng Ào	福建省福州市平潭县	25°38.3′	119°40.1′
好娘官澳	Hǎoniángguān Ào	福建省福州市平潭县	25°38.2′	119°43.7′
烂土澳	Làntǔ Ào	福建省福州市平潭县	25°38.2′	119°33.7′
桃澳底澳	Táo'ào Dǐ'ào	福建省福州市平潭县	25°38.1′	119°44.8′
中澳	Zhōng Ào	福建省福州市平潭县	25°38.0′	119°34.0′
下斗门澳	Xiàdǒumén Ào	福建省福州市平潭县	25°38.0′	119°34.3′
东澳仔	Dōng Àozǎi	福建省福州市平潭县	25°37.9′	119°34.7′
南澳	Nán Ào	福建省福州市平潭县	25°37.8′	119°34.5′
钟门下澳	Zhōngmén Xià'ào	福建省福州市平潭县	25°37.7′	119°43.4′
龙头澳	Lóngtóu Ào	福建省福州市平潭县	25°37.4′	119°43.1′
罗澳	Luó Ào	福建省福州市平潭县	25°37.4′	119°42.5′
长江澳	Chángjiāng Ào	福建省福州市平潭县	25°37.4′	119°47.0′

标准名称	汉语拼音	行政区	地理位置	
			北纬	东经
梧安澳	Wú'ān Ào	福建省福州市平潭县	25°37.4′	119°42.8′
磹水澳	Tánshuǐ Ào	福建省福州市平潭县	25°37.2′	119°48.1′
院苑澳	Yuànyuàn Ào	福建省福州市平潭县	25°37.2′	119°48.3′
后澳仔	Hòu Àozǎi	福建省福州市平潭县	25°37.2′	119°42.3′
苏澳港	Sū'ào Gǎng	福建省福州市平潭县	25°37.0′	119°42.2′
溪口澳	Xīkǒu Ào	福建省福州市平潭县	25°36.8′	119°47.2′
赤澳	Chì Ào	福建省福州市平潭县	25°36.8′	119°48.9′
斗魁澳	Dòukuí Ào	福建省福州市平潭县	25°36.7′	119°41.8′
湾壑底澳	Wānhè Dǐ'ào	福建省福州市平潭县	25°36.4′	119°52.3′
金岐澳	Jīnqí Ào	福建省福州市平潭县	25°36.4′	119°41.5′
圆仔底澳	Yuánzǎi Dǐ'ào	福建省福州市平潭县	25°36.3′	119°53.9′
鲎北澳	Hòuběi Ào	福建省福州市平潭县	25°36.1′	119°52.3′
芦澳底澳	Lú'ào Dǐ'ào	福建省福州市平潭县	25°36.1′	119°52.9′
旗杆尾澳	Qígānwěi Ào	福建省福州市平潭县	25°36.1′	119°41.1′
丰兴底澳	Fēngxìng Dǐ'ào	福建省福州市平潭县	25°36.1′	119°52.3′
上澳	Shàng Ào	福建省福州市平潭县	25°36.0′	119°54.0′
康安澳	Kāng'ān Ào	福建省福州市平潭县	25°36.0′	119°41.1′
葫芦澳	Húlú Ào	福建省福州市平潭县	25°36.0′	119°53.5′
芦前澳	Lúqián Ào	福建省福州市平潭县	25°35.9′	119°52.3′
矿楼澳	Hùlóu Ào	福建省福州市平潭县	25°35.8′	119°51.4′
东矿澳	Dōnghù Ào	福建省福州市平潭县	25°35.8′	119°54.0′
南江澳	Nánjiāng Ào	福建省福州市平潭县	25°35.7′	119°43.9′
渔屿澳	Yúyǔ Ào	福建省福州市平潭县	25°35.7′	119°50.1′
东庠门澳	Dōngxiángmén Ào	福建省福州市平潭县	25°35.5′	119°52.3′
砂美澳	Shāměi Ào	福建省福州市平潭县	25°35.4′	119°51.3′
南海澳	Nánhǎi Ào	福建省福州市平潭县	25°35.4′	119°41.5′
南模澳	Nánmó Ào	福建省福州市平潭县	25°35.3′	119°53.3′
澳仔底澳	Àozǎi Dǐ'ào	福建省福州市平潭县	25°35.3′	119°53.1′

标准名称	汉语拼音	行政区	地理位置	
			北纬	东经
北港澳	Běigǎng Ào	福建省福州市平潭县	25°35.1′	119°49.5′
看澳	Kàn Ào	福建省福州市平潭县	25°35.0′	119°41.5′
玉屿澳	Yùyǔ Ào	福建省福州市平潭县	25°34.8′	119°41.8′
流水澳	Liúshuǐ Ào	福建省福州市平潭县	25°34.4′	119°50.1′
火烧澳	Huǒshāo Ào	福建省福州市平潭县	25°34.1′	119°52.9′
模镜澳	Mójìng Ào	福建省福州市平潭县	25°34.0′	119°50.7′
塔仔澳	Tǎzǎi Ào	福建省福州市平潭县	25°33.9′	119°52.4′
山礁澳	Shānjiāo Ào	福建省福州市平潭县	25°33.9′	119°51.3′
碌碡坞澳	Lùzhóuwù Ào	福建省福州市平潭县	25°33.9′	119°52.2′
化盐澳	Huàyán Ào	福建省福州市平潭县	25°33.8′	119°51.4′
大富澳	Dàfù Ào	福建省福州市平潭县	25°33.8′	119°51.5′
东澳	Dōng Ào	福建省福州市平潭县	25°33.8′	119°52.0′
湾底澳	Wāndǐ Ào	福建省福州市平潭县	25°33.0′	119°50.8′
南澳底澳	Nán'ào Dǐ'ào	福建省福州市平潭县	25°32.8′	119°51.8′
五对网澳	Wǔduìwǎng Ào	福建省福州市平潭县	25°32.6′	119°51.4′
后田澳	Hòutián Ào	福建省福州市平潭县	25°32.6′	119°49.4′
壑山澳	Hèshān Ào	福建省福州市平潭县	25°32.6′	119°48.9′
新澳	Xīn Ào	福建省福州市平潭县	25°32.5′	119°49.2′
燕下澳	Yànxià Ào	福建省福州市平潭县	25°31.2′	119°48.3′
竹屿港	Zhúyǔ Gǎng	福建省福州市平潭县	25°30.8′	119°44.0′
小澳仔	Xiǎo Àozǎi	福建省福州市平潭县	25°30.7′	119°42.5′
小湾澳	Xiǎowān Ào	福建省福州市平潭县	25°30.7′	119°43.2′
大湾澳	Dàwān Ào	福建省福州市平潭县	25°30.6′	119°42.8′
深澳底澳	Shēn'ào Dǐ'ào	福建省福州市平潭县	25°30.3′	119°41.7′
橹匙澳	Lǔshi Ào	福建省福州市平潭县	25°29.7′	119°40.7′
官姜澳	Guānjiāng Ào	福建省福州市平潭县	25°29.5′	119°49.2′
程安澳	Chéng'ān Ào	福建省福州市平潭县	25°29.5′	119°40.3′
田尾沙澳	Tiánwěishā Ào	福建省福州市平潭县	25°29.0′	119°51.4′

标准名称	汉语拼音	行政区	地理位置	
			北纬	东经
沙塔澳	Shātǎ Ào	福建省福州市平潭县	25°29.0′	119°49.5′
限门底澳	Xiànmén Dǐ'ào	福建省福州市平潭县	25°29.0′	119°51.5′
紫兰澳	Zǐlán Ào	福建省福州市平潭县	25°28.9′	119°49.9′
青湾底澳	Qīngwān Dǐ'ào	福建省福州市平潭县	25°28.8′	119°51.5′
光裕澳	Guāngyù Ào	福建省福州市平潭县	25°28.7′	119°50.7′
矿底澳	Hùdǐ Ào	福建省福州市平潭县	25°28.7′	119°51.5′
娘宫港	Niánggōng Gǎng	福建省福州市平潭县	25°28.4′	119°40.5′
墘垄窝澳	Qiánlǒngwō Ào	福建省福州市平潭县	25°28.3′	119°51.5′
埠头角澳	Bùtóujiǎo Ào	福建省福州市平潭县	25°28.3′	119°49.9′
屿仔澳	Yǔ Zǎi'ào	福建省福州市平潭县	25°28.2′	119°49.2′
磹报底澳	Tánbào Dǐ'ào	福建省福州市平潭县	25°28.1′	119°51.2′
观音澳	Guānyīn Ào	福建省福州市平潭县	25°28.0′	119°49.9′
澳前港	Àoqián Gǎng	福建省福州市平潭县	25°28.0′	119°50.5′
鹤脊澳	Hèjǐ Ào	福建省福州市平潭县	25°27.9′	119°41.2′
长塍下澳	Chángchéng Xià'ào	福建省福州市平潭县	25°27.8′	119°48.2′
东沙澳	Dōngshā Ào	福建省福州市平潭县	25°27.8′	119°51.0′
塍边澳	Chéngbiān Ào	福建省福州市平潭县	25°27.8′	119°48.4′
下网澳	Xiàwǎng Ào	福建省福州市平潭县	25°27.6′	119°50.6′
瓜屿澳	Guāyǔ Ào	福建省福州市平潭县	25°27.6′	119°47.7′
黄门澳	Huángmén Ào	福建省福州市平潭县	25°27.5′	119°41.0′
磹角尾澳	Diànjiǎowěi Ào	福建省福州市平潭县	25°27.4′	119°47.5′
敧澳仔澳	Jī'ào Zǎi'ào	福建省福州市平潭县	25°27.2′	119°47.0′
安海澳	Ānhǎi Ào	福建省福州市平潭县	25°26.9′	119°42.3′
北澳	Běi Ào	福建省福州市平潭县	25°26.7′	119°46.3′
福堂澳	Fútáng Ào	福建省福州市平潭县	25°26.6′	119°41.5′
崎沙澳	Qíshā Ào	福建省福州市平潭县	25°26.5′	119°45.7′
田美澳	Tiánměi Ào	福建省福州市平潭县	25°26.3′	119°45.5′
洋中澳	Yángzhōng Ào	福建省福州市平潭县	25°25.4′	119°45.2′

标准名称	汉语拼音	行政区	地理位置	
			北纬	东经
大澳	Dà Ào	福建省福州市平潭县	25°25.4′	119°43.3′
东限洋澳	Dōngxiànyáng Ào	福建省福州市平潭县	25°25.2′	119°44.1′
青窑澳	Qīngyáo Ào	福建省福州市平潭县	25°25.0′	119°45.4′
西澳	Xī Ào	福建省福州市平潭县	25°25.0′	119°46.2′
北澳仔	Běi Àozǎi	福建省福州市平潭县	25°24.9′	119°46.3′
鲎边澳	Hòubiān Ào	福建省福州市平潭县	25°24.9′	119°45.8′
山岐澳	Shānqí Ào	福建省福州市平潭县	25°24.9′	119°44.4′
下湖澳	Xiàhú Ào	福建省福州市平潭县	25°24.8′	119°45.6′
东澳	Dōng Ào	福建省福州市平潭县	25°24.5′	119°46.3′
钱便澳	Qiánbiàn Ào	福建省福州市平潭县	25°24.2′	119°45.2′
鸡母澳	Jīmǔ Ào	福建省福州市平潭县	25°24.1′	119°46.2′
浮斗澳	Fúdǒu Ào	福建省福州市平潭县	25°24.1′	119°45.2′
东垄澳	Dōnglǒng Ào	福建省福州市平潭县	25°24.0′	119°45.6′
后岐澳	Hòuqí Ào	福建省福州市平潭县	25°22.8′	119°43.1′
高屿澳	Gāoyǔ Ào	福建省福州市平潭县	25°22.6′	119°42.3′
岑兜澳	Céndōu Ào	福建省福州市平潭县	25°22.6′	119°42.8′
莲澳	Lián Ào	福建省福州市平潭县	25°22.3′	119°42.0′
山仔边澳	Shānzǎi Biān'ào	福建省福州市平潭县	25°21.8′	119°43.5′
普安下澳	Pǔ'ān Xià'ào	福建省福州市平潭县	25°21.5′	119°42.0′
江尾澳	Jiāngwěi Ào	福建省福州市平潭县	25°21.5′	119°42.4′
五帝澳	Wǔdì Ào	福建省福州市平潭县	25°21.5′	119°42.4′
北澳	Běi Ào	福建省福州市平潭县	25°20.6′	119°41.8′
丈二澳	Zhàngr Ào	福建省福州市平潭县	25°20.4′	119°41.6′
宫下澳	Gōngxià Ào	福建省福州市平潭县	25°20.3′	119°41.4′
中楼后澳	Zhōnglóu Hòu'ào	福建省福州市平潭县	25°20.1′	119°41.8′
中楼澳	Zhōnglóu Ào	福建省福州市平潭县	25°20.1′	119°41.3′
畚箕澳	Běnjī Ào	福建省福州市平潭县	25°19.7′	119°41.1′
后澳	Hòu Ào	福建省福州市平潭县	25°19.4′	119°42.0′

标准名称	汉语拼音	行政区	地理位置	
			北纬	东经
横神头澳	Héngshéntóu Ào	福建省福州市平潭县	25°19.3′	119°41.2′
底澳	Dǐ Ào	福建省福州市平潭县	25°19.1′	119°42.2′
南楼澳	Nánlóu Ào	福建省福州市平潭县	25°19.0′	119°41.3′
毛蟹澳	Máoxiè Ào	福建省福州市平潭县	25°19.0′	119°41.8′
宫下澳	Gōngxià Ào	福建省福州市平潭县	25°17.3′	119°45.4′
海口港	Hǎikǒu Gǎng	福建省福州市福清市	25°41.2′	119°27.6′
城头港	Chéngtóu Gǎng	福建省福州市福清市	25°40.9′	119°30.0′
吉湾澳	Jíwān Ào	福建省福州市福清市	25°39.9′	119°34.4′
龙田港	Lóngtián Gǎng	福建省福州市福清市	25°38.0′	119°28.4′
北澳	Běi Ào	福建省福州市福清市	25°37.4′	119°29.4′
后埕底澳	Hòuchéng Dǐ’ào	福建省福州市福清市	25°37.3′	119°32.1′
后澳	Hòu Ào	福建省福州市福清市	25°35.5′	119°35.3′
门前澳	Ménqián Ào	福建省福州市福清市	25°35.2′	119°35.4′
门头澳	Méntóu Ào	福建省福州市福清市	25°35.1′	119°34.7′
后湾澳	Hòuwān Ào	福建省福州市福清市	25°34.9′	119°34.4′
嘉儒港	Jiārú Gǎng	福建省福州市福清市	25°34.1′	119°31.5′
瑟江港	Sèjiāng Gǎng	福建省福州市福清市	25°30.7′	119°35.1′
玉楼湾	Yùlóu Wān	福建省福州市福清市	25°29.1′	119°36.2′
北坑港	Běikēng Gǎng	福建省福州市福清市	25°28.9′	119°36.4′
石狮嘴澳	Shíshīzuǐ Ào	福建省福州市福清市	25°28.4′	119°26.4′
坑尾澳	Kēngwěi Ào	福建省福州市福清市	25°28.0′	119°38.0′
小山东港	Xiǎoshāndōng Gǎng	福建省福州市福清市	25°27.9′	119°38.3′
澳底澳	Àodǐ Ào	福建省福州市福清市	25°25.8′	119°38.7′
限头港	Xiàntóu Gǎng	福建省福州市福清市	25°25.2′	119°39.3′
福堂澳	Fútáng Ào	福建省福州市福清市	25°25.2′	119°39.6′
薛礁澳	Xuējiāo Ào	福建省福州市福清市	25°25.0′	119°39.9′
隆前澳	Lóngqián Ào	福建省福州市福清市	25°24.5′	119°39.1′
方厝澳	Fāngcuò Ào	福建省福州市福清市	25°23.9′	119°30.6′

标准名称	汉语拼音	行政区	地理位置	
			北纬	东经
岸前澳	Ànqián Ào	福建省福州市福清市	25°23.8′	119°33.9′
牛华港	Niúhuá Gǎng	福建省福州市福清市	25°22.4′	119°31.1′
锦城港	Jǐnchéng Gǎng	福建省福州市福清市	25°22.4′	119°32.7′
底湾里澳	Dǐwānlǐ Ào	福建省福州市福清市	25°22.3′	119°35.1′
村前澳	Cūnqián Ào	福建省福州市福清市	25°20.7′	119°36.6′
下毛关澳	Xiàmáoguān Ào	福建省福州市福清市	25°20.5′	119°36.0′
浔江港	Xúnjiāng Gǎng	福建省厦门市	24°32.9′	118°11.0′
东咀港	Dōngzuǐ Gǎng	福建省厦门市同安区	24°38.7′	118°11.2′
西萨边澳	Xīsàbiān Ào	福建省莆田市秀屿区	25°22.9′	119°09.0′
庵下澳	Ānxià Ào	福建省莆田市秀屿区	25°19.9′	119°13.3′
黄岐澳	Huángqí Ào	福建省莆田市秀屿区	25°19.3′	119°17.3′
淇沪澳	Qíhù Ào	福建省莆田市秀屿区	25°16.6′	119°20.5′
东沁澳	Dōngqìn Ào	福建省莆田市秀屿区	25°16.5′	119°00.7′
后江下澳	Hòujiāngxià Ào	福建省莆田市秀屿区	25°15.6′	119°00.5′
坑口澳	Kēngkǒu Ào	福建省莆田市秀屿区	25°15.1′	119°28.6′
官澳	Guān Ào	福建省莆田市秀屿区	25°14.7′	119°28.7′
澳前	Àoqián	福建省莆田市秀屿区	25°14.7′	119°20.7′
西寨澳	Xīzhài Ào	福建省莆田市秀屿区	25°14.3′	119°26.9′
赤坡澳	Chìpō Ào	福建省莆田市秀屿区	25°14.2′	119°17.6′
东岱澳	Dōngdài Ào	福建省莆田市秀屿区	25°12.3′	119°36.0′
大厅澳	Dàtīng Ào	福建省莆田市秀屿区	25°11.1′	119°06.0′
平海澳	Pínghǎi Ào	福建省莆田市秀屿区	25°10.8′	119°15.7′
度下澳	Dùxià Ào	福建省莆田市秀屿区	25°08.6′	119°02.3′
贤良港	Xiánliáng Gǎng	福建省莆田市秀屿区	25°07.9′	119°06.9′
西亭澳	Xītíng Ào	福建省莆田市秀屿区	25°03.7′	119°06.4′
畚箕垵澳	Běnjī'ǎn Ào	福建省泉州市惠安县	24°53.7′	118°58.0′
崇武港	Chóngwǔ Gǎng	福建省泉州市惠安县	24°52.9′	118°55.0′
石井港	Shíjǐng Gǎng	福建省泉州市南安市	24°38.9′	118°25.6′

标准名称	汉语拼音	行政区	地理位置	
			北纬	东经
青崎澳	Qīngqí Ào	福建省漳州市云霄县	23°52.0′	117°30.0′
径头澳	Jìngtóu Ào	福建省漳州市云霄县	23°51.4′	117°29.9′
后安港	Hòu'ān Gǎng	福建省漳州市云霄县	23°51.0′	117°29.6′
拖尾湾	Tuōwěi Wān	福建省漳州市云霄县	23°50.4′	117°29.5′
岆屿澳	Lǐyǔ Ào	福建省漳州市云霄县	23°48.9′	117°29.0′
江口港	Jiāngkǒu Gǎng	福建省漳州市漳浦县	24°13.0′	118°00.3′
鸿儒港	Hóngrú Gǎng	福建省漳州市漳浦县	24°10.1′	117°56.7′
白塘澳	Báitáng Ào	福建省漳州市东山县	23°45.3′	117°28.8′
南门港	Nánmén Gǎng	福建省漳州市东山县	23°43.8′	117°34.5′
前港	Qián Gǎng	福建省漳州市东山县	23°43.1′	117°29.6′
亲营澳	Qīnyíng Ào	福建省漳州市东山县	23°39.8′	117°26.6′
荟冬澳	Huìdōng Ào	福建省漳州市东山县	23°39.5′	117°27.2′
屿下澳	Yǔxià Ào	福建省漳州市东山县	23°36.0′	117°20.2′
澳角湾	Àojiǎo Wān	福建省漳州市东山县	23°35.2′	117°25.5′
白塘湾	Báitáng Wān	福建省漳州市龙海市	24°13.8′	118°02.8′
湖前湾	Húqián Wān	福建省漳州市龙海市	24°12.7′	118°01.7′
盐田港	Yántián Gǎng	福建省宁德市	26°50.5′	119°49.9′
青官蓝澳	Qīngguānlán Ào	福建省宁德市霞浦县	26°57.2′	120°14.1′
牛屎湾	Niúshǐ Wān	福建省宁德市霞浦县	26°56.5′	120°14.2′
协澳港	Xié'ào Gǎng	福建省宁德市霞浦县	26°56.2′	120°15.1′
古镇港	Gǔzhèn Gǎng	福建省宁德市霞浦县	26°55.9′	120°14.7′
澳仔澳	Àozǎi Ào	福建省宁德市霞浦县	26°55.7′	120°15.2′
周湾澳	Zhōuwān Ào	福建省宁德市霞浦县	26°55.6′	120°10.5′
烽火澳	Fēnghuǒ Ào	福建省宁德市霞浦县	26°55.6′	120°14.8′
东壁澳	Dōngbì Ào	福建省宁德市霞浦县	26°55.4′	120°11.0′
三沙避风港	Sānshā Bìfēng Gǎng	福建省宁德市霞浦县	26°55.4′	120°12.9′
网仔澳港	Wǎngzǎi'ào Gǎng	福建省宁德市霞浦县	26°55.4′	120°15.3′

标准名称	汉语拼音	行政区	地理位置	
			北纬	东经
西澳	Xī Ào	福建省宁德市霞浦县	26°55.3′	120°12.2′
奇沙澳	Qíshā Ào	福建省宁德市霞浦县	26°55.3′	120°11.9′
狮头澳	Shītóu Ào	福建省宁德市霞浦县	26°55.3′	120°15.1′
东澳	Dōng Ào	福建省宁德市霞浦县	26°55.3′	120°12.4′
网仔澳	Wǎngzǎi Ào	福建省宁德市霞浦县	26°55.2′	120°14.9′
三沙港	Sānshā Gǎng	福建省宁德市霞浦县	26°55.1′	120°12.6′
田澳	Tián Ào	福建省宁德市霞浦县	26°55.0′	120°15.0′
龙湾澳	Lóngwān Ào	福建省宁德市霞浦县	26°53.2′	120°06.4′
粗鲁澳	Cūlǔ Ào	福建省宁德市霞浦县	26°49.1′	120°05.0′
北兜澳	Běidōu Ào	福建省宁德市霞浦县	26°48.7′	120°05.1′
南塘港	Nántáng Gǎng	福建省宁德市霞浦县	26°48.0′	119°50.3′
外湖澳	Wàihú Ào	福建省宁德市霞浦县	26°47.9′	120°05.9′
大湾里澳	Dàwānlǐ Ào	福建省宁德市霞浦县	26°47.8′	120°04.3′
长门澳	Chángmén Ào	福建省宁德市霞浦县	26°47.7′	120°07.2′
富积岐澳	Fùjīqí Ào	福建省宁德市霞浦县	26°47.7′	119°48.9′
桥仔下澳	Qiáozǎi Xià'ào	福建省宁德市霞浦县	26°47.7′	120°03.1′
沙澳里	Shā Àolǐ	福建省宁德市霞浦县	26°46.9′	120°07.1′
犬湾	Quǎn Wān	福建省宁德市霞浦县	26°46.7′	119°48.6′
澳里澳	Ào Lǐ'ào	福建省宁德市霞浦县	26°46.2′	119°48.2′
后壁澳	Hòubì Ào	福建省宁德市霞浦县	26°45.8′	119°48.2′
高罗澳	Gāoluó Ào	福建省宁德市霞浦县	26°45.3′	120°05.9′
上洋澳	Shàngyáng Ào	福建省宁德市霞浦县	26°44.8′	119°48.0′
下洋澳	Xiàyáng Ào	福建省宁德市霞浦县	26°44.5′	119°48.2′
积石澳	Jīshí Ào	福建省宁德市霞浦县	26°44.2′	120°06.5′
界石澳	Jièshí Ào	福建省宁德市霞浦县	26°43.9′	120°08.4′
长仔里澳	Chángzǎilǐ Ào	福建省宁德市霞浦县	26°43.9′	119°48.4′
龙潭坑澳	Lóngtánkēng Ào	福建省宁德市霞浦县	26°43.5′	119°48.5′
己澳	Jǐ Ào	福建省宁德市霞浦县	26°42.8′	120°08.5′

标准名称	汉语拼音	行政区	地理位置	
			北纬	东经
斗米澳	Dǒumǐ Ào	福建省宁德市霞浦县	26°42.8′	120°07.8′
园下澳	Yuánxià Ào	福建省宁德市霞浦县	26°42.6′	120°21.2′
田澳坑澳	Tián'àokēng Ào	福建省宁德市霞浦县	26°42.4′	120°21.6′
北海澳	Běihǎi Ào	福建省宁德市霞浦县	26°42.3′	120°20.9′
白蛇弄澳	Báishélòng Ào	福建省宁德市霞浦县	26°42.3′	120°21.8′
溪南港	Xīnán Gǎng	福建省宁德市霞浦县	26°42.2′	119°49.9′
鸭池塘港	Yāchítáng Gǎng	福建省宁德市霞浦县	26°41.9′	120°06.5′
南澳	Nán Ào	福建省宁德市霞浦县	26°41.9′	120°20.8′
求凤澳	Qiúfèng Ào	福建省宁德市霞浦县	26°41.9′	120°21.2′
土仔坪澳	Tǔzǎipíng Ào	福建省宁德市霞浦县	26°41.9′	119°47.8′
菜湾里澳	Càiwān Lǐ'ào	福建省宁德市霞浦县	26°41.8′	120°07.9′
台澳	Tái Ào	福建省宁德市霞浦县	26°41.7′	119°53.8′
东礵澳	Dōngshuāng Ào	福建省宁德市霞浦县	26°40.9′	120°22.9′
长腰澳	Chángyāo Ào	福建省宁德市霞浦县	26°40.8′	119°48.9′
后澳	Hòu Ào	福建省宁德市霞浦县	26°40.7′	119°49.2′
上澳港	Shàng'ào Gǎng	福建省宁德市霞浦县	26°40.7′	119°58.8′
后湾	Hòu Wān	福建省宁德市霞浦县	26°40.5′	119°53.7′
外澳	Wài Ào	福建省宁德市霞浦县	26°40.5′	119°48.4′
下东澳	Xiàdōng Ào	福建省宁德市霞浦县	26°40.4′	119°49.1′
小闾澳	Xiǎolǘ Ào	福建省宁德市霞浦县	26°39.8′	120°06.7′
细头澳	Xìtóu Ào	福建省宁德市霞浦县	26°39.7′	119°53.5′
网澳	Wǎng Ào	福建省宁德市霞浦县	26°39.4′	120°06.9′
西礵澳	Xīshuāng Ào	福建省宁德市霞浦县	26°39.1′	120°19.2′
肥土澳	Féitǔ Ào	福建省宁德市霞浦县	26°39.0′	119°51.8′
舢舨澳	Shānbǎn Ào	福建省宁德市霞浦县	26°39.0′	119°52.3′
闾峡港	Lǘxiá Gǎng	福建省宁德市霞浦县	26°38.9′	120°06.9′
祠南澳	Cínán Ào	福建省宁德市霞浦县	26°38.8′	120°07.0′
水井坑澳	Shuǐjǐngkēng Ào	福建省宁德市霞浦县	26°38.7′	120°21.7′

标准名称	汉语拼音	行政区	地理位置	
			北纬	东经
鬼澳	Guǐ Ào	福建省宁德市霞浦县	26°38.5′	120°21.1′
南礵澳	Nánshuāng Ào	福建省宁德市霞浦县	26°38.5′	120°21.5′
大湾	Dà Wān	福建省宁德市霞浦县	26°37.4′	119°54.6′
外浒澳	Wàihǔ Ào	福建省宁德市霞浦县	26°36.3′	119°57.6′
布袋澳	Bùdài Ào	福建省宁德市霞浦县	26°36.3′	120°09.4′
外龙井澳	Wàilóngjǐng Ào	福建省宁德市霞浦县	26°36.2′	120°09.8′
汉钓澳	Hàndiào Ào	福建省宁德市霞浦县	26°36.0′	120°08.8′
里龙井澳	Lǐlóngjǐng Ào	福建省宁德市霞浦县	26°35.8′	120°09.9′
灶澳	Zào Ào	福建省宁德市霞浦县	26°35.7′	120°08.6′
石灰小矿澳	Shíhuīxiǎokuàng Ào	福建省宁德市霞浦县	26°35.5′	120°09.9′
里澳	Lǐ Ào	福建省宁德市霞浦县	26°35.5′	120°08.3′
搭钩澳	Dāgōu Ào	福建省宁德市霞浦县	26°35.3′	119°50.7′
白犬澳	Báiquǎn Ào	福建省宁德市霞浦县	26°35.2′	120°09.8′
避船澳	Bìchuán Ào	福建省宁德市霞浦县	26°35.0′	120°08.1′
居安澳	Jū'ān Ào	福建省宁德市霞浦县	26°34.9′	119°56.1′
牛澳	Niú Ào	福建省宁德市霞浦县	26°34.9′	120°09.7′
打铁坑澳	Dǎtiěkēng Ào	福建省宁德市霞浦县	26°34.6′	120°07.8′
小澳	Xiǎo Ào	福建省宁德市霞浦县	26°34.6′	120°09.4′
长长澳	Chángcháng Ào	福建省宁德市霞浦县	26°34.5′	120°07.3′
文澳口	Wén'ào Kǒu	福建省宁德市霞浦县	26°34.4′	120°08.8′
沙澳	Shā Ào	福建省宁德市霞浦县	26°34.3′	120°07.1′
石人下澳	Shírénxià Ào	福建省宁德市霞浦县	26°34.3′	119°56.3′
北壁港	Běibì Gǎng	福建省宁德市霞浦县	26°34.2′	119°50.8′
沙澳仔	Shā Àozǎi	福建省宁德市霞浦县	26°34.2′	120°08.6′
白鸽坑澳	Báigēkēng Ào	福建省宁德市霞浦县	26°33.9′	120°07.1′
铁板沙澳	Tiěbǎnshā Ào	福建省宁德市霞浦县	26°33.9′	120°08.8′
尼姑屿澳	Nígūyǔ Ào	福建省宁德市霞浦县	26°33.8′	120°08.7′
武澳	Wǔ Ào	福建省宁德市霞浦县	26°33.7′	120°08.4′

标准名称	汉语拼音	行政区	地理位置	
			北纬	东经
池澳	Chí Ào	福建省宁德市霞浦县	26°33.7′	119°55.9′
里头澳仔	Lǐtóu Àozǎi	福建省宁德市霞浦县	26°33.7′	120°07.3′
田头澳	Tiántóu Ào	福建省宁德市霞浦县	26°33.6′	120°07.6′
南风澳	Nánfēng Ào	福建省宁德市霞浦县	26°33.4′	119°55.9′
田头澳仔	Tiántóu Àozǎi	福建省宁德市霞浦县	26°33.4′	120°07.7′
官溪澳	Guānxī Ào	福建省宁德市霞浦县	26°33.1′	119°55.6′
芋里澳	Yù Lǐ’ào	福建省宁德市霞浦县	26°33.0′	120°00.2′
大洞澳	Dàdòng Ào	福建省宁德市霞浦县	26°32.9′	119°54.8′
马刺澳	Mǎcì Ào	福建省宁德市霞浦县	26°32.3′	120°08.1′
西臼塘	Xījiùtáng	福建省宁德市霞浦县	26°32.3′	119°53.9′
东冲口港	Dōngchōngkǒu Gǎng	福建省宁德市霞浦县	26°32.1′	119°49.8′
清澳	Qīng Ào	福建省宁德市霞浦县	26°31.3′	119°50.6′
耳聋澳	Ěrlzzzóng Ào	福建省宁德市霞浦县	26°31.3′	120°02.7′
北澳	Běi Ào	福建省宁德市霞浦县	26°31.3′	120°03.2′
和石澳	Héshí Ào	福建省宁德市霞浦县	26°31.2′	119°51.4′
幸福澳	Xìngfú Ào	福建省宁德市霞浦县	26°31.2′	120°02.4′
赤澳	Chì Ào	福建省宁德市霞浦县	26°31.0′	119°52.3′
风门澳	Fēngmén Ào	福建省宁德市霞浦县	26°31.0′	120°03.9′
大王澳	Dàwáng Ào	福建省宁德市霞浦县	26°30.8′	120°02.0′
小王澳	Xiǎowáng Ào	福建省宁德市霞浦县	26°30.6′	120°02.0′
南京店澳	Nánjīngdiàn Ào	福建省宁德市霞浦县	26°30.5′	120°03.8′
贵澳	Guì Ào	福建省宁德市霞浦县	26°30.2′	120°01.8′
大澳	Dà Ào	福建省宁德市霞浦县	26°30.0′	120°02.8′
避风港	Bìfēng Gǎng	福建省宁德市霞浦县	26°30.0′	120°03.2′
墓澳	Mù Ào	福建省宁德市霞浦县	26°29.9′	119°47.0′
水船澳	Shuǐchuán Ào	福建省宁德市霞浦县	26°29.9′	120°01.5′
北头澳	Běitóu Ào	福建省宁德市霞浦县	26°29.8′	120°08.1′

标准名称	汉语拼音	行政区	地理位置	
			北纬	东经
牛脚澳	Niújiǎo Ào	福建省宁德市霞浦县	26°29.7′	119°47.8′
目鱼澳	Mùyú Ào	福建省宁德市霞浦县	26°29.7′	120°01.6′
虾笼澳	Xiālóng Ào	福建省宁德市霞浦县	26°29.6′	120°02.1′
陶澳	Táo Ào	福建省宁德市霞浦县	26°26.5′	119°49.0′
东銮澳	Dōngluán Ào	福建省宁德市霞浦县	26°25.3′	119°47.5′
新辉埕澳	Xīnhuīchéng Ào	福建省宁德市霞浦县	26°24.7′	119°48.6′
大口澳	Dàkǒu Ào	福建省宁德市霞浦县	23°31.7′	119°50.0′
百胜洋	Bǎishèng Yáng	福建省宁德市福鼎市	27°17.6′	120°15.1′
三门港	Sānmén Gǎng	福建省宁德市福鼎市	27°17.1′	120°17.3′
照澜港	Zhàolán Gǎng	福建省宁德市福鼎市	27°16.8′	120°18.6′
岐头洋	Qítóu Yáng	福建省宁德市福鼎市	27°16.4′	120°15.2′
铁将洋	Tiějiāng Yáng	福建省宁德市福鼎市	27°15.7′	120°15.3′
洋沙洋	YángshāYáng	福建省宁德市福鼎市	27°15.1′	120°14.4′
梅溪湾	Méixī Wān	福建省宁德市福鼎市	27°14.8′	120°21.9′
罗唇湾	Luóchún Wān	福建省宁德市福鼎市	27°14.4′	120°22.7′
姚家屿港	Yáojiāyǔ Gǎng	福建省宁德市福鼎市	27°14.1′	120°17.8′
马祖婆港	Mǎzǔpó Gǎng	福建省宁德市福鼎市	27°13.3′	120°17.7′
中澳	Zhōng Ào	福建省宁德市福鼎市	27°09.0′	120°26.0′
上澳	Shàng Ào	福建省宁德市福鼎市	27°08.9′	120°25.7′
小澳	Xiǎo Ào	福建省宁德市福鼎市	27°06.9′	120°22.7′
茶塘港	Chátáng Gǎng	福建省宁德市福鼎市	27°06.1′	120°15.9′
冬瓜屿港	Dōngguāyǔ Gǎng	福建省宁德市福鼎市	27°06.0′	120°23.0′
白沙澳	Báishā Ào	福建省宁德市福鼎市	27°02.5′	120°15.0′
硖门湾	Xiámén Wān	福建省宁德市福鼎市	27°02.0′	120°14.8′
下池澳	Xiàchí Ào	福建省宁德市福鼎市	27°00.2′	120°16.0′
西台澳	Xītái Ào	福建省宁德市福鼎市	27°00.1′	120°41.6′
网仔澳	Wǎng Zǎi'ào	福建省宁德市福鼎市	26°59.4′	120°42.7′
鱼头澳	Yútóu Ào	福建省宁德市福鼎市	26°59.2′	120°43.0′

标准名称	汉语拼音	行政区	地理位置	
			北纬	东经
斗笠下澳	Dǒulì Xià'ào	福建省宁德市福鼎市	26°59.0′	120°42.6′
马祖澳	Mǎzǔ Ào	福建省宁德市福鼎市	26°57.4′	120°19.2′

二、水道

标准名称	汉语拼音	所处行政区	地理位置	
			北纬	东经
箩水道	Lǎoluó Shuǐdào	福建省福州市	25°30.0′	119°39.0′
闽安门	Mǐn'ān Mén	福建省福州市马尾区	26°03.5′	119°30.7′
东岸门	Dōng'àn Mén	福建省福州市连江县	26°10.5′	119°36.3′
乌猪港	Wūzhū Gǎng	福建省福州市连江县	26°09.5′	119°36.0′
熨斗水道	Yùndǒu Shuǐdào	福建省福州市连江县	26°08.6′	119°39.6′
金牌门	Jīnpái Mén	福建省福州市连江县	26°08.0′	119°35.8′
岗屿水道	Gǎngyǔ Shuǐdào	福建省福州市罗源县	26°24.4′	119°45.5′
松下水道	Sōngxià Shuǐdào	福建省福州市平潭县	25°40.0′	119°35.0′
竹屿口水道	Zhúyǔkǒu Shuǐdào	福建省福州市平潭县	25°30.9′	119°42.6′
塘屿北水道	Tángyǔ Běishuǐdào	福建省福州市平潭县	25°21.2′	119°41.7′
松下门水道	Sōngxiàmén Shuǐdào	福建省福州市福清市	25°41.1′	119°35.1′
海口水道	Hǎikǒu Shuǐdào	福建省福州市福清市	25°40.0′	119°28.3′
南山江水道	Nánshānjiāng Shuǐdào	福建省福州市福清市	25°39.1′	119°28.3′
梅花港	Méihuā Gǎng	福建省福州市长乐市	26°01.4′	119°40.5′
鹭江水道	Lùjiāng Shuǐdào	福建省厦门市思明区	24°27.1′	118°04.2′
大嶝水道	Dàdèng Shuǐdào	福建省厦门市翔安区	24°34.5′	118°19.8′
大坠门	Dàzhuì Mén	福建省泉州市惠安县	24°49.2′	118°46.2′
小坠门	Xiǎozhuì Mén	福建省泉州市石狮市	24°48.6′	118°45.9′
八尺门	Bāchǐ Mén	福建省漳州市东山县	23°46.5′	117°24.4′
南港水道	Nángǎng Shuǐdào	福建省漳州市东山县	23°42.6′	117°21.2′
大港水道	Dàgǎng Shuǐdào	福建省漳州市东山县	23°42.6′	117°20.0′
黑土港水道	Hēitǔgǎng Shuǐdào	福建省漳州市东山县	23°35.8′	117°19.3′

标准名称	汉语拼音	所处行政区	地理位置	
			北纬	东经
门夹头水道	Ménjiátóu Shuǐdào	福建省宁德市蕉城区	26°45.1′	119°35.4′
漳湾汐水道	Zhāngwānxī Shuǐdào	福建省宁德市蕉城区	26°42.3′	119°37.2′
宁德水道	Níngdé Shuǐdào	福建省宁德市蕉城区	26°38.5′	119°35.8′
宝塔水道	Bǎotǎ Shuǐdào	福建省宁德市蕉城区	26°37.6′	119°35.9′
飞鸾港水道	Fēiluángǎng Shuǐdào	福建省宁德市蕉城区	26°36.5′	119°37.6′
钱墩门水道	Qiándūnmén Shuǐdào	福建省宁德市蕉城区	26°36.0′	119°45.8′
烽火门水道	Fēnghuǒmén Shuǐdào	福建省宁德市霞浦县	26°55.7′	120°14.5′
七尺门水道	Qīchǐmén Shuǐdào	福建省宁德市霞浦县	26°47.9′	120°08.1′
隔山门水道	Géshānmén Shuǐdào	福建省宁德市霞浦县	26°42.1′	119°49.4′
赤龙门水道	Chìlóngmén Shuǐdào	福建省宁德市霞浦县	26°41.2′	119°48.2′
关门江水道	Guānménjiāng Shuǐdào	福建省宁德市霞浦县	26°41.0′	119°54.0′
鲈门港水道	Lúméngǎng Shuǐdào	福建省宁德市福安市	26°43.6′	119°39.6′
鸡冠水道	Jīguān Shuǐdào	福建省宁德市福安市	26°41.5′	119°43.5′
八尺门水道	Bāchǐmén Shuǐdào	福建省宁德市福鼎市	27°15.1′	120°13.7′
大门水道	Dàmén Shuǐdào	福建省宁德市福鼎市	27°13.6′	120°23.4′
小门水道	Xiǎomén Shuǐdào	福建省宁德市福鼎市	27°13.4′	120°22.9′
大门仔水道	Dàménzǎi Shuǐdào	福建省宁德市福鼎市	27°13.1′	120°18.2′
大门	Dà Mén	福建省宁德市福鼎市	27°09.9′	120°28.0′
东角门港水道	Dōngjiǎoméngǎng Shuǐdào	福建省宁德市福鼎市	26°57.6′	120°22.2′
芦竹门港水道	Lúzhúméngǎng Shuǐdào	福建省宁德市福鼎市	26°56.4′	120°19.2′
银屿门港水道	Yínyǔméngǎng Shuǐdào	福建省宁德市福鼎市	26°55.5′	120°18.6′

三、滩

标准名称	汉语拼音	所处行政区	地理位置	
			北纬	东经
砂石滩	Shāshí Tān	福建省福州市连江县	26°23.2′	119°50.5′
海潮沙滩	Hǎicháo Shātān	福建省福州市连江县	26°17.5′	119°48.5′
长行	Cháng Háng	福建省福州市连江县	26°11.2′	119°40.7′
牛礁滩	Niújiāo Tān	福建省福州市罗源县	26°24.7′	119°46.3′
海坛湾滩	Hǎitánwān Tān	福建省福州市平潭县	25°31.9′	119°48.4′
小湾滩	Xiǎowān Tān	福建省福州市平潭县	25°30.8′	119°43.1′
沙绗沙	Shāháng Shā	福建省福州市平潭县	25°25.9′	119°42.0′
南中滩	Nánzhōng Tān	福建省福州市平潭县	25°19.6′	119°41.8′
刘垱滩	Liúdàng Tān	福建省福州市福清市	25°34.6′	119°35.5′
灵川滩	Língchuān Tān	福建省莆田市城厢区	25°15.8′	118°56.3′
涵江滩	Hánjiāng Tān	福建省莆田市涵江区	25°25.8′	119°08.7′
牡蛎滩	Mǔlì Tān	福建省泉州市南安市	24°36.0′	118°24.8′
直道坪	Zhídào Píng	福建省漳州市龙海市	24°27.4′	117°55.6′
甘文尾	Gānwénwěi	福建省漳州市龙海市	24°27.0′	117°55.3′
大埕坪	Dàchéng Píng	福建省漳州市龙海市	24°26.2′	117°54.9′
过冈滩	Guògāng Tān	福建省宁德市蕉城区	26°47.0′	119°36.7′
岩头冈滩	Yántóugāng Tān	福建省宁德市蕉城区	26°46.6′	119°35.1′
屿后土	Yǔhòu Tǔ	福建省宁德市蕉城区	26°46.3′	119°35.2′
店下滩	Diànxià Tān	福建省宁德市蕉城区	26°46.0′	119°34.2′
盐埕土	Yánchéng Tǔ	福建省宁德市蕉城区	26°46.0′	119°36.2′
孙柳尾滩	Sūnliǔwěi Tān	福建省宁德市蕉城区	26°45.9′	119°36.3′
湾里滩	Wānlǐ Tān	福建省宁德市蕉城区	26°45.6′	119°33.7′
荒面滩	Huāngmiàn Tān	福建省宁德市蕉城区	26°45.5′	119°33.9′
草尾滩	Cǎowěi Tān	福建省宁德市蕉城区	26°45.5′	119°33.5′
熨斗塘滩	Yùndǒutáng Tān	福建省宁德市蕉城区	26°44.7′	119°34.7′
雷东滩	Léidōng Tān	福建省宁德市蕉城区	26°44.6′	119°36.3′

标准名称	汉语拼音	所处行政区	地理位置	
			北纬	东经
溪乾土	Xīqián Tǔ	福建省宁德市蕉城区	26°44.4′	119°33.7′
保安塘滩	Bǎo'āntáng Tān	福建省宁德市蕉城区	26°44.4′	119°38.2′
下门土	Xiàmén Tǔ	福建省宁德市蕉城区	26°43.2′	119°38.8′
四冈面滩	Sìgāngmiàn Tān	福建省宁德市蕉城区	26°43.2′	119°39.1′
围头网滩	Wéitóuwǎng Tān	福建省宁德市蕉城区	26°43.1′	119°38.1′
门下土	Ménxià Tǔ	福建省宁德市蕉城区	26°43.0′	119°36.2′
鲤鱼墩滩	Lǐyúdūn Tān	福建省宁德市蕉城区	26°43.0′	119°38.4′
后门土	Hòumén Tǔ	福建省宁德市蕉城区	26°42.9′	119°38.4′
港土	Gǎng Tǔ	福建省宁德市蕉城区	26°42.7′	119°39.2′
灰头土	Huītóu Tǔ	福建省宁德市蕉城区	26°42.6′	119°38.3′
二屿滩	Èryǔ Tān	福建省宁德市蕉城区	26°42.5′	119°37.3′
牛尾土	Niúwěi Tǔ	福建省宁德市蕉城区	26°41.9′	119°38.7′
棺材土	Guāncai Tǔ	福建省宁德市蕉城区	26°41.5′	119°46.8′
牛尾尖滩	Niúwěi Jiāntān	福建省宁德市蕉城区	26°41.4′	119°38.8′
对面土	Duìmiàn Tǔ	福建省宁德市蕉城区	26°41.2′	119°36.7′
横后土	Hénghòu Tǔ	福建省宁德市蕉城区	26°41.2′	119°37.7′
中澳土	Zhōng'ào Tǔ	福建省宁德市蕉城区	26°41.0′	119°47.0′
中埕	Zhōng Chéng	福建省宁德市蕉城区	26°40.6′	119°36.5′
犁头尾滩	Lítóuwěi Tān	福建省宁德市蕉城区	26°40.5′	119°37.8′
北澳土	Běi'ào Tǔ	福建省宁德市蕉城区	26°40.4′	119°43.6′
八埕	Bā Chéng	福建省宁德市蕉城区	26°40.3′	119°37.8′
上埕	Shàng Chéng	福建省宁德市蕉城区	26°40.3′	119°36.5′
埕仔面滩	Chéngzǎimiàn Tān	福建省宁德市蕉城区	26°40.2′	119°37.8′
中尾埕	Zhōngwěi Chéng	福建省宁德市蕉城区	26°40.1′	119°36.6′
埕仔凹滩	Chéngzǎi'āo Tān	福建省宁德市蕉城区	26°40.0′	119°37.8′
南下塘滩	Nánxiàtáng Tān	福建省宁德市蕉城区	26°39.7′	119°36.6′
中磡滩	Zhōngkàn Tān	福建省宁德市蕉城区	26°39.6′	119°37.3′
石牛埕	Shíniú Chéng	福建省宁德市蕉城区	26°39.5′	119°37.7′

标准名称	汉语拼音	所处行政区	地理位置	
			北纬	东经
竹屿埕	Zhúyǔ Chéng	福建省宁德市蕉城区	26°39.4′	119°37.2′
竹屿尖滩	Zhúyǔ Jiāntān	福建省宁德市蕉城区	26°38.8′	119°38.2′
金蛇土	Jīnshé Tǔ	福建省宁德市蕉城区	26°38.4′	119°34.2′
猪母沙滩	Zhūmǔ Shātān	福建省宁德市蕉城区	26°38.3′	119°37.5′
蚶岐埕	Hānqí Chéng	福建省宁德市蕉城区	26°37.6′	119°33.0′
没尾土	Méiwěi Tǔ	福建省宁德市蕉城区	26°37.5′	119°34.2′
打石坑土	Dǎshíkēng Tǔ	福建省宁德市蕉城区	26°37.1′	119°33.7′
沙虎土	Shāhǔ Tǔ	福建省宁德市蕉城区	26°37.0′	119°34.2′
银石土	Yínshí Tǔ	福建省宁德市蕉城区	26°36.8′	119°39.3′
占石滩	Zhànshí Tān	福建省宁德市蕉城区	26°36.8′	119°39.1′
菜园尾滩	Càiyuánwěi Tān	福建省宁德市蕉城区	26°36.7′	119°38.8′
礁溪湾滩	Jiāoxīwān Tān	福建省宁德市蕉城区	26°36.7′	119°40.7′
象溪湾滩	Xiàngxīwān Tān	福建省宁德市蕉城区	26°36.7′	119°42.1′
观音下滩	Guānyīn Xiàtān	福建省宁德市蕉城区	26°36.4′	119°36.2′
三石土	Sānshí Tǔ	福建省宁德市蕉城区	26°36.0′	119°37.6′
末仔土	Mòzǎi Tǔ	福建省宁德市蕉城区	26°35.7′	119°37.0′
塘田滩	Tángtián Tān	福建省宁德市蕉城区	26°34.8′	119°36.1′
北港埕	Běigǎng Chéng	福建省宁德市蕉城区	26°34.3′	119°50.5′
梅田塘土	Méitiántáng Tǔ	福建省宁德市蕉城区	26°34.2′	119°35.9′
后岐洋滩	Hòuqí Yángtān	福建省宁德市霞浦县	26°53.2′	120°04.4′
后港洋滩	Hòugǎng Yángtān	福建省宁德市霞浦县	26°53.1′	120°03.3′
南塘澳滩	Nántáng'ào Tān	福建省宁德市霞浦县	26°48.4′	119°50.8′
山兜涂	Shāndōu Tú	福建省宁德市霞浦县	26°41.9′	119°55.5′
东安塘滩	Dōng'āntáng Tān	福建省宁德市霞浦县	26°40.4′	119°55.0′
海沙滩	Hǎi Shātān	福建省宁德市霞浦县	26°40.3′	120°06.3′
樟港湾滩	Zhānggǎngwān Tān	福建省宁德市福安市	26°56.7′	119°39.4′
长岐沙滩	Chángqí Shātān	福建省宁德市福安市	26°53.1′	119°39.6′
沙湾埕	Shāwān Chéng	福建省宁德市福安市	26°47.5′	119°45.7′

标准名称	汉语拼音	所处行政区	地理位置	
			北纬	东经
面前冈滩	Miànqiángāng Tān	福建省宁德市福安市	26°47.2′	119°34.7′
龙珠埕	Lóngzhū Chéng	福建省宁德市福安市	26°46.5′	119°43.6′
外宅塘滩	Wàizháitáng Tān	福建省宁德市福安市	26°45.6′	119°39.4′
后港僻滩	Hòugǎngpì Tān	福建省宁德市福鼎市	27°10.5′	120°23.3′
敏灶湾滩	Mǐnzàowān Tān	福建省宁德市福鼎市	27°05.8′	120°22.5′
文渡滩	Wéndù Tān	福建省宁德市福鼎市	27°02.9′	120°15.7′

四、岬角

标准名称	汉语拼音	行政区	地理位置	
			北纬	东经
可门头	Kěmén Tóu	福建省福州市连江县	26°25.5′	119°48.9′
人仔鼻	Rénzǎi Bí	福建省福州市连江县	26°25.4′	119°48.8′
马头	Mǎ Tóu	福建省福州市连江县	26°23.9′	119°47.4′
坂铁头	Bǎntiě Tóu	福建省福州市连江县	26°23.8′	119°47.2′
磹石头	Tánshí Tóu	福建省福州市连江县	26°23.1′	119°51.7′
龟山角	Guīshān Jiǎo	福建省福州市连江县	26°22.6′	119°46.7′
牛坪山角	Niúpíngshān Jiǎo	福建省福州市连江县	26°22.3′	119°45.1′
长崎头	Chángqí Tóu	福建省福州市连江县	26°21.6′	119°55.1′
上鼻	Shàng Bí	福建省福州市连江县	26°21.6′	119°55.3′
马鼻兜	Mǎ Bídōu	福建省福州市连江县	26°21.0′	119°54.1′
红石山角	Hóngshíshān Jiǎo	福建省福州市连江县	26°19.1′	119°52.4′
红头鼻角	Hóngtóubí Jiǎo	福建省福州市连江县	26°19.1′	119°54.2′
基澳尾	Jī'ào Wěi	福建省福州市连江县	26°17.8′	119°48.6′
贼仔尾	Zéizǎi Wěi	福建省福州市连江县	26°17.7′	119°48.7′
上鼻头	Shàngbí Tóu	福建省福州市连江县	26°17.5′	119°45.4′
龟尾	Guī Wěi	福建省福州市连江县	26°14.1′	119°40.4′
横仑岸	Hénglún'àn	福建省福州市连江县	26°12.8′	119°39.4′
大王头	Dàwáng Tóu	福建省福州市连江县	26°12.4′	119°38.9′

标准名称	汉语拼音	行政区	地理位置	
			北纬	东经
乌猪头	Wūzhū Tóu	福建省福州市连江县	26°11.1′	119°37.3′
丘旦山角	Qiūdànshān Jiǎo	福建省福州市连江县	26°09.5′	119°39.6′
川石蛇头	Chuānshíshé Tóu	福建省福州市连江县	26°08.2′	119°39.5′
虎尾角	Hǔwěi Jiǎo	福建省福州市罗源县	26°33.1′	119°47.6′
乌岩头	Wūyán Tóu	福建省福州市罗源县	26°28.2′	119°40.7′
狮岐头	Shīqí Tóu	福建省福州市罗源县	26°28.0′	119°41.3′
蝴蝶角	Húdié Jiǎo	福建省福州市罗源县	26°25.1′	119°47.5′
千里尾岬角	Qiānlǐwěi Jiǎjiǎo	福建省福州市平潭县	25°40.6′	119°37.5′
庠角	Xiáng Jiǎo	福建省福州市平潭县	25°39.9′	119°47.3′
大东角	Dà Dōngjiǎo	福建省福州市平潭县	25°39.9′	119°42.9′
白犬山角	Báiquǎnshān Jiǎo	福建省福州市平潭县	25°32.6′	119°51.7′
唐角	Táng Jiǎo	福建省福州市平潭县	25°30.7′	119°41.8′
冠飞角	Guànfēi Jiǎo	福建省福州市平潭县	25°27.8′	119°50.5′
观音角	Guānyīn Jiǎo	福建省福州市平潭县	25°27.5′	119°50.7′
海坛角	Hǎitán Jiǎo	福建省福州市平潭县	25°24.0′	119°46.3′
西猫尾岬角	Xīmāowěi Jiǎjiǎo	福建省福州市平潭县	25°18.5′	119°41.1′
东猫尾岬角	Dōngmāowěi Jiǎjiǎo	福建省福州市平潭县	25°18.5′	119°41.4′
东营岬角	Dōngyíng Jiǎjiǎo	福建省福州市福清市	25°37.3′	119°29.7′
鸡角岬角	Jījiǎo Jiǎjiǎo	福建省福州市福清市	25°35.8′	119°31.6′
东岐岬角	Dōngqí Jiǎjiǎo	福建省福州市福清市	25°35.6′	119°35.6′
广钟岬角	Guǎngzhōng Jiǎjiǎo	福建省福州市福清市	25°35.2′	119°32.1′
北楼岬角	Běilóu Jiǎjiǎo	福建省福州市福清市	25°34.2′	119°35.9′
韩瑶山岬角	Hányáoshān Jiǎjiǎo	福建省福州市福清市	25°28.4′	119°26.5′
薛厝岐岬角	Xuēcuòqí Jiǎjiǎo	福建省福州市福清市	25°26.6′	119°37.5′
球尾角	Qiúwěi Jiǎo	福建省福州市福清市	25°26.0′	119°20.5′
西岐岬角	Xīqí Jiǎjiǎo	福建省福州市福清市	25°22.0′	119°29.1′
龟鼻岬角	Guībí Jiǎjiǎo	福建省福州市福清市	25°21.2′	119°29.0′

标准名称	汉语拼音	行政区	地理位置	
			北纬	东经
球山岬角	Qiúshān Jiǎjiǎo	福建省福州市福清市	25°20.5′	119°35.5′
牛角	Niú Jiǎo	福建省福州市长乐市	25°45.4′	119°37.9′
澳头	Ào Tóu	福建省厦门市翔安区	24°32.3′	118°14.4′
大岞角	Dàzuò Jiǎo	福建省泉州市惠安县	24°53.2′	118°59.1′
浮山东角	Fúshān Dōngjiǎo	福建省泉州市惠安县	24°52.0′	118°50.4′
姑嫂角	Gūsǎo Jiǎo	福建省泉州市石狮市	24°41.8′	118°44.0′
土螺头	Tǔluó Tóu	福建省泉州市石狮市	24°40.1′	118°41.9′
白沙头	Báishā Tóu	福建省泉州市晋江市	24°37.8′	118°28.6′
鸟咀	Niǎo Zuǐ	福建省漳州市云霄县	23°46.4′	117°27.0′
东园角	Dōngyuán Jiǎo	福建省漳州市漳浦县	24°09.7′	117°59.0′
脚桶角	Jiǎotǒng Jiǎo	福建省漳州市漳浦县	24°02.2′	117°54.2′
蟹角	Xiè Jiǎo	福建省漳州市漳浦县	23°57.7′	117°47.9′
大偶角	Dà'ǒu Jiǎo	福建省漳州市漳浦县	23°54.9′	117°46.3′
杏仔角	Xìngzǎi Jiǎo	福建省漳州市漳浦县	23°47.7′	117°38.5′
赭角	Zhě Jiǎo	福建省漳州市诏安县	23°38.2′	117°16.8′
宫口头	Gōngkǒu Tóu	福建省漳州市诏安县	23°36.2′	117°14.0′
北天尾	Běitiān Wěi	福建省漳州市东山县	23°44.3′	117°32.0′
山儿角	Shānr Jiǎo	福建省漳州市东山县	23°40.7′	117°20.8′
圆锥角	Yuánzhuī Jiǎo	福建省漳州市东山县	23°39.7′	117°29.3′
塔角	Tǎ Jiǎo	福建省漳州市龙海市	24°21.3′	118°05.9′
燕尾角	Yànwěi Jiǎo	福建省漳州市龙海市	24°18.4′	118°07.9′
炉架顶角	Lújiàdǐng Jiǎo	福建省漳州市龙海市	24°17.2′	118°07.7′
乌鼻头角	Wūbítóu Jiǎo	福建省漳州市龙海市	24°16.0′	118°06.8′
四冈头角	Sìgāngtóu Jiǎo	福建省宁德市蕉城区	26°42.9′	119°39.3′
石岐角	Shíqí Jiǎo	福建省宁德市蕉城区	26°38.4′	119°39.5′
虎尾山角	Hǔwěishān Jiǎo	福建省宁德市蕉城区	26°37.1′	119°40.1′
虎头冈角	Hǔtóugāng Jiǎo	福建省宁德市霞浦县	27°11.6′	120°24.1′
梅花鼻	Méihuā Bí	福建省宁德市霞浦县	26°59.1′	120°14.7′

标准名称	汉语拼音	行政区	地理位置	
			北纬	东经
螺珠山角	Luózhūshān Jiǎo	福建省宁德市霞浦县	26°58.1′	120°13.8′
狮头鼻	Shītóu Bí	福建省宁德市霞浦县	26°56.9′	120°14.2′
马头鼻	Mǎtóu Bí	福建省宁德市霞浦县	26°54.7′	120°05.6′
鹤鼻头	Hèbí Tóu	福建省宁德市霞浦县	26°53.4′	120°03.9′
下榻尾角	Xiàtàwěi Jiǎo	福建省宁德市霞浦县	26°53.4′	120°06.6′
鼓鼻头	Gǔbí Tóu	福建省宁德市霞浦县	26°52.8′	120°04.6′
犁礁鼻	Líjiāo Bí	福建省宁德市霞浦县	26°49.9′	120°02.0′
长岐鼻	Chángqí Bí	福建省宁德市霞浦县	26°49.0′	120°05.2′
南岐头角	Nánqítóu Jiǎo	福建省宁德市霞浦县	26°48.3′	120°05.2′
金海鼻	Jīnhǎi Bí	福建省宁德市霞浦县	26°48.1′	119°50.0′
牛尾山角	Niúwěishān Jiǎo	福建省宁德市霞浦县	26°47.9′	120°07.0′
天门冈角	Tiānméngāng Jiǎo	福建省宁德市霞浦县	26°47.8′	120°08.0′
鼻头角	Bítóu Jiǎo	福建省宁德市霞浦县	26°47.6′	120°06.2′
凤凰鼻	Fènghuáng Bí	福建省宁德市霞浦县	26°47.4′	120°02.7′
带鱼鼻	Dàiyú Bí	福建省宁德市霞浦县	26°47.0′	119°49.1′
岐鼻山角	Qíbíshān Jiǎo	福建省宁德市霞浦县	26°47.0′	119°55.4′
鼻尾角	Bíwěi Jiǎo	福建省宁德市霞浦县	26°46.4′	120°06.7′
城下冈角	Chéngxiàgāng Jiǎo	福建省宁德市霞浦县	26°46.3′	119°48.1′
岐尾角	Qíwěi Jiǎo	福建省宁德市霞浦县	26°46.0′	119°48.5′
青下鼻	Qīngxià Bí	福建省宁德市霞浦县	26°45.6′	119°48.1′
寺头山角	Sìtóushān Jiǎo	福建省宁德市霞浦县	26°45.2′	120°02.8′
老鸦头角	Lǎoyātóu Jiǎo	福建省宁德市霞浦县	26°45.0′	119°47.5′
牛鼻头角	Niúbítóu Jiǎo	福建省宁德市霞浦县	26°44.3′	120°08.5′
村头鼻	Cūntóu Bí	福建省宁德市霞浦县	26°44.1′	120°01.1′
上垄山角	Shànglǒngshān Jiǎo	福建省宁德市霞浦县	26°44.0′	119°48.2′
喉咙岐角	Hóulóngqí Jiǎo	福建省宁德市霞浦县	26°43.5′	119°39.5′
岱岐头	Dàiqí Tóu	福建省宁德市霞浦县	26°43.0′	119°47.4′
象鼻头	Xiàngbí Tóu	福建省宁德市霞浦县	26°42.7′	120°08.2′

标准名称	汉语拼音	行政区	地理位置	
			北纬	东经
过狮鼻	Guòshī Bí	福建省宁德市霞浦县	26°42.6′	120°21.3′
鼻堡壁角	Bíbǎobì Jiǎo	福建省宁德市霞浦县	26°42.6′	119°47.2′
北尾角	Běiwěi Jiǎo	福建省宁德市霞浦县	26°42.6′	120°07.4′
石狮尾角	Shíshīwěi Jiǎo	福建省宁德市霞浦县	26°42.5′	120°07.2′
黄螺石角	Huángluóshí Jiǎo	福建省宁德市霞浦县	26°42.4′	119°47.3′
象鼻山角	Xiàngbíshān Jiǎo	福建省宁德市霞浦县	26°42.1′	119°49.3′
龙鼻穿角	Lóngbíchuān Jiǎo	福建省宁德市霞浦县	26°41.9′	119°47.6′
光鼻石角	Guāngbíshí Jiǎo	福建省宁德市霞浦县	26°41.8′	119°48.4′
羊头鼻	Yángtóu Bí	福建省宁德市霞浦县	26°41.7′	119°50.2′
观音鼻	Guānyīn Bí	福建省宁德市霞浦县	26°41.6′	119°56.8′
鼻仔尾角	Bízǎiwěi Jiǎo	福建省宁德市霞浦县	26°41.0′	120°06.4′
虎头角	Hǔtóu Jiǎo	福建省宁德市霞浦县	26°40.9′	119°59.0′
南爷山角	Nányéshān Jiǎo	福建省宁德市霞浦县	26°40.2′	120°06.6′
烟墩尾角	Yāndūnwěi Jiǎo	福建省宁德市霞浦县	26°39.7′	120°07.2′
东澳尾角	Dōng'àowěi Jiǎo	福建省宁德市霞浦县	26°39.3′	120°07.0′
塔岐鼻	Tǎqí Bí	福建省宁德市霞浦县	26°39.1′	119°51.7′
鸡角岐	Jī Jiǎoqí	福建省宁德市霞浦县	26°38.5′	119°42.6′
深沟鼻	Shēngōu Bí	福建省宁德市霞浦县	26°38.0′	120°06.8′
金蟹鼻	Jīnxiè Bí	福建省宁德市霞浦县	26°36.7′	120°01.1′
搭钩鼻角	Dāgōubí Jiǎo	福建省宁德市霞浦县	26°35.0′	119°51.0′
东臼鼻	Dōngjiù Bí	福建省宁德市霞浦县	26°32.7′	119°54.4′
和尚头	Héshang Tóu	福建省宁德市霞浦县	26°31.2′	119°50.3′
广桥鼻	Guǎngqiáo Bí	福建省宁德市霞浦县	26°29.9′	120°03.4′
二尖岩角	Èrjiānyán Jiǎo	福建省宁德市霞浦县	26°29.8′	120°01.5′
吉壁角	Jíbì Jiǎo	福建省宁德市霞浦县	26°28.6′	119°48.8′
虎头角	Hǔtóu Jiǎo	福建省宁德市霞浦县	26°26.8′	119°49.6′
长鼻头	Chángbí Tóu	福建省宁德市福安市	26°46.5′	119°46.3′
佛头角	Fótóu Jiǎo	福建省宁德市福安市	26°45.3′	119°43.5′

标准名称	汉语拼音	行政区	地理位置	
			北纬	东经
旧城鼻	Jiùchéng Bí	福建省宁德市福鼎市	27°11.4′	120°24.3′
马井鼻	Mǎjǐng Bí	福建省宁德市福鼎市	27°10.3′	120°23.6′
美岩鼻	Měiyán Bí	福建省宁德市福鼎市	27°09.1′	120°26.0′
鳗尾鼻	Mánwěi Bí	福建省宁德市福鼎市	27°05.7′	120°23.7′
蜈蚣鼻	Wúgōng Bí	福建省宁德市福鼎市	27°01.9′	120°15.7′

五、河口

标准名称	汉语拼音	行政区	地理位置	
			北纬	东经
闽江北口	Mǐnjiāng Běikǒu	福建省福州市连江县	26°10.9′	119°39.3′

附录二

《中国海域海岛地名志·福建卷第一册》索引

C

H

P

Q

R

S

X

Y

Z